U0878367

国家出版基金项目
NATIONAL PUBLICATION FOUNDATION

"十三五"国家重点出版物出版规划项目
世界海洋文化与历史研究译丛

希腊想象中的海洋

The Sea in the Greek Imagination

王松林　丛书主编
[美]玛丽-克莱尔·博利厄
(Marie-Claire Beaulieu) 著
徐　燕　译

海洋出版社
2025年·北京

图书在版编目（CIP）数据

希腊想象中的海洋 /（美）玛丽-克莱尔·博利厄（Marie-Claire Beaulieu）著；徐燕译. -- 北京：海洋出版社，2025. 1. --（世界海洋文化与历史研究译丛）.
-- ISBN 978-7-5210-1475-4

Ⅰ. P7-05

中国国家版本馆 CIP 数据核字第 2025Z38H98 号

版权合同登记号　图字：01-2020-3258

Xila xiangxiang zhong de haiyang

All rights reserved.
Published by arrangement with the University of Pennsylvania Press, Philadelphia, Pennsylvania. None of this book may be reproduced or transmitted in any form or by any means without permission in writing from the University of Pennsylvania Press.

责任编辑：黄新峰　苏　勤
责任印制：安　淼

海洋出版社 出版发行
http://www. oceanpress. com. cn
北京市海淀区大慧寺路 8 号　邮编：100081
鸿博昊天科技有限公司印刷　新华书店北京发行所经销
2025 年 4 月第 1 版　2025 年 4 月第 1 次印刷
开本：710 mm×1000 mm　1/16　印张：23. 25
字数：280 千字　定价：128. 00 元
发行部：010-62100090　总编室：010-62100034
海洋版图书印、装错误可随时退换

《世界海洋文化与历史研究译丛》

编　委　会

主　编： 王松林

副主编： 段汉武　杨新亮　张　陟

编　委：（按姓氏拼音顺序排列）

程　文　段　波　段汉武　李洪琴

梁　虹　刘春慧　马　钊　王松林

王益莉　徐　燕　杨新亮　应　葳

张　陟

丛书总序

众所周知，地球表面积的71%被海洋覆盖，人类生命源自海洋，海洋孕育了人类文明，海洋与人类的关系一直以来备受科学家和人文社科研究者的关注。21世纪以来，在外国历史和文化研究领域兴起了一股“海洋转向”的热潮，这股热潮被学界称为“新海洋学”（New Thalassology）或曰“海洋人文研究”。海洋人文研究者从全球史和跨学科的角度对海洋与人类文明的关系进行了深度考察。本丛书萃取当代国外海洋人文研究领域的精华译介给国内读者。丛书先期推出10卷，后续将不断补充，形成更为完整的系列。

本丛书从天文、历史、地理、文化、文学、人类学、政治、经济、军事等多个角度考察海洋在人类历史进程中所起的作用，内容涉及太平洋、大西洋、印度洋、北冰洋、黑海、地中海的历史变迁及其与人类文明之间的关系。丛书以大量令人信服的史料全面描述了海洋与陆地及人类之间的互动关系，对世界海洋文明的形成进行了全面深入的剖析，揭示了从古至今的海上探险、海上贸易、海洋军事与政治、海洋文学与文化、宗教传播以及海洋流域的民族身份等各要素之间千丝万缕的内在关联。丛书突破了单一的天文学或地理学或海洋学的学科界限，从全球史和跨学科的角度将海洋置于人类历史、文化、文学、探险、经济乃至民族个性的形成等视域中加以系统考察，视野独到开阔，材料厚实新颖。丛书的创新性在于融科学性与人文性于一体：一方面依据大量最新研究成果和发掘的资料对海洋本身的变化进行客观科学的考究；另一方面则更多地从人类文明发展史微观和宏观相结合的角度对海洋与人类的关系给予充分的人文探究。丛书在书目的选择上充分考虑著作的权威性，注重研究成果的广泛性和代表性，同时顾及著作的学术性、科普性和可读性，有关大西洋、太平洋、印度洋、地中海、黑海等海域的文化和历史研究成果均纳入译介范围。

太平洋文化和历史研究是20世纪下半叶以来海洋人文研究的热点。大卫·阿米蒂奇（David Armitage）和艾利森·巴希福特（Alison Bashford）编的《太平洋历史：海洋、陆地与人》（*Pacific Histories: Ocean, Land, People*）是这一研究领域的力作，该书对太平洋及太平洋周边的陆地和人类文明进行了全方位的考察。编者邀请多位国际权威史学家和海洋人文研究者对太平洋区域的军事、经济、政治、文化、宗教、环境、法律、科学、民族身份等问题展开了多维度的论述，重点关注大洋洲区域各族群的历史与文化。西方学者对此书给予了高度评价，称之为“一部太平洋研究的编年史”。

印度洋历史和文化研究方面，米洛·卡尼（Milo Kearney）的《世界历史中的印度洋》（*The Indian Ocean in World History*）从海洋贸易及与之相关的文化和宗教传播等问题切入，多视角、多方位地阐述了印度洋在世界文明史中的重要作用。作者对早期印度洋贸易与阿拉伯文化的传播作了精辟的论述，并对16世纪以来海上列强（如葡萄牙和后来居上的英国）对印度洋这一亚太经济动脉的控制和帝国扩张得以成功的海上因素做了深入的分析 。值得一提的是，作者考察了历代中国因素和北地中海因素对印度洋贸易的影响，并对“冷战”时代后的印度洋政治和经济格局做了展望 。

黑海位于欧洲、中亚和近东三大文化区的交会处，在近东与欧洲社会文化交融以及欧亚早期城市化的进程中发挥着持续的、重要的作用。近年来，黑海研究一直是西方海洋史学研究的热点。玛利亚·伊万诺娃（Mariya Ivanova）的《黑海与欧洲、近东以及亚洲的早期文明》（*The Black Sea and the Early Civilizations of Europe, the Near East and Asia*）就是该研究领域的代表性成果。该书全面考察了史前黑海地区的状况，从考古学和人文地理学的角度剖析了由传统、政治与语言形成的人为的欧亚边界。作者依据大量考古数据和文献资料，把史前黑海置于全球历史语境的视域中加以描述，超越了单一地对物质文化的描述性阐释，重点探讨了黑海与欧洲、近东和亚洲在早期文明形成过程中呈现的复杂的历史问题。

把海洋的历史变迁与人类迁徙、人类身份、殖民主义、国家形象与民族性格等问题置于跨学科视野下予以考察是“新海洋学”研究的重要内容。邓肯·雷德福（Duncan Redford）的《海洋的历史与身份：现代世界的海洋与文化》（*Maritime History and Identity: The Sea and Culture in the Modern World*）就是这方面的代表性著作。该书探讨了海洋对个体、群体及国家文化特性形成过程的影响，侧重考察了商业航海与海军力量对民族身份的塑造产生的影响。作者以英国皇家海军为例，阐述了强大的英国海军如何塑造了其帝国身份，英国的文学、艺术又如何构建了航海家和海军的英雄形象。该书还考察了日本、意大利和德国等具有海上军事实力和悠久航海传统的国家的海洋历史与民族性格之间的关系。作者从海洋文化与国家身份的角度切入，角度新颖，开辟了史学研究的新领域，研究成果值得海洋史和海军史研究者借鉴。此外，伯恩哈德·克莱因（Bernhard Klein）和格萨·麦肯萨恩（Gesa Mackenthun）编的《海洋的变迁：历史化的海洋》（*Sea Changes*: *Historicizing the Ocean*）对海洋在人类历史变迁中的作用做了创新性的阐释。克莱因指出，海洋不仅是国际交往的通道，而且是值得深度文化研究的历史理据。该书借鉴历史学、人类学以及文化学和文学的研究方法，秉持动态的历史观和海洋观，深入阐述了海洋的历史化进程。编者摒弃了以历史时间顺序来编写的惯例，以问题为导向，相关论文聚焦某一海洋地理区域问题，从太平洋开篇，依次延续到大西洋。所选论文从不同的侧面反映真实的和具有象征意义的海洋变迁，体现人们对船舶、海洋及航海人的历史认知，强调不同海洋空间生成的具体文化模式，特别关注因海洋接触而产生的文化融合问题。该书融海洋研究、文化人类学研究、后殖民研究和文化研究等理论于一炉，持守辩证的历史观，深刻地阐述了“历史化的海洋”这一命题。

由大卫·坎纳丁（David Cannadine）编的《帝国、大海与全球史：1763—1840 年前后不列颠的海洋世界》（*Empire*, *the*

Sea and Global History: *Britain's Maritime World*, *c. 1763–c. 1840*）就18世纪60年代到19世纪40年代的一系列英国与海洋相关的重大历史事件进行了考察，内容涉及英国海外殖民地的扩张与得失、英国的海军力量、大英帝国的形成及其身份认同、天文测量与帝国的关系等；此外，还涉及从亚洲到欧洲的奢侈品贸易、海事网络与知识的形成、黑人在英国海洋世界的境遇以及帝国中的性别等问题。可以说，这一时期的大海成为连结英国与世界的纽带，也是英国走向强盛的通道。该书收录的8篇论文均以海洋为线索对上述复杂的历史现象进行探讨，视野独特新颖。

海洋文学是海洋文化的重要组成部分，也是海洋历史的生动表现，欧美文学有着鲜明的海洋特征。从古至今，欧美文学作品中有大量的海洋书写，海洋的流动性和空间性从地理上为欧美海洋文学的产生和发展提供了诸种可能，欧美海洋文学体现的欧美沿海国家悠久的海洋精神成为欧美文化共同体的重要纽带。地中海时代涌现了以古希腊、古罗马为代表的“地中海文明”和“地中海繁荣”，从而产生了欧洲的文艺复兴运动。随着早期地中海沿岸地区资本主义萌芽的兴起和航海及造船技术的进步，欧洲冒险家开始开辟新航线，发现了新大陆，相关的海上历险书写成为后人了解该时代人与大海互动的重要文献。之后，海上贸易由地中海转移至大西洋，带动大西洋沿岸地区的文学和文化的发展。一方面，海洋带给欧洲空前的物质繁荣，为工业革命的到来创造了充分的条件；另一方面，海洋铸就了沿海国家的民族性格，促进了不同民族的文学与文化之间的交流，文学思想得以交汇、碰撞和繁荣。可以说，“大西洋文明”和“大西洋繁荣”在海洋文学中得到了充分的体现，海洋文学也在很大程度上反映了沿海各国的民族性格乃至国家形象。

希腊文化和文学研究从来都是海洋文化研究的重要组成部分，希腊神话和《荷马史诗》是西方海洋文学研究不可或缺的内容。玛丽-克莱尔·博利厄（Marie-Claire Beaulieu）的专著《希腊想象中的海洋》（*The Sea in the Greek Imagination*）堪称该研究领域的一部奇书。作者把海洋放置在神界、凡界和冥界三个不同的宇宙空间的边界来考察希腊神话和想象中各种各样的海洋表征和海上航行。从海豚骑士到狄俄尼索斯、从少女到人鱼，博利厄着重挖掘了海洋在希腊神话中的角色和地位，论证详尽深入，结论令人耳目一新。西方学者对此书给予了高度评价，称其研究方法“奇妙”，研究视角“令人惊异”。在“一带一路”和“海上丝路”的语境下，中国的海洋文学与文化研究应该可以从博利厄的研究视角中得到有益的启示。把中外神话与民间传说中的海洋想象进行比照和互鉴，可以重新发现海洋在民族想象、民族文化乃至世界政治版图中所起的重要作用。

在研究海洋文学、海洋文化和海洋历史之间的关系方面，菲利普·爱德华兹（Philip Edwards）的《航行的故事：18 世纪英格兰的航海叙事》（*The Story of the Voyage: Sea-narratives in Eighteenth-century England*）是一部重要著作。该书以英国海洋帝国的扩张竞争为背景，根据史料和文学作品的记叙对 18 世纪的英国海洋叙事进行了研究，内容涉及威廉·丹皮尔的航海经历、库克船长及布莱船长和“邦蒂”（*Bounty*）号的海上历险、海上奴隶贸易、乘客叙事、水手自传，等等。作者从航海叙事的视角，揭示了18世纪英国海外殖民与扩张过程中鲜为人知的一面。此外，约翰·佩克（John Peck）的《海洋小说：英美小说中的水手与大海，1719—1917》（*Maritime Fiction: Sailors and the Sea in British and American Novels, 1719-1917*）是英美海洋文学研究中一部较系统地讨论英美小说中海洋与民族身份之间关系的力作。该书研究了从笛福到康拉德时代的海洋小说的文化意义，内容涉及简·奥斯丁笔下的水手、马里亚特笔下的海军军官、狄更斯笔下的大海、维多利亚中期的海洋小说、约瑟夫·康拉德的海洋小说以及美国海洋小说家詹姆士·库柏、赫尔曼·麦尔维尔等的海洋书写。这是一部研究英美海洋文学与文化关系的必读参考书。

海洋参与了人类文明的现代化进程，推动了世界经济和贸易的发展。但是，人类对海洋的过度开发和利用也给海洋生态带来了破坏，这一问题早已引起国际社会和学术界的关注。英国约克大学著名的海洋环保与生物学家卡勒姆·罗伯茨（Callum Roberts）的《生命的海洋：人与海的命运》（*The Ocean of Life: The Fate of Man and the Sea*）一书探讨了人与海洋的关系，详细描述了海洋的自然历史，引导读者感受海洋环境的变迁，警示读者海洋环境问题的严峻性。罗伯茨对海洋环境问题的思考发人深省，但他对海洋的未来始终保持乐观的态度。该书以通俗的科普形式将石化燃料的应用、气候变化、海平面上升以及海洋酸化、过度捕捞、毒化产品、排污和化肥污染等要素对环境的影响进行了详细剖析，并提出了阻止海洋环境恶化的对策，号召大家行动起来，拯救我们赖以生存的海洋。可以说，该书是一部海洋生态警示录，它让读者清晰地看到海洋所面临的问题，意识到海洋危机问题的严重性；同时，它也是一份呼吁国际社会共同保护海洋的倡议书。

古希腊政治家、军事家地米斯托克利（Themistocles，公元前524年至公元前460年）很早就预言：谁控制了海洋，谁就控制了一切。21世纪是海洋的世纪，海洋更是成为人类生存、发展与拓展的重要空间。党的十八大报告明确提出“建设海洋强国”的方略，十九大报告进一步提出要“加快建设海洋强国”。一般认为，海洋强国是指在开发海洋、利用海洋、保护海洋、管控海洋方面拥有强大综合实力的国家。我们认为，“海洋强国”的另一重要内涵是指拥有包括海权意识在内的强大海洋意识以及为传播海洋意识应该具备的丰厚海洋文化和历史知识。

本丛书由宁波大学世界海洋文学与文化研究中心团队成员协同翻译。我们译介本丛书的一个重要目的，就是希望国内从事海洋人文研究的学者能借鉴国外的研究成果，进一步提高国人的海洋意识，为实现我国的“海洋强国”梦做出贡献。

王松林

于宁波大学

2025年1月

译者序

作为“地中海文明”和“地中海繁荣”的代表和见证，希腊文化和文学从来都是海洋文化研究的重要组成部分，希腊神话和《荷马史诗》是西方海洋文学研究不可或缺的重要内容。美国学者玛丽-克莱尔·博利厄（Marie-Claire Beaulieu）的著作《希腊想象中的海洋》（*The Sea in the Greek Imagination*）堪称该研究领域的一部奇书。作者立足于希腊神话和《荷马史诗》，依托古希腊天文、地理、历史、宗教等领域的典籍文献，把海洋放置在神界、凡界和冥界三个不同宇宙空间的边界来考察希腊想象中各种各样的海上航行和海洋表征。从海豚骑士到狄俄尼索斯、从少女到人鱼，博利厄在六个章节的空间里引人入胜地挖掘了海洋在希腊神话中的角色和地位，指出大海是交通要道，是商品和信息交换的空间，同时也是神向人类传递旨意、昭示人类命运的空间；海上诸神引领人类通过神奇的航道，抵达凡界以外的领域，因而大海也是人、神、冥三界的交通要道。该书视角独特，资料丰富，论证旁征博引，详尽深入，结论让人耳目一新。西方学者对此著作给予了高度评价，称赞其研究方法“奇妙”，研究视角“让人意想不到”，“令人惊异”。

无独有偶，中国人的海洋想象从《山海经》到“精卫填海”的传说，从沿海各地的妈祖庙到孙悟空多次造访的东海龙宫，都体现了中国文化早期对天、地、海的神话建构和发展；现如今的各种民间海神崇拜和祭祀仪式，时时处处都在提醒我们，中国人的海洋想象和海洋意识在中国文学与文化里也从来没有缺席过。随着21世纪人类对海洋研究的全面展开，“海上丝路”的一系列对外交流新举措的推出，中国的海洋文学与文化研究必定能够从玛丽-克莱尔·博利厄的研究视角中得到有益的启示。以海洋为纽带，在“波塞冬神殿”与“龙宫”和“妈祖庙”的对比中，在中外古典名著的互参互鉴中，我们可以重新发现海洋在民族想象、民族文化中的角色和意义，进而思考海洋在整个地球的文化网络、经济关系、世界政治地图中的定位，获得一种全新的认识，最后让这种认识反过来指导我们的文化、经济、政治交流。若能如此，我们译介此书的目的就算达到了。

翻译本书碰到的最大难题是众多希腊神话人物和地名的翻译。要确定希腊神话人物的中译名不是一件容易的事。现有书刊中的译名颇为杂乱，各家遵循的译音原则也不尽相同。博利厄是古典学研究专家，《希腊想象中的海洋》是专业性极强的学术研究著作，翻译时为了兼顾原著的专业性和读者的接受度，译者在确定神话人物的中译名时，首先以《辞海》为依据，《辞海》中已有的译名保留，比如“哈得斯”（Hades）、

“珀尔修斯”（Perseus）、“普西芬尼”（Persephone）、“忒拜”（Thebes，又译“底比斯”）和“忒雷西阿斯”（Tiresias）等。《辞海》中没有的，以两本专业神话词典为准——鲁刚、郑述谱编译的《希腊罗马神话词典》（1984年）和商务印书馆出版的M. H. 鲍特文尼克等编著，黄鸿森、温乃铮翻译的《神话辞典》（2015年）——前者的专业性强，还附有罗念生先生的《古希腊语、拉丁语译音表》；后者较新，综合修订并补充了一些词条，比如女妖“戈耳工”（Gorgon）、“水泽仙女”（Naiads）和“海中神女”（Nereids）等。个别译名在比较两本词典后选取了通行的译名，以便读者在“百度百科”等相对较权威的搜索引擎上能进一步阅读，比如“刻耳柏洛斯”（Cerberus）等。对于这两本词典中都找不到的人名，或者二者译名有出入的，参照罗念生先生的《古希腊语、拉丁语译音表》来确定译名，比如“托刺克斯”（Thorax）和“库普里斯”（Cypris）等。

地名的翻译，以中国地图出版社的《世界地图集》和《世界地名手册》为依据，比如Delphi取“德尔斐”而不取神话辞典中的“得尔菲”或“得尔福”，Tarentum取“他林敦”等。另外，本书主要研究古希腊文化，因此绝大多数地名都保留了古希腊时期的名称，为帮助读者更好地把握一些古地名的位置，会在括号里简略地加注今天的名称或地理位置，如“赫拉克勒斯之柱（今直布罗陀海峡）”“他林敦（今意大利城市塔兰托）”等。在译文中首次出现一个人名或地名时，把原著中的希腊文或英文名称放在中译名后的圆括号里，以帮助读者辨识。

原著参考资料庞杂，既涉及大量古代学者（尤其是历史学家和诗人）的著作，又涉及当今学者的最新著述，语言文字不囿于英语一种，因而翻译起来难度不小。对于古代学者，译者首先查阅引文来源和引文作者的学术背景，然后查找已有的译名，多番比对之后选取比较通行的译名，比如“大普林尼”（Pliny the Elder）、品达（Pindar）和斯特拉波（Strabo）等，必要时加上简洁的脚注。此外，对于当代学者人名的翻译，在译名后的圆括号内保留其原名，这样更便于读者查核参考文献。

另外，章节小标题的翻译有时也会颇费周章。比如第五章的标题 Leaps of Faith，译者经过反复地阅读该章内容，查找多种词典，揣摩作者要表达的含义，几经修改之后，译为“天降神迹”，才与文章内容最为契合。此外，对于文中首次出现的一些古希腊学者和诗人，译文在译名后的圆括号里做了加注，但为了节省笔墨，一律没有注明“译者注”的字样。同样，为了增加阅读的流畅性和愉悦感，在文中需要加注的地方，尽量采取了补充内容的形式进行处理，减少频繁加注给阅读带来的不便。

博利厄的原著配有大量精彩的图片，在翻译的时候因为版权的原因未能加入。因此，本译著是玛丽-克莱尔·博利厄的专著《希腊想象中的海洋》的纯文字中译本。特此说明。

经过反复的阅读，研究，求证，几易其稿，《希腊想象中的海洋》中文译本终于定稿。感谢王松林教授的信任和指导。感谢杨新亮教授的帮助和鼓励。鉴于本人学识有限，译文错误在所难免，欢迎读者朋友批评指正。

徐　燕
于宁波大学
2025年1月

外媒评价

玛丽-克莱尔·博利厄把海洋作为一个宇宙边界来研究希腊人眼中的大海，以让人意想不到、令人惊异的视角剖析了塑造西方文化的文明。用这种奇妙的研究方法深入古希腊文化的核心就像是潜入希腊神话的神奇海洋，让人迷醉。

——埃米利奥·苏亚雷斯·德·拉·托雷，

西班牙巴塞罗那庞培法布拉大学

……她（玛丽-克莱尔·博利厄）的中心论点是，海洋代表了一个中介空间，它是“真实世界和想象世界之间的分水岭，是人界、神界、冥界之间的分界点”。海洋在希腊文学中扮演着重要角色，从社会融合和隔离到对宇宙旅行、来世空间和宗教崇拜的神话探索等，海洋在这一系列故事中都起着重要作用。博利厄的著作于一系列神话、仪式、艺术和诗歌研究之中探索了希腊人对海洋的看法，用共时研究和历时研究相交叉的方法，通过六种案例系统地探索了“真实”的海洋与文学想象中的海洋之间的意义互动，在诸多方面都提出了深刻的洞见……博利厄收集了大量文学和图像资料，在文本细读的基础上细致地分析了这些资料的艺术象征意义，从而令人信服地论证了希腊人对海洋的认知。她的跨学科研究得出的新见解令同行专家击节赞叹。此外，她对“真实的”海洋和想象中的海洋的互动关系的兴趣也会激发读者“想象中的地理概念”，建构“世界及自己在世界的位置”。换句话说，虽然大海存在于物理空间，但是人类想象中的海洋表明诠释身份及其形成的视角最终必将促成独特的社会文化地图。

——大卫·里斯，

美国俄勒冈大学

缩写一览表

本书参考的古籍文献均采用《牛津古典词典》（*Oxford Classical Dictionary*）的缩写体例，期刊文献均采用《文献学年鉴》（*L'Année Philologique*）的缩写体例，其他文集和参考资料的具体缩写如下：

AASS	*Acta Sanctorum*. 68 vols. Antwerp: Société des Bollandistes. Online: 2001. Cambridge: Chadwyck-Healey. http://acta.chadwyck.com.
Beazley, *ARV* ²	John Beazley. 1963. *Attic Red-Figure Vase Painters*. 2nd ed. Oxford: Clarendon.
CVA	*Corpus Vasorum Antiquorum*. 1922–.
DK	H. Diehls, rev. W. Kranz, eds. 1952. *Die Fragmente der Vorsokratiker*. 6th ed. Berlin: Weidmann.
EGF	Malcolm Davies, ed. 1988. *Epicorum Graecorum Fragmenta*. Göttingen: Vandenhoeck and Ruprecht.
FGrH	F. Jacoby et al., eds. 1923–. *Die Fragmente der griechischen Historiker*. Berlin: Wiedmann.
FHG	Karl Müller, ed. 1841–70. *Fragmenta Historicorum Graecorum*. Paris: Editore Ambrosio Firmin Didot.
IG	*Inscriptiones Graecae*. 1873–. Berlin: Brandenburgische Akademie der Wissenschaften.

IGRR	Cagnat, ed. 1906–27. *Inscriptiones Graecae ad res Romanas pertinentes*. Paris: Librairie Ernest Leroux.
LIMC	*Lexicon Iconographicum Mythologiae Classicae*. 8 vols. plus indices, 1981–99; Supplement, 2009. Zürich: Artemis & Winkler Verlag.
LSCG	F. Sokolowski. 1969. *Lois sacrés des cités grecques*. Paris: De Boccard.
OGIS	Dittenberger, ed. 1903 – 05. *Orientis Graeci Inscriptiones Selectae*. 2 vols. Leipzig: S. Hirzel.
PCG	R. Kassel and C. Austin, eds. 1983–. *Poetae Comici Graeci*. Berlin: De Gruyter.
PG	J.-P. Migne, ed. 1857–86. *Patrologia Graeca*. 162 vols. Paris: Imprimerie Catholique.
PMG	D. Page, ed. 1962. *Poetae Melici Graeci*. Oxford: Clarendon.
RE	A. Pauly, rev. G. Wissowa, eds. 1894–1980. *Realencyclopädie der classischen Altertumswissenschaft*. Stuttgart: J. B. Metzler.
SEG	*Supplementum Epigraphicum Graecum*. 1923–. Leiden: Brill.
TrGF	B. Snell, S. Radt, and R. Kannicht, eds. 1971 – 2004. *Tragicorum Graecorum Fragmenta*. Göttingen: Vandenhoeck and Ruprecht.

目　录

引　言

在希腊，大海是无处不在的风景。无论是在高山之巅，还是在低谷平原，地中海总不会离开人们的视线。对于岛民和海边的居民来说，大海不只是一个地理存在，还是一种生活方式，古希腊时期尤其如此。古希腊人个个都是弄潮好手，海洋渔业世代相传。海洋为希腊人提供食物和交通，也带来信息、商贸、战争、权利交易和科学发展。海洋在希腊人的宗教生活中也有至关重要的地位。各种洗礼仪式用的都是海水，许多宗教仪式都在海边举行，有些节日还规定要向大海抛掷贡品以祭奠神灵。海上航行大多也是为了宗教目的。[1]海洋几乎成了古希腊人日常生活不可或缺的要素。

面对灿烂骄阳下湛蓝的地中海，人们总会联想起希腊文学中关于海洋的美好字眼，比如富饶、美丽、神圣等。诗人荷马把地中海称作“明亮的海，神圣的海”(*Il.* 1. 141)。希腊神话中，美丽的海中神女(Nereids)①住在大海里，只有幸运儿才能见到。大概是因为这些缘故，精神分析学家们把大海

① 海神涅柔斯(Nereus)的女儿们。——译者注。本书所有的脚注皆为译者注，下文不再一一说明。

看成是母亲的象征。[2]例如，《伊利亚特》(又译《伊利昂记》)写阿喀琉斯(Achilles)在海边恸哭，他的母亲海神之女忒提斯(Thetis)从海里出来安慰他。在这里，大海衬托了母亲的爱。忒提斯是生育女神，养育了下一代，是海洋母亲形象的代表。[3]再加上在希腊人宇宙观里的重要地位，海洋常常像大地一样作为母亲的形象在文学作品中出现。根据《神谱》(*The Theogony* 131)记载，海洋蓬托斯(Pontus)是大地盖娅(Gaia)单性生殖的孩子之一。因此，海洋是孕育并形成后来世界的一个原始母体。《伊利亚特》描述海洋之外有一条环绕地球的大洋河，大洋河的河神俄刻阿诺斯(Oceanus)是提坦诸神(Titans)之一，被称作万物之父。[4]俄刻阿诺斯和他的妻子特提斯(Tethys)繁殖力惊人，生下了三千大洋神女(Oceanids)、三千水泽仙女(Naiads)以及她们的三千河流兄弟。

尽管海洋富饶多产，在希腊神话中却不总是女性的象征，例如蓬托斯和俄刻阿诺斯就是男性。希腊语中有很多表示海洋的词，例如 πέλαγος(大海)、ἅλς(海)或 ἅλμη、θάλασσα(海)、πόντος(海洋)，这些词当中 πέλαγος(大海)和 πόντος(海洋)是阳性词，而 ἅλς(海)和 θάλασσα(海)是阴性词。另外，住在大海里的神话人物有男有女，如海中神女、大洋神女和人鱼特里同(Tritons)等，因此在希腊语境中很难把海洋只视作女性。

海洋一方面丰富多产，另一方面又荒无人烟。荷马称海洋为“不结果的，无收成的”，这一别称让贫瘠的海水与淡水形成巨大的反差，因为淡水浇灌的土地富饶肥沃，而海里即便是成群的鱼儿也会让人联想到死亡而非生命的延续，因为水手担心一旦发生船难，他们就会落到海里葬身鱼腹。[5]

最后，关于通往冥府哈得斯（Hades）①之路，通常有两种不同的说法，一种认为冥府在地底一个深沟的尽头，另一种则认为冥府在大洋河的彼岸。[6]例如，奥德修斯（Odysseus，又译俄底修斯）必须一直往西航行到天边才能见到冥府的盲人预言家忒雷西阿斯（Tiresias）。另外还有一些说法，基本上都认为冥府在海边的山洞里或是海边的罅隙里。例如伯罗奔尼撒半岛上的泰纳龙角（Cape Taenarum）和黑海上的赫拉克利亚（Heracleia，今土耳其境内），都是传说中大力神赫拉克勒斯（Heracles）把冥府看门狗刻耳柏洛斯（Cerberus）拖出来的那个山洞。[7]由此可见，在希腊文化中，海洋是个矛盾的存在，它既是人们的食物之源和交通要道，又是那么地空阔荒凉，令人不安。它与死亡相连，甚至能直通冥府。

说冥府在大海的尽头也好，在地底也好，其实两者并不矛盾。在希腊人的宇宙观里，地球外面环绕着大洋河，要抵达这条河可经赫拉克勒斯之柱（今直布罗陀海峡）出地中海前往，或者向东出黑海亦可抵达；[8]天空的穹顶和冥府的深沟在大洋河汇合，形成一个球形空间，大洋河就从这个球形空间的中心穿过；[9]大洋河上分布着大大小小的岛屿，大洋河外面

① Hades有两层意思，一是指冥府或地狱，二是指冥王哈得斯。

没有陆地，至少在古风时期和古典时期的希腊人是这么认为的。[10]因此，如果说死亡就是去往大洋河的航程，那么这个航程的终点有可能是阴曹地府，也有可能是传说中的极乐岛(Islands of the Blessed)。凭借在大洋河上的功绩而长生不死的赫拉克勒斯一直到达了诸神居住的奥林匹斯山(Olympus)。因为位居人间、阴间和奥林匹斯山之间，海洋成了人界、冥界和神界之间的枢纽。

探索与想象

不过，这些想象的模式与希腊人在大西洋上的探险活动有何关联呢？难道说人们对大海的经验认知也包括神话想象吗？品达(Pindar)和欧里庇得斯(Euripides)认为应该禁止穿过赫拉克勒斯之柱的航行，因为那里是神灵的地盘，不可侵犯。[11]然而，根据希罗多德(Herodotus)(1.163)的记载，福西亚人(Phocaean)早在公元前7世纪就航行穿过了赫拉克勒斯之柱，在西班牙的大西洋岸边塔尔特苏斯(Tartessus)①登陆，还在那里用布列塔尼(Brittany)、康沃尔(Cornwall)和其他遥远地方的货物与当地人建立了贸易关系。与此同时，大约在公元前630年，有个叫科莱俄斯的萨摩斯人(Colaeus of

---

① 今西班牙西南部瓜达尔基维尔河口塞维利亚附近。

Samos)无意间也在塔尔特苏斯上了岸。他从家乡出发前往埃及，却被海风吹离了航线，到了利比亚沿岸的普拉蒂亚小岛(Platea)。上岸后不久，科莱俄斯又出海继续往埃及航行，却因持久的东风，一路穿过赫拉克勒斯之柱，最后到了塔尔特苏斯。希罗多德(4.152)是这样描述科莱俄斯的航行的：

> 他们离开小岛继续前往埃及，却被东风吹离了航线；
>
> 风一直吹，直到他们穿过赫拉克勒斯之柱，在神的指引下来到了塔尔特苏斯。

希罗多德"神的指引"说意味深长。航程本身并没有什么超自然之处，但是经过那样的险境以后还能安全抵达港口，却着实神奇。穿过直布罗陀海峡的强劲逆流足以使任何海上航行险象环生，这大概也是人们深信大洋河存在的一个原因。[12]另外，希罗多德"神的指引"说也可能反映了早期希腊文学中大洋河不通航的事实。海上航行的确需要神的指引，奥德修斯和珀尔修斯(Perseus)不就分别得到了喀尔刻(Circe)和雅典娜(Athena)的帮助吗？人们通常会认为那些因为意外偏离航线而到达遥远国度的人都是受了神的指引，比如希腊古都德尔斐(Delphi)的建立得益于一群偏航的克里特水手，也有人说是因为伊卡狄俄斯(Icadius)遇难才有了德尔斐；[13]阿里翁(Arion)幸免于难也是多亏了海豚相救。[14]因此，尽管希罗多德坚决否认早期地理学家们如米利都的赫卡泰俄斯(Hecataeus of Miletus)提出的环球河的概念,[15]却对这条神秘河流上的航行颇为敬畏。

根据大普林尼(Pliny the Elder)①的记载(7. 197),还有一个名叫弥达克里托斯(Midacritus)的福西亚人在公元前6世纪驶过大洋河到达位于大不列颠西南沿海的锡矿群岛(Tin Islands,又名 Cassiterides)。尽管狄奥多罗斯(Diodorus)②(5. 38)认为锡矿群岛位于西班牙海岸,斯特拉波(Strabo)③认为该群岛在与不列颠同纬度的大洋河上某个地方,[16]但是学者们都一致认为锡矿群岛一定是指不列颠沿海的一些岛屿,比如锡利群岛(the Scillies),或者就是指不列颠岛,因为新发现的海边大陆常常会被误当作岛屿。弥达克里托斯的航行不仅开辟了前往北欧的新航线,而且使锡矿唾手可得,要知道此前福西亚人只能从塔尔特苏斯人那里买到锡矿。遗憾的是,弥达克里托斯的新航线开辟后不久,福西亚人就失去了这条航道,因为公元前5世纪迦太基人崛起,将希腊人赶出了大西洋。[17]迦太基人管辖了科西嘉岛、撒丁岛、西西里岛以及西班牙在地中海沿岸的土地,完全控制了直布罗陀海峡。

迦太基人开始在赫拉克勒斯之柱以外探险。公元前500年左右,也就是迦太基帝国的全盛时期,汉诺和希米尔科兄

① 公元1世纪古罗马百科全书式的作家,《自然史》的作者。

② 公元前1世纪古希腊历史学家,著有《历史丛书》四十卷。

③ 公元前1世纪至公元1世纪古罗马地理学家、历史学家,著有《历史学》四十三卷和《地理学》十七卷。

弟(Hanno and Himilco)驾船驶入大西洋。希米尔科向西北航行，最远可能到了不列颠。[18]他此行的目的不明，可能是为了寻找锡矿。汉诺向南沿西非海岸航行，[19]他的航行日记《航海记》(*Periplus*)的希腊文版本得以保存下来。日记显示汉诺此行的目的是在西非建立殖民地。这些殖民地除了实现帝国的领土扩张以外，还将把帝国的贸易延伸到那里。今天的学者们还在争论汉诺具体到了非洲的哪些地区，大部分人认为他最远到了今天的加纳，或是尼日尔河三角洲。有些学者甚至认为他到了今天的喀麦隆。[20]无论如何，汉诺的航行日记在地中海沿岸，尤其是在希腊的地理学家们中间广为流传。

在此期间，迦太基人在西大洋上发现了一座岛屿，距离赫拉克勒斯之柱有数天的航程。根据《奇闻集》(*Mirabilium Auscultationes*)①的记载，[21]岛上有种类繁多的树木、可通航的河流以及“各种各样令人称奇的物种”。如此丰富的物产让狄奥多罗斯相信岛上居民每天都吃喝玩乐过着神仙般的快活日子。[22]可以想见，这样的岛屿必定会吸引来大量的移民。《奇闻集》里说，眼看大量的迦太基人上岛定居，迦太基酋长下令处死去那里的人，并屠杀了所有上岛的人，大概是担心长此以往会形成一个威胁帝国安全的殖民地。与此相反，狄奥多罗斯认为，迦太基人禁止去该岛的原因是考虑万一本国遭受外族入侵，迦太基人自己可以去岛上避难。不管怎么说，

① 参见《亚里士多德全集·第六卷》。

那个岛屿对普通人来说是可望而不可即的。这两个文本对该岛的描述都类似赫西奥德(Hesiod)①笔下的极乐岛,[23]说明希腊人对赫拉克勒斯之柱以外极乐岛的概念催生了后来关于迦太基岛屿的文学传统。这种描写在“奇迹文学”中根深蒂固。类似的传说中的陆地还有亚特兰蒂斯(传说沉没于大西洋的岛屿)、极北之地(Ultima Thule,据说在人类世界的最北端)、西大洋诸岛等,统统都是世外桃源。[24]在希腊人的想象里,西大洋诸岛绝无人间疾苦,正因如此才与凡人无缘。

因为亚历山大迷人的东方之旅,公元前4世纪末绝对算得上希腊探险史上成果最丰的时代。那时还有另外一个探险者,马赛(Massalia,古代希腊殖民地,位于现今法国马赛地区)的皮西亚斯(Pytheas)②,当然名气远不如亚历山大。皮西亚斯的航行路线一直以来都备受争议,人们认为他从马赛出发,至少到了不列颠群岛,最远可能到了冰岛。[25]皮西亚斯有一本航行日记《在海上》(*On the Ocean*),刊行后风行于整个希腊世界,遗憾的是现已失传。然而许多人并不相信书中的描述,指责皮西亚斯谎话连篇,尽扯些荒诞不经的故事骗人。斯特拉波(2.4.1)引用波利比乌斯(Polybius)③的话说:

> 皮西亚斯误导了大家。他说他用双脚丈量了整

① 公元前8世纪古希腊诗人,代表作有《神谱》《工作与时日》等。

② 公元前4世纪古希腊航海探险家、天文学家、地理学家。

③ 公元前203年至公元前121年,生于希腊,晚年成为罗马公民,历史学家。

> 个不列颠，发现全岛周长约为 2430 万英尺(约 740 万米)。他还说极北之地已经不再有陆地、海洋、空气，只有一种类似于海蜇的三者混合物，上面既不能行走也不能行船。他说这种海蜇样的物质他是亲眼见过的，其余的都是道听途说……但是皮西亚斯说他走遍了整个北欧的海岸线，一直到了世界的尽头。这样的事情就算是赫耳墨斯(Hermes)说的也没人相信啊。
>
> (Paton 译自希腊文)

皮西亚斯声称去过“世界的尽头”，波利比乌斯对此特别生气，因为即便是天神赫耳墨斯也不敢夸下这样的海口。提到赫耳墨斯，当然应该引起我们的思考。赫耳墨斯既是众神的使者，又是旅行者(以及说谎者和小偷!)的保护神。另外，他还是宇宙不同空间之间的信使，在神界、人界和冥界之间穿梭。赫耳墨斯经常把天神的意旨传达给人类，还负责把死人的灵魂送到冥府。他还出现在两个花瓶上，示意赫拉克勒斯拿到赫斯珀里得斯姊妹守护的花园(the garden of the Hesperides)①里的金苹果以获得永生。[26]由此可见，赫耳墨斯管辖的不仅是空间上的旅行，还有不同生存形态间的穿越。在波利比乌斯看来，皮西亚斯所说的简直到了赫耳墨斯的

① 即金苹果园。为节省笔墨且通俗易懂，下文皆译作“金苹果园”。

程度。

很有可能皮西亚斯就是这么想的。他描写的海陆空三者的混合物让人想起古希腊时期对大洋河上三个空间汇聚点的描述。品达的《皮托凯歌》(*Pythian* 10.27–29)这样描写珀尔修斯穿过大洋河到达传说中的北方乐土(land of the Hyperboreans)的情景:

> 黄铜般的天空里绝对无路可走;
>
> 无论那里是什么样的乐土,他都已经到了航程的尽头;
>
> 无论是航船还是步行,都找不到通往北方乐土之路。

品达笔下珀尔修斯的航程简直是上天无路,入地无门,对当地的物质状态也有意做了模糊处理,暗示那既不是固态的,也不是液态的。其中至关重要的一点是,大洋河是无法用凡人的办法通行的,这与他在其他诗歌作品中描述大洋河不通航的特征一致。皮西亚斯描述的凝胶状物质完全可以理解为北极冰原,他说那里无法通行的样子则与品达等人关于大洋河的神秘色彩非常一致。也许皮西亚斯确实亲眼见到了一种自然现象,只不过写出来却像神话。

皮西亚斯在他的另外两部作品里也用同样的方式把经验知识和神话想象糅合在一起,只是这两部作品目前只剩下罗斯曼(Roseman)编辑的8、9两个残篇。[27]在这两个残篇里，皮西亚斯声称他在大洋河的疆域里看到了“太阳的寝宫”。希腊神话中，太阳神赫里阿斯(Helios)和其他天神们都居住在西大洋，他们每天巡游世界，在西大洋里沐浴。皮西亚斯的作品除了提到这些古老的传说之外，还特意指出北大洋的日照时数与希腊的不同，这样就把实际经验得来的地理知识与人们想象中的地理概念糅合起来，构成了当时的世界观，确定了人类在世界中的位置。

从这个角度来看，我们势必会问：古代探险家们的初衷是什么？他们是如何看待自己的探险发现和神话故事之间的关系的？巴里·坎利夫(Barry Cunliffe)写道：

> 希腊人从小就听到的那些神话故事在赫西奥德和荷马的诗歌里随处可见，也在丰富的口头文学里广为流传，这些神话故事帮助希腊人认识到生命存在的复杂性，在某种程度上也让人们感到安慰和安心。但是越来越多的人逐渐摆脱了经济上的束缚，并且不断地接收到关于世界的新知识，对这些“新人类”来说，古老的民间传说已经不能满足他们对世界认知的渴望了。[28]

坎利夫采用进化论的观点解释古代科学，认为希腊人从神话思维发展到实践思维是一种进步，然而并没有证据证明这就是推动古代地理探险活动或是任何科学活动的初衷。在已有的文字记录中，人们出海航行都是出于商业目的，如果不是为了寻找锡矿等自然资源，就是为了使自己的城邦控制贸易航路。在这些记录中，正如上文所述，神话传说和经验观测不断地相互影响，相互促进。即便是人称经验论之父的希罗多德也会把观察所得的第一手事实经验和神话故事混为一谈，比如说他认为北方乐土就是指提洛岛(Delos)。[29]古希腊人对世界的经验是与想象和宗教建构密不可分的。众所周知，古希腊人生活的方方面面都打上了深刻的宗教烙印，[30]海上航行或是大洋河上的航行更是如此。[31]

比较的视野

无独有偶，在古希腊前后也有其他民族文化持同样的观点，认为大海就是神话世界和现实世界之间的铆接点。古代美索不达米亚文化、古巴比伦文化和近东地区的神话故事都给我们提供了相当可观的比照，其中最重要的当属这些神话故事中描述的宇宙组织结构。与希腊人的世界观一样，美索不达米亚神话和近东神话也把世界划分为三部分(地上、天上、地下水)或四部分(人间、天堂、海洋、冥府)。[32]水，尤其是地下水，在这种世界观中占据重要地位。在一幅公元前8(或7?)世纪的巴比伦地图上，地球外面环绕着一条咸水河——玛拉通河(Marratum,俗称苦河)。虽然是咸水河,玛拉通河与希腊人想象中的大洋河极为相似,特别是根据光照度和航程远近,该河也把世界分成了不同的地区,很像奥德修斯到过的那些地区。[33]而且,在美索不达米亚人的宇宙观里,地下河阿卜苏(Apsu)乃地球上万水之源,这又与《神谱》(337-362)中的大洋河俄刻阿诺斯类似,后者乃河流之父。当然,阿卜苏是地下河,而大洋河则是环绕地球的河流。但是我们发现在《神谱》里,冥河斯堤克斯(Styx)位于冥界,是俄刻阿诺斯最重要的女儿,这表示大洋河与冥界密切相关。事实上,根据韦斯特(Martin L. West)的研究,所谓的"倒流河"指的就是地下河阿卜苏,这也说明希腊人和美索不达米亚人的宇宙观非常相似。[34]此外,巴比伦的神谱《埃努玛·埃立什》(*Enūma Eliš*)①记载阿卜苏与其伴侣提亚玛特(Tiamat,又名混沌母神)乃众神之祖,就像荷马史诗中的俄刻阿诺斯为众神之父,特提斯为众神之母一样(*Il.* 14.246;14.201=14.302)。[35]如此看来,在古希腊和近东传统文化里,无论是在真实世界中还是在想象的世界里,世界各地都因水而连接了起来。

希腊和近东宇宙观的另一个可比点是都认为死人住在地底下,[36]人死之后必定去往阴曹地府,但在到达地府之前必须穿过一条河流,就像奥德修斯通过招魂术穿过大洋河或是其

① 巴比伦史诗,也称作《创世的七块泥板》。

他人穿过阿刻戎河（Acheron）才能到达冥府那样。[37]同样地，传说中的苏美尔国王吉尔伽美什（Gilgamesh）必须越过死亡之河才能找到永生者乌特纳比西丁（Ut-napishtim）的居住地和不死树。[38]这个“死亡之河”的概念与巴比伦文献中的“阴间的河”（Hubur）以及圣经《旧约》中的“水道”（šelaḥ）一模一样。[39]在希腊文化和闪族文化里，死亡和西方有关，要么是西大洋，要么是向西穿过一条河流。其实正如韦斯特的研究所示，希腊文的“阿刻戎”一词与希伯来文的“西方”一词读音一模一样。[40]因此，在希腊神话故事和近东神话传说里，都有一个西方水域是生死之间的交叉点，是凡俗世界通往想象世界的转折点。

在希腊文化和近东文化有关洪水的传说中，水也是生死之间的转折点。[41]根据古希腊、古罗马的神话传说，在青铜时代末期，宙斯决定用洪水消灭邪恶的人类，[42]这都是吕卡翁（Lycaon）拿人肉来试探神而惹的祸。[43]柏拉图则认为这场大洪水毁灭了亚特兰蒂斯以及岛上天堂般的生活。[44]同样，在阿卡得史诗《阿特拉哈西斯》（*Atrahasis*）和吉尔伽美什史诗中都有关于众神之王风暴神恩利尔（Enlil）决定消灭人类的叙事。因为人类大量繁衍，吵闹喧嚣，让恩利尔不胜其烦。圣经《旧约》中的耶和华也决心清除残暴邪恶的人类。但是，以上所有这些文本中都有一个幸存者——丢卡利翁（Deucalion）、永生者乌特纳比西丁、诺亚。诺亚和妻子一起重新繁衍了人类，乌特纳比西丁夫妻和旅伴一起开创了人类新篇章，丢卡利翁向地上扔石头创造了新人类。所有这些叙事都如此相似，因此几乎没有学者怀疑希腊传说是源于闪族文化的。[45]我们发现这些故事当中，水的角色都很模棱两可，水既毁灭世界，又创造世界，呈现出之前我们在希腊史诗中发现的矛盾性。洪水神话中的水是神惩罚邪恶人类的工具，因此也是人类和神交流的媒介。

古罗马时期，海洋继续扮演模棱两可的角色，既带来混乱，也带来复兴。埃文斯(Evans)的研究指出，大普林尼笔下的大洋河浩渺凶险，一刻不停地侵蚀着地中海，不断地改写地中海地区的形貌。[46]不过，后来被视为大西洋的大洋河也是罗马帝国对外扩张的通道。根据罗马历史学家弗洛鲁斯(Florus 2. 13)的描述，恺撒在征服高卢人之后检阅了被打败的大洋河代表，以此来炫耀他前无古人的功绩——对世界上最遥远地区的征服。[47]维吉尔也认为大洋河是屋大维可以征服的新世界。[48]与这些文本对大洋河的霸气描述不同，困于帝国内战的上一代文豪西塞罗把大洋河视作避难所，暴君当权时哲学家们可以在那里潜心学术。[49]西塞罗笔下的这个世外桃源就在极乐岛上，与后来的普鲁塔克和阿维阿努斯(Avienus)想象中大洋河上的岛屿一模一样，在那里有宙斯的父亲克洛诺斯(Cronus)统治下的黄金时代。[50]罗马人出于政治考虑，把海洋特别是大洋河视作通往新大陆的要道。可是，面临国内严峻的形势，罗马人也把地球外围的海洋看成是进入另一时空的转折点，希望借此远离人世的痛苦。

中世纪时期，这些概念与古希腊神话故事和凯尔特神话传说混在一起流传了下来。[51]这种文化和宗教的混合在《圣布伦丹航海记》(*Navigatio Sancti Brendani Abbatis*)中最为明显。广义上来讲，这是一部爱尔兰航海文学作品，具备古希腊文学和凯尔特民间传说的双重特点。[52]圣布伦丹是5世纪时期爱尔兰一位修道院院长，因为他的一系列北大西洋航行经历而在中世纪时期成为传奇人物。到了9世纪，《圣布伦丹航海记》已经在整个欧洲广为流布，并被译成多种语言。该书叙述了布伦丹和他的修道士们离开爱尔兰去寻找一个叫作“圣徒应许之地”的天堂岛，途中见到了许许多多的岛屿，其中有很多就像圣经中描述的一样，比如已经悔罪而脱离炼狱的撒旦的追随者们居住的岛屿、使叛徒犹大脱离地狱折磨的巨石等等。还有一些则与奥德修斯的故事相似，比如地狱岛上粗野的铁匠朝修道士们扔金属熔浆，熔浆落在海水里引起滔天巨浪，差点打翻他们的船只，就像独眼巨人扔的巨石差点掀翻奥德修斯的船只一样。总之，布伦丹的天堂岛让人联想到古代神话传说中的西大洋，岛上气候温和，终年阳光普照，食物无须耕作而自然生长，与品达、普林尼、梅拉(Mela)等诗人描写的极乐岛极为相似。[53]

蒙茅斯的杰弗里(Geoffrey of Monmouth，12世纪英国历史学家)在他的《梅林传》(*Vita Merlini* 908－940)里把这个天堂的传说和凯尔特神话更有机地结合了起来。《梅林传》里说，剑栏之战(the Battle of Camlann，又译“卡姆兰之战”)中亚瑟王身受重伤之后被带到阿瓦隆（Avalon）①，[54]岛上土地肥沃，阳光普照，一年有两个夏季和两个丰收季，无须耕种。在杰弗里笔下，亚瑟王并没有死，而是处于不生不死的状态，梅林和巴林图斯（Barinthus）②把他带到阿瓦隆疗伤。这个巴林图斯在《圣布伦丹航海记》里就已经到过“圣徒应许之地”，还鼓励布伦丹向天堂航行。杰弗里就这样结合《圣布伦丹航海记》和其他一些中世纪的凯尔特叙事把阿瓦隆描写成“圣徒应许之地”，也就是古代传说中的极乐岛。我们发现在所有这些文本中，海洋都扮演着让人逃离现实去到另一个世界，尤其是去到永生世界的角色，比如布伦丹发现了来世的天堂，亚瑟王死而复生，甚至有人说他总有一天会离开阿瓦隆重回自己的王国。

中世纪时期的世界观融合了这种地理想象，不同的是传说中位于大西洋的极乐岛变成了圣布伦丹（群）岛。公元1300年左右，赫里福德世界地图（the Hereford map）③标出了西大洋上的六座岛屿，旁边还有文字说明，“这六座极乐岛名叫圣布伦丹群岛”。[55]今天的埃布斯托夫地图（Ebstorf map）上也有这样的字样，“迷失之岛。圣布伦丹最先发现，后来再无人得见。”[56]就这样，赫里福德和埃布斯托夫的地图绘制者们不仅加入了古代神话和中世纪的传说，还强调了大海以外世

① 凯尔特版的极乐岛。
② 爱尔兰神话传说中的海神和天气之神。
③ 世界上第一张在羊皮上绘制的世界地图。

外桃源的不可企及性。布伦丹因神灵的启示而发现的岛屿凡人难以接近，就像古代神话传说中的大洋河与凡人无缘一样。

到了地理大发现时代，人们出洋远航希望找到圣布伦丹岛，这个概念受到了考验。从1312年起，一拨又一拨探险家来到加那利群岛（该名称源自六座极乐岛之一的加那利），然后从那里出发探寻传说中盛产奇珍异宝的神秘的圣布伦丹岛。16世纪一位名叫佩德罗·韦洛（Pedro Vello）的葡萄牙领航员声称自己到过那座岛屿，[57]不过由于岛上飓风肆虐，他和同伴们不得不匆忙上船离开，随后他们的船被飓风吹走，从此再也没能见到那座岛屿。大约在同一时间，一名方济会修士自称在特内里费岛上（Tenerife）透过望远镜看到过圣布伦丹岛，但是等他叫来朋友再看时，只看到一片乌云，之前神奇的景象彻底消失了。[58]那座奇妙的岛屿在这两个事件中都拒绝人类涉足，甚至连看都不让人看到，好像是要证明神的恩典凡人是不可能获得的。因此，大海标志着人类与其最遥不可及的渴望之间的界限。

研究现状

目前已有许多关于希腊文学与文化中的海洋主题研究，既有专门研究海洋的著作，也有集中探讨古代地理和航海技术的章节。早前杜安·罗勒（Duane Roller）的《穿过赫拉克勒斯之柱》(*Through the Pillars of Herakles*)可以说是对约翰·哈利(John B. Harley)和大卫·伍德沃(David Woodward)合著的《地图发展史》(*History of Cartography*)的有益补充，已经成为研究古代地理探险史的必读参考书。后来，让-尼古拉斯·科维西耶(Jean-Nicolas Corvisier)出版了《希腊人与大海》(*Les Grecs et la mer*)一书，考察希腊人对海洋的态度，从赫西奥德和荷马笔下大海给人带来的痛苦到古典时期人们对大海的征服，按照时间顺序展现了希腊人与大海之间的动态关系。作者还特别关注推动希腊人走向大海的三个强有力因素：商业利益、渔业开发、军事征服，展现了希腊人在艺术和宗教方面与海洋的关系。

深入探讨希腊人的天文地理概念能使这些地理历史研究更趋丰富而完整，阿尔宾·莱斯凯(Albin Lesky)的研究可以说是开了先河。他的著作《希腊人到大海之路》(*Thalatta*: *Der Weg der Griechen zum Meer*)研究希腊人与海洋的关系，认为希腊人之所以在古代对大海心存畏惧，到了古典时期却能控制征服海洋，是与希腊人乡土观念的转变密不可分的。希腊人最初视自己的家园为一个被陆地包围的印欧语之乡，后来又定位为希腊半岛的岛国。尽管莱斯凯的提法尚有许多不确定性，但在希腊文学艺术对海洋及航海的描绘方面做了拓展且有益的研究。

近期詹姆斯·罗姆(James Romm)的力作《古代思想中的地球边缘》(*The Edges of the Earth in Ancient Thought*)把地理文

献作为一种文类，研究地理叙事对其他文学作品的影响。罗姆指出，无边无际的大海引发了希腊人的想象，在希腊地理叙事中占据重要地位。作家们以海洋为背景，创造出宇宙最遥远天际的概念和无数神秘的人物角色和风景地貌。海洋为作家们提供了讨论世界形貌的途径，也使得对人类和非人类的讨论成为可能。正因如此，经验地理学与人们的地理想象和人种学出现了许多重叠交叉点。

2005 年海因茨-君特·内瑟拉特(Heinz-Günther Nesselrath)的文章《海神拒绝水手通行的深蓝之所——希腊人和西方海洋》当中就提到了这些交叉点。内瑟拉特系统地研究了有关西大洋的文学传统，特别是神话传说中的大洋河航行与人类航海探险之间的关系。他的论证显示，尽管从古希腊时期到古罗马时期，希腊人与大洋河之间的关系有了显著的进展，但是有关西大洋的概念，尤其是人类世界之外天堂般的岛屿的概念，在希腊文学中却一直没有变。

面对这些研究，人们不禁会问，希腊人究竟是怎么看待水的？对他们来说海水有什么特别之处吗？为什么神话故事里会有那么多人跳海之后变成了神？勒内·吉诺维斯(René Ginouvès)在他的专著《古希腊沐浴研究》(*Balaneutikè: Recherches sur le bain dans l'antiquité grecque*)中率先提出了这个问题。[59]通过聚焦沐浴文化，吉诺维斯研究的不仅仅是沐浴和净化仪式，还有沐浴的宗教含义。诚然，对于希腊人来说，在某些场合下清洗身体也是净化灵魂。因此吉诺维斯提出，在厄琉西斯秘仪上(Eleusinian Mysteries)[①]，刚成年的人们冲入大海，嘴里高喊："入海吧，新人们!"人们通过象征性地溺死在海水里来净化身体，准备好迎接神的启示。这种仪式性的死亡让刚成年的人们达到一种新的意识水平。吉诺维斯的研究揭示了海水的矛盾性——既净化和延续生命，又象征死亡。海洋在生、死与永生之间的媒介作用正是本书将要研究的一个至关重要的问题。

海洋的这种矛盾性在让·鲁德哈特(Jean Rudhardt)的《希腊神话中水的原始主题》(*Le thème de l'eau primordiale dans la mythologie grecque*)一书中得到了更为完整的剖析。鲁德哈特认为，在希腊人的思想里，水，尤其是环绕地球的大洋河里的水，是万物得以产生的源泉。用大洋河水为众神酿造的仙馔密酒使天神们长生不老，因而是赋予生命最重要的因素。由于这种赋予生命的力量在人类不可企及的外部世界，人只有死后才有可能到达那里，因此，大洋河成了人类和天神之间的壁垒，也是真实和想象之间的分野。

鲁德哈特没有注意到的是，古希腊神话中的这个壁垒是可以打破的，越过大洋河就可以做到。克拉拉·加利尼(Clara Gallini)在她的文章《浸礼》(*Katapontismos*)中讨论了这个问题。她说，浸礼能确保刚成年的人像忒修斯(Theseus)一样进入新的年龄群，或像伊诺(Ino)和格劳科斯(Glaucus)一

① 古希腊每年在厄琉西斯举行祭祀谷神得墨忒耳(Demeter)和冥后普西芬尼(Persephone)的秘密祭典。

样进入神的世界。加利尼颇具慧眼地通过分门别类来系统地研究浸礼叙事，最终却没能解释清楚为什么在一些很重要的神话传说和意象中，人类到达神界不是通过浸礼而是通过越过大洋河实现的，比如珀尔修斯和赫拉克勒斯的例子。事实上，加利尼承认，关于海上航行的神话和意象是如此多样，以至于任何想要涵盖一切的解释都有削足适履之嫌。[60]

有鉴于此，学者们大都选取问题的一个侧面，从较小的维度来研究海洋的超验性。例如，艾米莉·维尔穆勒（Emily Vermeule）的专著《早期希腊艺术与诗歌中的死亡面面观》（*Aspects of Death in Early Greek Art and Poetry*）侧重研究海洋在葬礼诗和插图中的重要地位——死亡被描画成越过大海到达来世之旅。[61]玛丽亚·达拉基（Maria Daraki）的文章《酒神之海》（*Oinops Pontos：La mer dionysiaque*）发现，在有关酒神的语境中，海洋是人界和冥界之间的双向通道，这一点可以在阿里斯托芬的《蛙》（*Frogs*）一剧中找到佐证，剧中狄俄尼索斯（Dionysus）从沼泽坠入冥府。此外还有让-保罗·德斯库德雷（Jean-Paul Descoeudres）的文章《狄俄尼索斯的海豚》（*Les dauphins de Dionysos*），研究酒神图中的海豚形象。文章指出，在有关酒神的语境中，海豚表示酒神崇拜者与酒神接触后变化的形态。

以上这些研究都极有洞见，却未能有机地组织起来，未能对海洋在古希腊神话传说、真实地理和地理想象中到底扮演了一个什么角色提出更有统摄力的问题。本书力求解决这一问题。本书认为，海洋是希腊神话中的重要媒介，它把真实和想象分隔开，把人界、神界、冥界分隔开。另一方面，作为媒介空间的海洋又把所有这些空间连接了起来。正因如此，希腊人才会把海洋想象成一个既富饶多产又荒芜贫瘠的所在，一个漫无方向的通道，一个既能让人死亡又能带人上天的地方。这种模棱两可在各种神话传说和艺术表现中相当突出，其数量之多、变化之大，使得任何试图解释一切的结论都显得苍白无力。[62]有鉴于此，本书将从中选取六种案例来一一论证海洋乃真实世界与想象世界之间的分水岭，是人界、神界、冥界之间的分界点。全书的每一章都将阐明海洋在具体的宇宙概念中或在一组故事中的媒介作用，这样的故事包括长大成人、跳海成神、酒神现身等。总之，本书将在更广范围内探讨海洋在希腊世界观里扮演的角色，而非提供大而不当的综合说明。

研究方法

要想研究结果卓有成效，必须逐一考察所选的神话故事和记载，然后找出其中的异同。这样的研究既能揭示文化的内在一致性，又能突出发展变化，比如时间上的演变。本书第三章对达那厄(Danae)神话的研究就使用了这种研究方法。

达那厄最初被视为一个悲剧人物，所以索福克勒斯把她比作安提戈涅(Antigone)。到了希腊化时期，罗得岛的阿波罗尼奥斯(Apollonius of Rhodes)[①]又把美狄亚(Medea)比作达那厄、安提戈涅、墨托佩(Metope)，因为她们都违背父命爱上了陌生人。后者的对比颇具希腊化时期的特点，强调个性和激情，迥异于对达那厄的描述。后来，奥维德和普罗佩提乌斯(Propertius)[②]嘲笑达那厄是自卖自身，因为宙斯是以一阵黄金雨的形象显现在她面前的。这种解读让人想到罗马神话中为了黄金珠宝而出卖罗马的塔尔皮亚(Tarpeia)。由此观之，达那厄的经历最初在古典时期引起人们的同情，后来又被嘲是自作自受。

无论怎么演变，这个神话总是关乎婚姻，达那厄的苦难反映了其中的艰辛。古典时期，埃斯库罗斯笔下的达那厄漂流到塞里福斯岛(Seriphos)，意味着与森林之神西勒诺斯(Silenus)的婚礼和他们噩梦般婚姻的开始。阿波罗尼奥斯写达那厄的故事意在讨论美狄亚该不该嫁给伊阿宋(Jason)，他们的婚姻结局异常恐怖。到了罗马时期，达那厄代表了婚姻女子的对立面——为金钱而卖身的妓女。这些文本中的达那厄形象都是为不同作者的不同目的服务，唯一不变的是达那厄遇到宙斯后漂洋过海的故事总是以婚姻失败告终。

---

① 公元前3世纪古希腊诗人，亚历山大图书馆馆长，代表作有《阿耳戈船英雄记》。

② 与奥维德同时期的古罗马诗人。

这样的研究如果有一个理论框架固然有益，但效果有限。比如说，布尔克特(Burkert)提出的著名的“少女的悲剧”模式有助于我们理解相当一部分像达那厄这样的神话故事，如卡利斯托(Callisto)、奥革(Auge)、伊娥(Io)、堤洛(Tyro)、墨拉尼珀(Melanippe)、安提俄珀(Antiope)等的神话传说，都透出相同的文化关注。[63]布尔克特从这些故事中提炼出五个阶段：离家；隐藏；破处；受苦；生子得救。布尔克特认为这些故事反映了女孩子成长过程中的生理过程，如首次月经来潮、首次性事、怀孕等，这些故事之所以呈现出悲剧性是因为这些故事隶属于更大的成人仪式的牺牲框架体系。社会通过仪式性地或者象征性地牺牲年轻女子来表示少女到成年女子的转变，少女通过象征性的死亡完成她们向成年的过渡。布尔克特的理论颇具吸引力，因为它解释了希腊传说中所有女子成长的内在悲剧性。在他看来，女孩子必须在经受磨难“牺牲自己”以后才能真正走向成熟。反过来，也能解释为什么西摩尼得斯(Simonides)①、品达和那些悲剧诗人们都如此关注这些神话故事，因为这些故事特别适合于抒情诗、酒神的赞美诗和悲剧。不过，完全依赖布尔克特的模式——或者任何其他专注于叙事结构的模式——必将遮蔽单个文本对神话的处理，后者必定会有自己独特的地理历史语境、写作目的和表现语境。

① 公元前6世纪至公元前5世纪古希腊抒情诗人，代表作有《悲歌》、《温泉关凭吊》等。

更进一步说，这样的叙事模式也掩盖了框架相似的神话故事之间的差异。例如，奥革的传说表面上看与达那厄一模一样，两个姑娘都被父亲禁婚，都被监禁，都失身于神祇，生下儿子后母子都被抛入大海。正因如此，布尔克特的模式确实特别吸引人，她们确实就是布尔克特所总结的“少女的悲剧”。然而，细查之后我们就会发现其中的差异。达那厄是她父亲唯一的继承人，奥革却有兄弟。她们各自的儿子珀尔修斯和忒勒福斯(Telephus)都命中注定要杀死王国的合法持有人——达那厄的父亲和奥革的兄弟。两个故事对继承危机的处理方式却大相径庭。达那厄被逐出家门终生未嫁，奥革漂流到了米西亚(Mysia)，嫁给了国王透特剌斯(Teuthras)。故事的结尾，珀尔修斯回到阿尔戈斯(Argos，又译亚哥斯)夺取了外祖父的王位，忒勒福斯则留在米西亚继承王位。尽管这两个神话故事都是“少女的悲剧”，都涉及婚姻和继承权的问题，但是达那厄婚姻失败，奥革却转型成功。两个故事里的海上经历都意味着少女离家，不同之处在于前者是悲惨的结尾，后者则明显肯定了女子离开娘家才能确保世代更替的和平推进。因此，对神话传说和文化建构的研究应该综合运用多种研究方法，整体考察叙事结构的同时，也要具体研究每个故事和叙述的独特之处，这样的研究才是有益的。

同样道理，要兼顾历时研究和共时研究。共时的角度能让我们通过对同时/同地文本的比较对一个概念或者神话传说进行深入的研究。本书从头到尾都会用到这一方法，比如第二章研究品达和巴克基利得斯(Bacchylides)[①]的航海叙事，表现了男性成人仪式的政治后果和社会影响。诗人们把珀尔修斯、忒修斯和伊阿宋当成政治领袖来描述，年轻人的海上航行和对另一世界的探索作为战胜死亡的形象呈现出来，是对年轻人身份的肯定，对他们获取王权的认可。本章把神话故事与诗人热烈歌颂的政治状况直接相对照。《皮托凯歌10》歌颂了优秀的血统和色萨利(Thessaly)统治王朝世世代代的和平演进。巴克基利得斯《抒情诗17》突出了提洛同盟形成时期雅典霸权的兴起。《皮托凯歌4》用阿耳戈船英雄的故事为昔兰尼的贵族统治辩护，促进社会和谐。这三个文本当中，英雄们的海上航行与航海的政治隐喻关系密切，例如“国家之船”上的领航员隐喻民众与政府里的贵族领袖等。

相比之下，历时的角度能给我们提供多维的视野去研究流传几个世纪的概念或者神话传说。第五章用历时的角度研究希腊神话中有关跳海的概念。在古风时期和古典时期，跳海往往隐喻精神失控，比如陷入爱河，碰到人生难题，甚至是死亡等。在希腊化时期和罗马时期，跳海仍然与精神失控有关，但主要出现在单相思的故事里，用特有的希腊化时期的感伤笔调描写一个告白失败的恋人或是被

① 公元前5世纪古希腊诗人，西摩尼得斯的侄子。

抛弃的情人一时冲动跳海殉情。在这些故事里，很多跳海的恋人都被慈爱的天神变成了水鸟，从而化解了危机。历时的角度让我们能够追踪一个概念中的常量，同时突出细节和每个时代的不同况味。另外，历时的角度还能让我们复盘跳海概念的演变。希腊化时期变身为水鸟的意象突出了整个古风时期跳海折射出的心理突变。跳海象征性地释放了人类无法理解或者难以平息的心理上的紧张，比如恋爱，碰到难题，或者是死亡这样最无法参透的问题导致的心理上的紧张。

总而言之，正如巴克斯顿(Buxton)所言，综合了时间因素和叙事结构的综合研究路径或中间路线能够让我们更深入地研究希腊神话语言、神话意象和神话传统。[64]有的时候，因为资料不完整而不得不采用折中的策略。有的时候，完整而丰富的资料又可用多重研究方法探讨多层面的问题并得出多种结论。希腊神话就像大海一样变化无穷，却又留下了不可更改的特征，为我们提供了丰厚的研究空间。

第一章　海上之路

在波士顿美术馆收藏有古风晚期雅典的一只红绘双耳浅陶杯，上面画着一位青年手持钓竿蹲在一块突出的岩石上[1]。在青年看不见的水下世界里，鱼钩钩住了一只极小的海豚，旁边四只小鱼和另外一只小海豚在一只藤编鱼篓周围游弋，最右边的角落里，一只章鱼潜伏在洞里。这幅画黑白分明地突出了水上景象和水下世界的分别，水面以上一片漆黑，水下却明白可见充满了青年看不见的生命。这幅画暗含了希腊人与海洋之间的矛盾关系。对希腊人来说，一方面，大海无处不在，是日常生活的重要组成部分，为人们提供食物，还是对外交流贸易的通道。另一方面，大海里有大量海洋生物，有些为人熟知，例如鱼类，有些却是想象出来的，比如人鱼、海中神女、海怪等。同样地，海上航行可以把人们带往周围各地，根据神话传说，大胆的水手甚至能够横穿大海直到世界的尽头，可能死在那里，也可能发现神仙居住的天堂。就这样，现实生活中的大海与想象中的大海纠缠融合，成了可见世界和不可见世界之间的分水岭。在希腊人的世界版图上，大海是很重要的一块，但在人们的心灵版图上，大海占据着更为重要的位置。

作为道路的海洋

古希腊语中有许多表示海洋的词语，如 πέλαγος，ἅλς/ἅλμη，θάλασσα 和 πόντος，其中 ἅλς/ ἅλμη πέλαγος 和 θάλασσα 分别表示咸水[2]、大海[3]和汪洋大海[4]。尽管这些词语描述的是海洋的不同侧面，却都表现了希腊想象中模棱两可的海洋概念。有鉴于此，本书中的“海洋”“大海”泛指整个海洋空间。

海洋是一个浩瀚无边的空间，希腊文学中有诸多此类描述，[5]比如荷马笔下“无边无际的大海”（*Il.* 1. 350）、“辽阔的大海”（*Il.* 6. 291）、“大海无边无际”（*Od.* 10. 195）、“在宽阔的海面上”（*Il.* 20. 229）、“横贯浩淼的大海”（*Od.* 3. 179）、“辽阔的海面”（*Il.* 18. 140），等等。海洋也是深不可测的，相关的描述也非常多，如“大海深深”（*Od.* 4. 504）、“在深海中”（*Il.* 13. 44）、“在大海深处”（*Il.* 18. 36）以及“在大海最深处”（*Od.* 4. 406），等等。海洋的深邃辽阔让人感到恐惧，所以会有“怪物横行的大海”（*Od.* 3. 158）、“不共戴天的大海”（*Hom. Hymn. Diosc.* 8）、“荒凉可怖的大海”（*Od.* 5. 52）和“大海深深，艰难可怖”（*Od.* 5. 174）之类的描述。

海洋还是一个喧哗骚动的空间，荷马的诸多描写可以证明，例如“怒吼的大海”（*Il.* 1. 34）、“在无限膨胀的大海上”

（*Od.* 4.510）、“在波涛汹涌的海面上”（*Od.* 4.354）和“像马路一样宽的海上巨浪”（*Il.* 15.381），等等。大概是因为大海的骚动不安，同时海水会反射太阳光，所以大海的颜色变幻莫测，有“灰的”（*Il.* 1.350）、“雾蒙蒙的”（*Il.* 23.744）、“黑的”（*Il.* 24.79）、“紫的”（*Il.* 16.391）、“紫罗兰色的”（*Il.* 11.298），甚至还有神秘的“酒黑色”（*Il.* 2.613）。这些色彩词大概描述了日出日落时海面上粉紫色的光，阴天时灰色的气象以及夜晚的海上墨黑的景象。[6]

色彩变幻莫测，波涛永不停歇，再加上对光的折射，这一切使得大海呈现出大理石的特质，因而就有了“大理石般的大海”的说法（*Il.* 14.273）。这个词意味深长，因为修饰词“大理石般的”本意是“闪烁的，闪闪发光的”，常用来形容很多事物，如宙斯的庇护（*Il.* 17.594）、天体（*Orph.* fr. 168.13）、抛光的大理石柱（*IG* XIV 1603）、阿里斯托芬的喜剧《云》（*Clouds*，287）里面埃忒耳（Aether）的双眼等。因此，“大理石般的大海”表示大海像天堂一般闪闪发光，其物质构成却又模棱两可，因为“大理石般”的东西可以是固态的，也可以是气态的。大海虽然是水构成的，轮船却能航行于其上，因此大海也可比作固体的金属或是石头。同样的例子可见于“明亮的海”这样的说法（*Il.* 1.141）。形容词“明亮的”常用来描写天空和天上的神仙，比如“神的家族”（*Il.* 9.538）。不过“明亮的”这个词也可以描述无形物质的特征，如空气（“透过明亮的空气”，*Il.* 16.365）或者地球这样的固体物质的表面

（“明亮的地球”，*Il.* 14.347）。因此，当用来形容海洋时，该词描述的就是天堂之光在移动的水面上被折射后的景象，既是液态的，又是固态的。天上的亮光使大海像星星一样闪亮，也暗示大海的神圣性。这个修饰词把天空和大海关联起来，也传达出当航船驶出岸上人们的视线消失在海天之间时，人们内心的惶恐不安。

以上这些对海洋的描述突出了海洋的不确定性和矛盾性。海洋广阔的空间，使水手可以像奥德修斯那样自由地探险。海洋没有固定的形态，日夜不停地波动，不可能提供固定的参照点。海洋没有固定的色彩，它只是反射来自天上的光，水面以下都是看不见的黑暗世界。可以说，在空间方位和物质特性方面，海洋完全是模糊不清的。它既是一个固态的海平面，又是一个液态的深渊；既是一个可供航行的平面，也是一个可能沦陷其中的深沟。

这种矛盾性在“海上之路”的类比中更为明显。海洋是希腊人重要的贸易通道，海上旅行渗透进生活的方方面面，商业、政治、渔业、文化交流、宗教和技术革新，无一不与海洋息息相关。故而，海洋常常被比作道路或者通道，例如“水上道路”（*Od.* 3.71）、“挤满鱼的道路”（*Od.* 3.177）、“雾蒙蒙的道路”（*Od.* 20.64）、“湿漉漉的路”（*Od.* 24.10）、“海上通道”（*Od.* 12.259）和“马路般宽阔的大海”（*Il.* 15.381）。在《奥德赛》（9.260）中，奥德修斯这样描述他在海上经受的考验：“在各种狂风的驱逐下，我们在波峰浪谷中左冲右突寻找出路，一心只想回家。”写出了深不见底的大海带给人的恐惧感和作为道路的大海形象。

海上之路充满危险，古诗中常有迷失大海的死亡隐喻和苦难指涉。[7]《奥德赛》开篇即写奥德修斯在海上经受的重重危险和他的英雄气概，“他几度迷了路”（1.1–2），“大海让他心中平添几多痛楚”（1.4）。赫西奥德的长诗《工作与时日》（*Works and Days*，610–695）对海上旅行的种种凶险的描述广为人知。梭伦（Solon）（West，13.43–45）写海上贸易的悲惨：“为了谋求一点收益，在挤满鱼的大海里被风暴颠来倒去。”海洋固然是一条通道，却充满坎坷和不确定性，海上航行方向难知，前途未卜。海上之路与陆上道路不同，没有固定的参照点，航程难测吉凶。

海洋的这些特征以拟人化的方式体现在提坦神蓬托斯和他的孩子们身上。赫西奥德的诗歌描述蓬托斯广袤，[8]荒凉，[9]又咸又涩，[10]狂风巨浪搅扰不宁，[11]云蒸雾罩地看视不清。[12]他的孩子们福尔库斯（Phorcys）、涅柔斯（Nereus）、陶玛斯（Thaumas）、欧律比亚（Eurybie）和刻托（Kêto）全都一副臭脾气，身形怪异。[13]欧律比亚“一身暴力”体现了大海的辽阔和洋流的力量。“令人惊骇的”陶玛斯代表了想象中骇人的海上奇观。“海上怪兽”刻托是海怪的人格化形象。“海洋老人”福尔库斯和涅柔斯意味着海上不断变幻的色彩和天气，容易让水手迷路。福尔库斯和涅柔斯还能预知未来，偶尔会很不情愿地给迷航的水手指路，比如赫拉克勒斯和斯巴达王墨涅拉俄斯

(Menelaus)就曾受益于他们的指点。[14]总而言之，蓬托斯和他的孩子们表明，浩瀚无边的海洋很容易让人迷失其中。不过，大海深处也隐藏着智慧的生物，只有坚韧不拔的水手才能从中得到启示。

把海洋描述成一条危险的道路大概与希腊语中表示“海洋”的词πόντος的核心意义有关。该词源于印欧语系的原词根pent-，意思是从此岸到彼岸的道路，特指很难通过的道路。[15]这个词的印度-伊朗语系的同源词，比如梵文的pántāḥ，表示困难重重之路。这个词根还派生出希腊文的πατεῖν(行走)，拉丁文的pons(桥)和英文的path(道路)，这些词全都表示越过一段距离，或是越过障碍(如pons)。[16]海洋是个矛盾的空间，可供探索、交换和交流，也可致无尽的流浪和死亡。

《特奥格尼斯诗集》(*Theognidea*)的作者(West，245-250)利用海洋的这一矛盾性来体现超越死亡以外的交流。

> 库耳诺斯(Kyrnos)！你即便死了，也永不会失去你的荣光；
>
> 人们将谈论你，传颂你的美名，你因此将活在人们心里；
>
> 你将在希腊各地漫游，穿过挤满鱼的荒芜的海洋；
>
> 你虽不能骑马驰骋，自有缪斯女神的礼物带着紫罗兰的芬芳将你美名传扬。

这首诗告诉人们，海洋会为库耳诺斯和住在希腊及周围岛屿的人们传递消息，借助诗歌的力量，库耳诺斯的荣光将传遍希腊各地。实际上，库耳诺斯的名字不仅会传遍希腊，还会穿越时空，为未来的人们所关注和谈论。把世界分隔成各洲各国的海洋也是连接各洲各国的通道，也连接生与死的世界。海洋使世界各地的民族和国家相互沟通，也把生者和死者连接起来。[17]因此海洋能促使跨时空交流，使人越过死亡达至永恒。

通往不可见世界的水路

关于海洋的神话传说显示，海洋是沟通此生、往生和永生的空间。海洋处于地球和大洋河之间，地球上住着人类，大洋河以外是冥府和神仙的居所，海洋确实处在一个中间的位置。奥德修斯从地中海的最东边向地中海的最西边航行而到达了大洋河。他具体的出发地点是喀尔刻岛（Circe），相传黎明宫就在那附近，每天早上太阳从那里升起（*Od*. 12. 3–4）。奥德修斯出发后向西北航行到了太阳永远照不到的辛梅里安人居住地（Cimmerians，又译西密利安人）①，在那附近发现了通往冥府的入口（*Od*. 11. 14–19），然后沿着大洋河顺时

① 希腊神话中居住在世界最边缘靠近冥府的终年黑暗之地的暗黑族人。

针航行，最后回到了出发地点，即地中海最东边的喀尔刻岛。[18]就这样，奥德修斯沿着环绕地球的大洋河航行，从世界的一端到了世界的另一端。赫拉克勒斯也是一直向西航行到达大洋河的。品达的诗歌里(参见 Snell，fr. 256)，赫拉克勒斯是通过加的斯(Gadir/Cadiz)①的大门最后到达大海尽头的："朝向加的斯门……赫拉克勒斯……到达了最远的……"尽管文字残缺不全，我们还是能够看出品达写的是赫拉克勒斯从地中海出发去最西边寻找巨人革律翁(Geryon)的牛群的故事。根据阿波罗多罗斯(Appollodorus，公元前 5 世纪古希腊画家)(2. 5. 10)的说法，伽狄拉(Gadeira)是厄律忒亚岛(Erytheia)的另一个称呼，厄律忒亚岛就是革律翁居住的岛屿。伽狄拉也是加的斯的旧称，是位于地中海通往大西洋的海峡峡口的古城。阿波罗多罗斯在文中同一地方还提到赫拉克勒斯为了证明自己这次的航程而在欧洲和非洲之间竖起的那些柱子，就是后来著名的赫拉克勒斯之柱。[19]由此可见，赫拉克勒斯是从地中海以外到达大洋河的。向东则可以经黑海到达大洋河，就像《皮托凯歌》(4. 251)里的伊阿宋那样。这样，在海面上就有进入大洋河和人类以外世界的通道。

纵向来看，海洋也是人界、冥界和神界之间的媒介。如巴克基利得斯描述的那样(17. 97-116)，海底有海神波塞冬

① 加的斯位于西班牙西南部，被认为是西方世界现存历史最悠久的古城。

(Poseidon)、安菲特里特(Amphitrite)和海中神女的王宫。海里还住着其他神仙，如海神涅柔斯、普洛透斯(Proteus)、忒提斯以及琉喀忒亚(Leucothea)等。众所周知，这些神仙都搭救过遇险的水手，如奥德修斯和墨涅拉俄斯。奥德修斯差点被风暴吞没时琉喀忒亚救了他(*Od.* 5.333-338)；墨涅拉俄斯向普洛透斯询问过回斯巴达的路(*Od.* 4.333-570)。凡人可以跳海遇到神。忒修斯跳入大海后，某种程度上说已经死了，却在海底遇到了安菲特里特，然后安然无恙地回到海面(见巴克基利得斯 17)。厄那洛斯(Enalus)跳海去救自己的爱人时也有同样的遭遇。[20]海洋就这样成了人、神之间沟通的空间，[21]凡人到了生命尽头的那一刻两者之间的交流就产生了。

事实上，纵向来看，海洋也可能把人引向冥府。吕科弗隆(Lycophron)①的《亚历山德拉》(*Alexandra*, 115-127)描述了一条通往冥府的海底隧道，他称之为"一条路"，与常用的海上之路的比喻一样。吕哥弗隆还讲了波塞冬的儿子——埃及王普洛透斯的故事。[22]普洛透斯的儿子波吕戈诺斯(Polygonus)和忒勒戈诺斯(Telegonus)是色雷斯人，非常野蛮凶残，他们向每一个过路人寻衅滋事然后把他们杀死，表现出波塞冬家族的残暴特性。[23]普洛透斯对此非常沮丧，他求波塞冬给他在海底开一条路让他回到埃及：

① 活跃于公元前4世纪前后的古希腊悲剧诗人。

他，佛勒格拉的托罗涅(Torone of Phlegra)的丈夫，

这个闷闷不乐的人，

不哭也不笑，离开色雷斯来到大海之滨。

不是乘船，而是通过一条人迹未至的干燥路径，

像鼹鼠一样，在海底钻出一条秘密通道，

以避开他那滥杀路人的儿子们。

他恳求父亲帮自己回国。

(转译自Mair的英文版)

在这个故事里，普洛透斯在波塞冬的帮助下从海底进入地下世界游历。虽然波塞冬并非阴间统领，[24]这个故事却似乎与冥府关联甚深。普洛透斯的消失让人联想到古俗语中冥府“哈得斯”一词的意思是“看不见的”，众神的隐形特征更加强了这个词意。[25]吕哥弗隆所说的普洛透斯的那条“人迹未至”的路证实这种理解是对的，因为“人迹未至”与冥府和隐形相似。埃斯库罗斯在《七将攻忒拜》(*Seven Against Thebes*，858)中描述冥界的土地是“阿波罗未曾踏足过的”。索福克勒斯的《俄狄浦斯在科洛诺斯》(*Oedipus at Colonus*，126)中，复仇女神的圣林是“人迹未至的小树林”。还有《埃阿斯》(*Ajax*，657)中，主人公把剑藏在无人踏足过的土里以免被人发现，而让黑夜和哈得斯保管它(660)。[26]“人迹未至”(Ἀστιβής)这个词在罗马时代以前的希腊

文学中只出现过五次。为了解释这个不常见的词，赫西基奥斯(Hesychius)①给出了三个注释：ἀστιβῆ · ἄβατον；ἀστίβητοι οἶκοι·τὰ ἄδυτα；ἀστίβους · ἀπατήτους。这三个注释用词都是描述神圣的或者位于地下绝对无人踏足的地方 ἄβατον，[27] ἄδυτον[28]和 ἀπάτητος。[29]由此可见，吕哥弗隆想表达的意思是普洛透斯走的那条路就是通往冥府之路。吕哥弗隆的那些受过良好教育的读者们肯定会认出并明白文章对冥府的微妙暗示，因为他们很可能对这个词有印象。这个词大多出现在悲剧故事里，而吕哥弗隆的创作领域就是悲剧。

把普洛透斯比作鼹鼠更突出了他的海底之行与冥界的关联。[30]这个类比当然是很恰当的，因为鼹鼠是一种在地下挖洞的动物，很形象地体现出普洛透斯通过海底通道的情形。而且鼹鼠是瞎的，这一点在故事里特别能体现普洛透斯从海底进入幽冥世界时与可见世界的对照。把普洛透斯比作瞎眼动物是因为他踏足的地狱是阳光永远照不到的地方。

吕哥弗隆用三句话着重描写了进入冥府的普洛透斯闷闷不乐的情形。[31]如果去过冥府的人不了解普洛透斯儿子们的情况的话，可能会认为对他伤心的描写未免过于天真。《奥德赛》(11.94)也把冥府称作“没有欢乐的地方”。同样，在莱瓦贾的特洛福尼俄斯神殿(Trophonius at Lebadeia)朝圣的人们在经历下地府的仪式之后也失去了笑的能力。[32]庞波尼乌斯·梅

---

① 公元5世纪古希腊语法学家，著有《赫西基奥斯词典》。

拉(Pomponius Mela)①(3.102)描写极乐岛上一眼古怪的喷泉能让人神经质地大笑不止，只有喝一点旁边另一眼喷泉里的水才能止住笑。特洛福尼俄斯神殿和极乐岛都在凡界之外，前者位于冥界，后者位于来世。因此，在吕哥弗隆的描述里，普洛透斯失去笑的能力影射了冥府之行的整个过程。故事里的大海处于海面和冥界之间，普洛透斯经过海底通道到达冥府。在波塞冬的领地里这样的通冥道路并不少见，他的许多神殿和圣林都有通往冥府的入口，泰纳龙和雅典的波塞冬圣林就是如此。[33]波塞冬不是冥界之神，却掌管着许多通往冥界的入口。

因为海洋与整个水系相贯通，因此把世界上各个角落都连了起来。所有的地下水都来自地球外面的大洋河，然后灌注到江河湖泉，最后汇入大海。[34]根据赫西奥德的《神谱》(337-362)记载，俄刻阿诺斯最重要的女儿是冥河斯堤克斯，世上所有其他的河流都是她的姐妹。整个水系联通了世界上的各个角落，从无形的众神世界、大洋河以外的来世世界，到冥府，再到地表，无不由水联成一体。[35]在这个体系中，海洋处于中心位置，汇聚众河之水再送回大洋河。埃斯库罗斯《被缚的普罗米修斯》(*Prometheus Bound*, 431-435)对这个江河湖海的体系有很优美的描述：

① 公元1世纪古罗马地理学家，著有《世界概述》。

海面掀起咆哮的巨浪，
怒吼着砸向海洋深处，
漆黑的海底地狱隆隆作响，
万千河流都在失声恸哭，
只因你的痛苦实在让人断肠。

在埃斯库罗斯的戏剧里，提坦神普罗米修斯被绑缚在大洋河岸高加索之巅，他那痛苦的叫喊声响彻万水千川。埃斯库罗斯用遍及全世界的水文体系极言普罗米修斯受到惩罚的无边无际。同时，鉴于整个水文体系连接了人界、冥界和神界，这也表明了普罗米修斯在阴阳两界之间的地位。普罗米修斯受惩罚的地点位于世界边缘，这也凸显了他在阴、阳、神三界的媒介地位。

招魂术和通灵占卜术也证明了水文体系沟通三界的作用。希腊四大神示所都位于海洋或者其他水体附近。[36]塞斯普罗蒂亚的阿刻戎(Acheron in Thesprotia)神示所靠近阿刻戎河边的沼泽地；坎帕尼亚的阿韦尔诺湖(Avernus in Campania)神示所靠近阿韦尔诺湖①；泰纳龙的神示所在麦西尼亚湾和拉科尼亚湾之间的摩尼半岛(今伯罗奔尼撒半岛)岬角上的一个洞穴里；黑海的赫拉克利亚神示所在黑海岸边的一个山洞里。奥格登(Ogden)的研究表明，阿刻戎和阿韦尔诺湖神示所的

① 意大利一臭水湖，在那不勒斯附近，传说湖边有一通道通往地狱。

亡灵都是直接从水里上来的。[37]埃斯库罗斯的《招魂者》(*Ghost Raisers fr.* 273a)里，奥德修斯从阿刻戎河招上来很多亡灵。所有这些都表明海洋和整个水文系统都暗藏有通往冥府的地下通道，因而是沟通阴阳两界的媒介。

另外，在希腊想象中，人的肉体可以沉到水下地狱，也可以从地狱升到水面。例如，雅典的奥罗波斯人(Oropians)相信已经死亡的安菲阿剌俄斯(Amphiaraus)①变成神以后离开地狱从当地一眼泉水上了岸。[38]在狄奥多罗斯笔下，库阿涅(Cyane)②在锡拉库萨(Syracuse)附近哈得斯诱拐普西芬尼(Persephone)之处的一个裂缝涌出地面。[39]酒神狄俄尼索斯在仪式上被从冥府唤出，从勒拿湖(Lernaean Lake)来到地面，[40]据说还从海里出来帮助过一群被人鱼特里同袭击的塔纳格拉(Tanagra)女人。[41]萨莫萨塔的诡辩家琉善(Lucian of Samosata)在他的《梅尼普斯抑或通灵术》(*Menippus or Necyomancy*)里嘲笑这些传说道，加达拉(Gadara)的哲学家梅尼普斯从幼发拉底河岸边由迦勒底的米特罗巴扎内斯(Chaldaean Mithrobarzanes)守卫的沼泽地去地狱逛了一圈，然后从位于莱瓦贾的特洛福尼俄斯的地下神殿回到地面。[42]水，无论是海洋、山泉还是江河，都给地面和地狱之间开通了往来的通道，成为阴阳两个世界之间的媒介。

---

① 希腊神话中阿尔戈斯国王，参加七将攻忒拜的战争失败后被大地吞没，借助众神之力得到永生。

② 希腊神话中一水泽仙女，极力阻拦哈得斯诱拐自己的伙伴普西芬尼，阻拦失败后化成眼泪溶入泉水中。

咸水和淡水

在水文系统里，淡水与咸水相互交织，江河里的淡水流入大海与咸水混合，海水又汇入大洋河的淡水中。这种特殊的循环让人对淡水与咸水的关系产生疑问。大海的咸水处在地球以外的大洋河与江河湖泉的淡水之间，这究竟有什么深意？

海水和淡水虽然都有很多模糊不清的特点，但是都像一堵可渗透的墙。水是可穿越的透明移动界面，但是水面的反射光隐藏了水下的深渊。水是生命不可或缺的要素，却又能把人淹死。希腊人描绘死亡大都有穿过河流或者大海的情景。[43]比如在阿里斯托芬的剧《蛙》里，要下地狱需要在冥府渡神卡戎(Charon)的帮助下穿过一片沼泽或者一条河流。[44]去往冥府或者极乐岛的旅行必定要驶过大海，或者飞越大洋河。[45]文学作品中多见把死亡比作海洋或海浪的隐喻。例如，品达的《涅墨亚》(*Nemean* 7.30–31)把死亡称作“冥府的波涛”。埃斯库罗斯的《阿伽门农》(*Agamemnon*，667)有“逃出了海上地狱”的字眼。《希腊诗文选》(*Greek Anthology*)里拜占庭的安提菲洛斯(Antiphilos)直接把海洋比作地狱：“大海就像地狱。”[46]

尽管都代表着阴阳之间的界线，淡水与咸水却天差地别。淡水往往意味着丰饶，咸水则意味着贫瘠。荷马称大海为“不毛之地”，凸显了大海与陆地的差异——陆地上生长着各色各样的生命，广袤的海面上却寸草不生。类似的表达还有“苦涩的海水”（*Od.* 12.236）和“在荒芜的大海边”（*Il.* 1.316）等。

海水既然被喻为无生命，就意味着绝对的洁净不腐。不腐的海水能洗除所有的人类脏污，[47]尤其是死亡的臭气。公元前5世纪，凯阿岛（Ceos）的宗教法规定，人死之后必须拿海水喷洒房屋除秽。[48]雅典的宰牲节（Bouphonia）①必须用海水去除宰杀祭品的刀具上的杀气。[49]《伊利亚特》（1.313–316）记载，“在荒芜的大海边”举行献祭仪式的阿伽门农命令他的士兵把驱散瘟疫后的脏水倒入海里。还有，在莱夫卡斯岛（Leucas）每年举行的替罪羊仪式上，人们把一个被判有罪的犯人从悬崖上扔入大海，以此给全城除秽，洗净邪恶。[50]由此可见，海水的贫瘠催生了海水除污的概念，特别是去除死亡、杀生等重大污迹，甚或是洗净整个社会的罪恶。而且，无边无际的大海可以让脏污的东西永远消失在海底。

只要不是死水一潭，没有沉积物或其他脏物，淡水也被视作是洁净的，常做清洗之用。淡水比海水更普遍地用于房屋清洁、沐浴、出生时的血污清洗、入葬前的尸体清洁以及

① 古希腊每年仲夏月14日在雅典卫城宰牛向宙斯献祭的节日。

圣殿门口的喷洒除秽等。[51]事实上，淡水和海水都常用于清洗物品，但是海水有净化更彻底的意思，比如人们会更倾向于用海水去除死亡的秽气。

欧里庇得斯的《赫卡柏》(*Hecabe*, 609–614)就讲到了淡水和海水的差别。女儿波吕克塞娜(Polyxena)死后，赫卡柏要求用海水而不是普通的淡水来为女儿下葬前净身。[52]海水净身突出了波吕克塞娜终身不孕，不能为冥王哈得斯生儿育女的事实。这一段文字中，葬前海水浴代替了她永远不能享受的婚前淡水浴。由于婚前净身使用的是地下水(或者在地下进行)，婚礼又是新娘子死亡的象征，因此婚前净身往往隐含有入葬的意味，但是该仪式的目的很明确——为新娘子净身备孕，[53]因此婚前净身总是会用淡水。[54]波吕克塞娜的海水净身表明这个死去的姑娘终身不孕，与象征生育能力的淡水浴形成鲜明的对照。淡水和咸水都能用来净身，但是在欧里庇得斯的笔下，淡水净身意在为新生命的到来做准备，咸水净身则意味着死亡。

都说海水贫瘠，但是大海里有许多生物为先祖们提供了食物却是不争的事实。因此大海又有另一个别称“挤满鱼的大海”(*Il.* 9.4)。海里的鱼儿可为人们食用，可是海里的鱼儿也会驱散或吃掉死尸，使得安葬不能正常进行。这让流浪在大海上的奥德修斯及其家人忧心忡忡。猜想着主人的命运，欧迈俄斯(Eumaeus)向乔装打扮的奥德修斯说，“也许他被海里的鱼给吃了，尸骨被海浪推到岸边，被沙子埋了。”（*Od*. 14. 135-136）[55]皮库塞（Pithecusae）①出土的一只几何形口杯就表现了这种担忧，杯身上画着一只倾覆的船只，水手纷纷落入大海被巨大的海鱼吞食。[56]慕尼黑博物馆收藏的一只晚期几何图形大酒壶上画有一艘失事船只，一群大鱼在溺水的水手们中间畅游跳跃。[57]大海给人提供果腹的食物，人也会葬身鱼腹。

大海之外，大洋河里的淡水也与大海一样干净而无污染（Strabo，2. 3. 5），所不同的是，因位于凡界之外，大洋河里的水只为神灵们净身洗尘。匡特（Quandt）主编的《俄耳甫斯赞美诗83》（*Orphic Hymn* 83）称大洋河为“众神最大的浴场”。《荷马赞美诗·月亮女神》（*Homeric Hymn to Selene* 5-11）描写月亮女神在大洋河沐浴之后飞升天界照耀万物。事实上，除了大熊星座以外的所有天体都在大洋河沐浴，[58]大洋河让众神永葆光芒。神话中众神在大洋河沐浴，人类则在大海里为众神的雕像举行沐浴仪式。吉诺维斯（Ginouvès）和卡希尔（Kahil）的解释是，这种沐浴象征了神力的更新。[59]无论在神话里还是在人间，净水沐浴确保了神的秩序的延续。

与贫瘠的海水不同，大洋河里的水是富饶多产的。湿润的大洋风加快了极乐岛上和金苹果园里奇妙植物的生长。[60]而且，由于大洋河地处凡界、冥界和神界之间，其水滋养了众

① 那不勒斯湾的最大岛屿，今名伊斯基亚（Ischia）。

神，为众神膳食所必需，是众神生命不朽的保障。《奥德赛》(12.62)和《餐桌上的健谈者》①(*Deipn* 410e；491b-c)都记载了鸽子从大洋河为宙斯带来仙馔密酒的情节。[61]欧里庇得斯描写了大洋河那边宙斯的婚房里神的食物源源不断地从神的床架边流过。希吉努斯(Hyginus)的《传说集》(*Fabulae*)第182节和第189节里，神的食物被人格化为大洋河的女儿安布罗希亚(Ambrosia)。奥维德的《变形记》(*Metamorphoses* 7.267)里，美狄亚用大洋河水洗过的沙子调制药剂使埃宋(Aeson)起死回生。公元3世纪的提尔人(Tyrian)把大洋河描述成会流出美味食物的“安布罗希亚岩石”。[62]大洋河的水供养并丰饶了凡界以外的生命。

由此可见，地球上的淡水维持了地球上万物的生命，大洋河的淡水滋养了众神，介于这两者之间的就是海洋里的咸水，贫瘠的海水和死亡一样都介于凡人与神鬼之间。[63]作为这些生存状态之间的过渡空间，海洋兼具两端的特点，既能维持生命，又能扼杀生命。

超越生死的“海洋老人”

“海洋老人”——涅柔斯、福尔库斯和普洛透斯——体现

① 即 *Deipnosophist*，作者是罗马时代希腊学者阿忒纳乌斯(Athenaeus，公元170年至公元230年)。

了大海的矛盾性。[64]他们是老人，生活在凡仙之间，长生不死，有人认为他们在宇宙诞生之初就存在，否则无法解释他们的高龄。[65]“海洋老人”会变形，能变成任何动物、人、无生命形态，这形象地表现了大海变化万千的形态和色彩，也暗示大海的侵蚀作用以及贝类、珊瑚等海洋生物的生长具有改变万物的能力。[66]这种变形的能力催生了人们关于海洋的不确定性、变动不居性以及在三界之间转换的特性的想象。“海洋老人”还无所不知，诚实公正。[67]《奥德赛》(4.385)里说普洛透斯“了解整个海洋的秘密”，可见他知识之渊博。

“海洋老人”不喜欢人类强迫他们预言未来。航行的人要想找他们打听点什么，必须设法让他们上当，然后盯牢他们的连续变形，才能得到想要的答案。[68]墨涅拉俄斯藏身在普洛透斯变出的一群海豹里才逮住了他(*Od.* 4.333-570)。无论他变作狮子、大蛇、豹子、野猪、流水还是一棵树，墨涅拉俄斯都一路紧跟，普洛透斯终于累了，就教给墨涅拉俄斯与神和解回归家乡的法子。不仅如此，普洛透斯还透露了墨涅拉俄斯的伙伴埃阿斯、阿伽门农和奥德修斯返程途中的命运。墨涅拉俄斯也得知自己死后会去极乐岛，因为他是海伦的丈夫。

同样地，涅柔斯“变成各种各样的形状”，但是赫拉克勒斯始终紧紧抓住他的身体，终于得到了想要的答案——去往金苹果园之路以及守护金苹果的人是谁。或者照斯特西克罗斯(Stesichorus)①的说法，赫拉克勒斯从涅柔斯那里拿到了太阳神赫里阿斯的杯子，从而也能到达金苹果园。[69]这些情节表明，“海洋老人”的知识超出了人类的极限，但是通过启示也能为人理解。他们能让人类在眼花缭乱的大海上找到方向，能越过死亡的界限给人指路。墨涅拉俄斯得知自己将在极乐岛欢度永生，赫拉克勒斯找到了通往永生之路。因此，“海洋老人”能透露天机，与大海一样是人与神之间的桥梁。

涅柔斯的女儿忒提斯也可以并入“海洋老人”之列，[70]尽管她不老也不是男性。与“海洋老人”一样，忒提斯也会变化形体。珀琉斯(Peleus，即阿喀琉斯的父亲)必须紧紧抓住她才能任她千变万化最终把她追到手。[71]最关键的是，忒提斯也赋有神谕的能力。她透露了阿喀琉斯的命运，敦促他做出荣耀一生的关键性决策(*Il.* 9.410–416)。因此，忒提斯与“海洋老人”一样，也是人与神之间的桥梁，让人类获知天机，尤其是关于生死与死后的信息。从对珀琉斯的抗拒可以看出，忒提斯和“海洋老人”一样不愿与凡人来往，这也体现了人类想要获得天机的困难程度。

海洋之神俄刻阿诺斯虽然不是“海洋老人”，却与他们有许多共同之处。俄刻阿诺斯是第一代天神盖娅和乌拉诺斯(Uranus)之子，参与了宇宙的变异分化过程。荷马的评注人赫拉克利特(Heraclitus)在评注荷马诗歌时指出，俄刻阿诺斯

---

① 公元前7世纪古希腊抒情诗人。

具备世上万物的一切特性，正是因为他，普洛透斯才能随意变化形体，成为通晓一切的“海洋老人”。[72]俄刻阿诺斯与普洛透斯和其他“海洋老人”一样聪明睿智，必要时会给人类建言献策，如埃斯库罗斯《被缚的普罗米修斯》所写的那样。[73]埃斯库罗斯作品里俄刻阿诺斯的仁慈善良与赫西奥德笔下涅柔斯的亲切和蔼相辅相成。在鲁德哈特(Rudhardt)看来，无论是作为一位和善的老人，还是作为一条干净富饶的环球河，俄刻阿诺斯都代表世上向善的力量。[74]

从肖像上来看，俄刻阿诺斯具有“海洋老人”和河流的双重特征，画家们往往把他画成一位老人或是一个长有蛇尾的杂交动物。[75]在黑绘和红绘陶器上，他常常以老人的形象出现，有时是常见的牛头牛角的河神形象，有时是贝壳下巴蟹爪头，[76]有时又是人面蛇身。[77]在希腊化时期，俄刻阿诺斯的这种形象越来越普遍，到罗马时期又加上了拼花图案、喷泉和城市图案的装饰。[78]古典艺术通常把俄刻阿诺斯完全描画成一位老人，旁边常伴有神秘的海洋生物。这种情况下，就很难把他与特里同、波塞冬等其他海神和“海洋老人”区别开来了。[79]

与俄刻阿诺斯和忒提斯一样，严格来讲，格赖埃三姐妹(The Graeae)也不是“海洋老人”，但是她们也具有后者的许多特征。格赖埃三姐妹是海神福尔库斯和刻托的女儿，因此在谱系上是“海洋老人”的直系血亲。[80]她们永远身处人神之间，她们的名字意思是“灰白头发的人”。她们一出生就头发花白，三人总共只有一颗牙齿和一只眼睛。[81]她们的长相表现了老年人的所有苦难，如丑陋、无牙、半瞎等。她们几乎失明却能看到不可见世界，这是先知才有的特点，启发了盲人诗人荷马和忒雷西阿斯。[82]格赖埃三姐妹住在可见世界和不可见世界的边界，是通往大洋河之路的守护神，更是蛇发女妖戈耳工（the Gorgons）住所的守护神。[83]这个位置正好处于黑夜的边缘，那里住着黑夜的化身赫斯珀里得斯（Hesperides，守护金苹果树的仙女）。因此，格赖埃三姐妹是死亡的门卫，[84]她们居住在死亡门槛上一个幽暗的灰色地带。

格赖埃三姐妹透露给英雄珀尔修斯关于死亡以外的信息。珀尔修斯偷走了她们的眼睛，迫使她们说出幽暗仙女的洞穴所在地。[85]幽暗仙女们住在俄刻阿诺斯的女儿冥河女神斯堤克斯旁边，握有珀尔修斯获取戈耳工头颅的必要工具：赫耳墨斯的飞行鞋、盛放戈耳工头颅的袋子、对戈耳工割喉的宝剑以及冥王哈得斯的隐身头盔。[86]格赖埃三姐妹透露的信息使珀尔修斯得以到达超越死亡之地，即斯堤克斯河和戈耳工的住地。故事形象地表现了英雄穿过可见世界到达不可见世界的旅程。珀尔修斯先从格赖埃三姐妹口中获知天机，然后戴上冥王的隐身头盔，拿盾牌作镜挡住了墨杜萨（Medusa，又译“美杜莎”）那让人致命的眼神并征服了蛇发女妖，最后在返程途中向波吕得克忒斯（Polydectes）和塞里福斯人出示墨杜萨的头颅而将其变成石头。就这样，凭借格赖埃三姐妹提供的知识，珀尔修斯到了不可见世界，一一击败敌人，确立了自己的身份。

同样存在于生与死之间的还有另一个海神格劳科斯(Glaucus)。格劳科斯的名字与格赖埃三姐妹的名字同义，也指“头发灰白的人”，[87]既影射了大海变幻不定的色彩，又代表了他本人在生死之间不确定的身份。格劳科斯并非生而为神，他本来是维奥蒂亚(Boeotia，古希腊一城邦)的一个渔民，偶然发现一种药草可以让抓来的鱼儿死而复生，[88]于是他吃下这种草，却突发癫狂跳了海。从此他就变成了人鱼，具有了预知未来的本领。他不断地变老，却永远不会死。埃斯库罗斯和奥维德都断言是众神在万千河流的流水中洗去了格劳科斯的凡人身份。[89]就这样，格劳科斯变成了一个“海洋老人”，在古西班牙甚至有对格劳科斯神的崇拜。[90]格劳科斯从凡身肉体到神的蜕变过程的关键是跳海，在流水中洗掉凡人身份。神话中海水和淡水的交替变化意味着故事中生与死的转换。作为凡人的格劳科斯在大海里死去了，却迎来了作为神的格劳科斯在淡水里的新生，从此确立自己在生死边界的身份。格劳科斯人身鱼尾的人鱼形象表明了他这种不确定的身份。埃斯库罗斯《海里的格劳科斯》(*Glaucus of the Sea*)(fr. 26 Radt)称他为“人形兽”，确实，格劳科斯既非完整的人也非完整的兽，既非百分之百的凡人也非百分之百的神，因为他一生都在变化之中。

格劳科斯未卜先知的能力使他能够看到常人看不见的世界。他为水手们预言，[91]在《阿耳戈船英雄记》(*Argonautica*)

里，他预言说赫拉克勒斯并非注定要随阿耳戈船英雄们前往科尔喀斯（Colchis），但会在完成任务后获得永生。[92]由此可见，格劳科斯和其他“海洋老人”一样知道可见世界和死亡之外的世界。大概正因如此，柏拉图才会在《理想国》里拿格劳科斯的神话来描述受制于肉体感官世界的灵魂的状态。柏拉图认为，灵魂处于肉体就像格劳科斯的身体处于大海，由于贝类的缓慢堆积和所有身体部件的增减而变得无法辨认。于是柏拉图断定灵魂与肉体有着本质的不同，前者追求永恒不朽的目标，后者只追求暂时的目标。因此，对柏拉图来说，格劳科斯穿越死亡边界的经历使可见世界和不可见世界、凡人与神形成对照。[93]格劳科斯身陷中介状态时对不可见世界的了解赋予了柏拉图一个恰当的意象来表达隐匿在肉体之中的不可见的、永恒的灵魂的状态。

大洋河

格劳科斯的故事里，向大海的纵身一跃导致了从可见世界到不可见世界的穿越。在遥远的地平线上，大海的尽头大洋河流经之地也有一扇通往不可见世界之门。[94]《神谱》（736-739）描述那里是地、海、空三者的交汇点：

那里，是一切世界的起点，也是一切世界的

终点，

黑色的大地、迷蒙的地狱、贫瘠的大海、漫天星空，彼此相连，

那个可怕的水域，是个连神都惧怕的所在。

文中，地、海、空交汇处最重要的差别是三者的光亮程度。地狱是迷蒙黑暗的，天空有群星照亮，奥林匹斯山上闪耀着永恒的光（*Od.* 6.45）。[95]因此大海是光明与黑暗的分界点，地平线上大海的尽头半明半暗，生活在那里的也都是暮光生物，如瞎眼的格赖埃三姐妹和守护长生果的黄昏仙女赫斯珀里得斯，[96]那里永恒的薄暮代表了黑暗的死亡和明亮的永生两个极端中间的过渡空间。

大海尽头不仅光线不足，还雾霭湿重。[97]大海雾蒙蒙的，[98]西方的天空也雾蒙蒙的。[99]雾蒙蒙代表看不见的死亡将至。据说冥府也是雾蒙蒙的，[100]塔耳塔罗斯（Tartarus，地狱底下暗无天日的深渊）也是雾蒙蒙的，[101]还有黑夜[102]和夺命的斯库拉（Scylla）的洞穴也都是雾蒙蒙的。[103]同样地，人在临死时双眼如同蒙上了一层雾，[104]据说鬼魂也裹着雾气。[105]雾是空气和水的不透明混合物，代表天空和大海的交汇，隐喻人死之后通往不可见世界之旅。[106]因此，雾成了可见世界和不可见世界之间看不见摸不着的一道屏障。雾也因此往往遮掩了发生在尘世却看不见的神迹，如诸神的行动。[107]

在大洋河岸，除了雾，还发现了终年黑暗和终年阳光之

地，这表明希腊人已经知道光在极端纬度下会发生变化，也是希腊人理解宇宙组织的方式——世界尽头的极昼和极夜代表永生和死亡，人世间位于二者的中间，每天都能看到光明与黑暗的渐次交替。[108]

光明与黑暗之所以在大洋河交替是因为大洋河是天体升起和降落的地方，太阳、月亮、黎明、星辰每天在大洋河里开始和结束各自的航程。[109]由于不同的天体之间彼此对立，于是有一层不透明的云雾将各自分离开来，就像一只古典时期的长颈瓶显示的那样。瓶身的一侧画着太阳神赫里阿斯在黑夜和黎明之间乘着战车升起，黑夜和黎明的身体都是一团旋转的雾。[110]瓶身的另一侧，雾浓缩成一条粗线，勾勒出一个土堆，赫拉克勒斯在土堆上烤肉祭祀，土堆下面藏着一只狗。费拉里（Ferrari）和里奇韦（Ridgway）都认为，这只狗是冥府看门狗刻耳柏洛斯，守在通往冥府的入口，赫拉克勒斯将把它从那里拖走。[111]该瓶因此象征大洋河中地、空、海交汇处，因为赫里阿斯、黎明和黑夜正从大洋河升起，赫拉克勒斯站在地狱的入口。这种象征在《荷马赞美诗·阿波罗》（*Homeric Hymn to Apollo*, 411-413）里有呼应。诗中说赫里阿斯在泰纳龙角牧羊，那个海角是著名的通往地狱的入口，位于麦西尼亚湾和拉科尼亚湾之间的摩尼半岛末端。该赞美诗与花瓶所描绘的一样，赫里阿斯的光芒与哈得斯的黑暗对立，太阳光与黑夜和地狱的黑暗之间有浓雾隔开。[112]

大海尽头光明与黑暗的交替——或者说可见世界与不可

见世界的交替——引起了另一种交替，即物质和非物质之间的交替。浓雾遮盖了亡灵和众神居住的看不见摸不着的领域，因此，任何人不得穿越赫拉克勒斯之柱进入大洋河。欧里庇得斯的剧《希波吕托斯》(*Hippolytus*，742–750)把金苹果园岛边的大洋河称为“神圣的天之边界”，明确指出地平线就是可见世界与不可见世界之间的界线。欧里庇得斯用大海之路这个常见的比喻来表示众神禁止人类在该领域航行，因为那里是众神之家，也是宙斯的婚房所在地。[113]照此看来，大洋河对人类来说是无法穿越的区域，它包裹着人类看不见的神的世界，即奥林匹斯诸神的居住地。品达的《奥林匹亚颂》(*Olympian* 3. 43–45)写塞隆(Theron)①的荣光达到了人类世界的极限——赫拉克勒斯之柱。[114]从品达的文中可见，任何更进一步的企图都显出傲慢：“无论智者还是愚者，都不可能再前进一步。我再走下去就是个傻瓜。”[115]品达和欧里庇得斯的文字都表明穿过地平线航行意味着侵占神的领地，因此对凡人来说是不合适的。[116]

然而，凡人死后必定要越过大洋河去往不可见世界，因为环绕地球的大洋河是一圆形的存在。不过，大洋河上无形的障碍不是随便就可以越过的，死人只能以无形的灵魂形式做到这一点，比如化作风、鸟，或是带翼的生物。[117]《奥德赛》(20. 61–66)里，珀涅罗珀(Penelope)表示宁愿被一阵风

① 公元前5世纪古希腊阿克拉加斯城(今意大利西西里岛西南海岸城市阿格里真托)首领。

刮到那“雾蒙蒙的地方”而死。后来那些追求她的人死后都化作蝙蝠随赫耳墨斯越过大洋河。索福克勒斯的《俄狄浦斯王》(*Oedipus the King*, 175-179)副歌部分唱到亡灵去西大洋的一段:“你看一个又一个生命,像长着翅膀的鸟儿,烈火般迅疾地向西天飞去。”把亡灵比作烈火和飞鸟,二者都意味着无形、迅疾、势不可挡,表明迅速而不可逃脱的死亡。很多古器皿上都绘有神驮着死人飞越大洋河的画面,这些神有的是雅典娜,有的是黎明女神厄俄斯(Eos),有的是鸟身女妖哈耳庇厄(Harpy)。[118]这些绘画与文学作品一样表现了越过大洋河的死亡之路是可见世界和不可见世界之间的旅程,使人丧失其肉身的存在。

越过大洋河

绝无仅有的几个凡人都是仰赖神助才越过大洋河的。品达的《皮托凯歌》(10.27-30)提到,仅仅依靠步行或是撑船别想越过此河,言外之意很清楚,单凭人类的力量不可能完成这样的旅程。同时他也指出,宙斯之子珀尔修斯的成功源于雅典娜的助力。另一个说法是珀尔修斯借来了赫耳墨斯的飞行鞋才穿过了人鬼神三界。[119]换句话说,珀尔修斯因为隐形才越过了大洋河。《赫拉克勒斯之盾》(*Shield*, 222)描述珀尔修斯飞越大洋河就像一闪念,形容他的这一旅程的灵魂性和无形性。

最早的阿耳戈船英雄故事中，英雄们要乘神船阿耳戈越过大洋河，[120]那艘船是根据雅典娜的指导建造的。[121]阿耳戈船英雄们面临的最大困难是矗立在黑海口的撞岩，这些岩石不停地彼此碰撞，任何想要从此处入海的船只都会被撞个粉碎。[122]英雄们得知，要解决这一难题，必须放一只鸽子探路，如果鸽子顺利通过，英雄们就跟着一起通过。[123]神话就这样把阿耳戈船及其英雄们比作鸟，让人联想到亡灵通过地狱之门的情景。[124]鸽子确实经常与死亡相关联，尤其是女性的墓碑上常常刻有鸽子的图案。[125]希腊诗歌和肖像画中，鸽子也往往代表无形的东西，比如神、[126]灵、[127]神谕的反应、[128]爱等。[129]就这样，阿耳戈船英雄们穿过撞岩到达了亡灵和众神的领地黑海。黑海里有一座岛屿名曰“白岛”，上面住着幽灵。[130]英雄们的最终目的地科尔喀斯由太阳神赫里阿斯的儿子埃厄忒斯(Aeetes)统治。阿耳戈船英雄们驶过神鬼们的不可见世界而到达天神之光与死亡黑暗之间太阳的国度(参见第二章)。

无独有偶，赫拉克勒斯朝着光明与黑暗的交汇点航行，最后到达西大洋的半明半暗之中而获得永生。[131]途中，赫拉克勒斯在大洋河口碰到了掮天的巨人阿特拉斯(Atlas)，正如赫西奥德的《神谱》(746−750)所说，阿特拉斯所站的位置正好是白天与黑夜的交汇点：

在他们面前，坚定不移地站立着的
是伊阿珀托斯(Japetus)的儿子，双臂不知疲倦，
在那里，黑夜和白天互相靠近，说话间彼此
就交换了位置，在这个伟大的青铜的门槛两边。

阿特拉斯站在黑夜和白昼的分界点，面向大地、天空和海洋交汇的地狱深渊(*Theog.* 736–739)，也面向金苹果园(*Theog.* 517–519)。赫西奥德提到，在那里，阳光与黑暗在一团浓雾中交换位置(*Theog.* 757)。因此，遇到阿特拉斯时，赫拉克勒斯站在世界的十字路口一个模糊的中间领域，成了超越决定世界的对立力量——黑与白、善与恶(此即所谓“赫拉克勒斯的抉择”)[132]、死亡与永生——的英雄。公元前5世纪的一只陶瓶上画着赫拉克勒斯从阿特拉斯手里拿到金苹果，[133]表明越过自己放置在地中海口石柱的赫拉克勒斯实现了永生。[134]

也有传说赫拉克勒斯是从夕阳仙女赫斯珀里得斯那里拿到金苹果的。这些仙女是阿特拉斯的女儿，也是黑夜的女儿。[135]费雷西底(Pherecydes，毕达哥拉斯早年的老师)(*FGrH* 3F17)认为，阿特拉斯从仙女们那里拿金苹果给了赫拉克勒斯。关于金苹果生长的果园所在地众说纷纭，但一定是在大洋河里某个地方，那里的光与人类世界的光迥然不同。早期的诗人们认为果园在西天的岛屿上，在白天与黑夜的十字路口。[136]后来又说果园在光照极为强烈的利比亚(Diod. Sic.

4. 26. 2)，也有说在大西洋上(Plin. *HN* 6. 201)。最后阿波罗多罗斯(2. 113)认为金苹果园就在北方乐土，位于“世界的转折点”上，那里连续六个月的白天之后是连续六个月的黑夜。[137]总之，金苹果园位于世界的最西边。托勒密(Ptolemy)①的《地理学》(*Geography* 4. 6. 34)甚至还标出该地的纬度为0度。照此说来，赫拉克勒斯在一个光线特殊的位置获得了永生。夕阳仙女们的名字影射死亡，但是赫拉克勒斯却战胜了死亡。一只古典时期的花瓶上画着赫拉克勒斯在赫耳墨斯的见证下从夕阳仙女们手里拿到金苹果。[138]该画表明赫拉克勒斯仰赖赫耳墨斯的帮助得到生、死、神三界交汇地长出的金苹果而战胜死亡获得永生。[139]正如狄奥多罗斯(Diod. Sic. 4. 26. 4)所言，金苹果是赫拉克勒斯获得永生的保证。

不过在这之前，狄奥多罗斯也说过革律翁的牛是赫拉克勒斯永生不死的明证(Diod. Sic. 4. 23. 2)。就像茹而丹-安妮坎(Jourdain-Annequin)所说，赫拉克勒斯与革律翁的战斗是他金苹果园历险不可或缺的一环，那也是他初涉死亡之境。[140]赫拉克勒斯的这两大艰巨任务都引领他一路向西，还派生出在夕阳岛上与布西里斯(Busiris)和安泰俄斯(Antaeus)的战斗。革律翁的岛屿名叫厄律忒亚岛，意为“红色的岛屿”，大概是指西边的落日，却也是守护金苹果的一位仙女的名字。[141]革律翁岛上的暮光令人想到金苹果园岛上的暮光，暗示其处

① 公元2世纪希腊天文学家、地理学家。

于生死之间的位置。斯特拉波说，根据埃拉托色尼（Eratosthenes）①的观点，厄律忒亚岛就是极乐岛。[142]厄律忒亚岛和金苹果园岛都位于大洋河岸，[143]无论是金苹果还是革律翁的牛，两者都是永生不死的标志。因此可以说，在与革律翁的战斗中，赫拉克勒斯也是为获得永生而向人世外一个幽暗的地方前进的，他打败的那些妖怪——三体怪物革律翁、三体双头犬、冥府看门狗——也都暗示了在地狱里的苦苦探寻。[144]

值得注意的是，赫拉克勒斯是在赫里阿斯的杯子里横越大西洋的。[145]这只神奇的杯子每晚载着赫里阿斯从他落下来的西边开始往东在大洋河巡游一周，以便他在早上可以从东方升起。通过这只杯子，赫拉克勒斯紧紧跟随赫里阿斯越过光明与黑暗的交汇点。他要么是从涅柔斯那里（Stesich. fr. 184a）要么是从太阳神本人那里得到这只杯子的。费雷西底（*FGrH* F18a）记载，为了得到这只杯子，赫拉克勒斯甚至威胁过赫里阿斯或是大洋河。好几张瓶画表现了赫拉克勒斯威吓着大步走向赫里阿斯的场面。[146]赫拉克勒斯夺走太阳神的杯子暗示他在完成禁忌之旅。阻挡他的太阳和大洋河都清楚地表明他在违反禁忌超越地球和宇宙的边界。从这个意义上来说，太阳神杯不仅仅只是赫拉克勒斯的航行工具，就像赫耳墨斯的飞行鞋一样，这只神奇的杯子还使他的跨界行为成为可能，表明赫拉克勒斯在众神眼里特殊的英雄身份。

① 公元前3世纪希腊天文学家、数学家和地理学家。

航行在大洋河上的赫拉克勒斯遇到了衰老的化身革剌斯(Geras),他是夜晚之子(*Theog.* 225)。两人之间的战争虽无文字可考,但在画面里,革剌斯瘦削干枯,赫拉克勒斯用大棒击败了他。[147]通过击败衰老,赫拉克勒斯征服了等在生命尽头的黑暗。由此观之,统治大西洋的黑暗不仅仅标志着人类经验的极限,也标志着时间的界线。黑夜催生衰老,最终导致死亡。穿越黑夜,打败黑夜之子,赫拉克勒斯因此越过了生命的边界而获得永生。

越过大洋河获得永生的赫拉克勒斯娶了宙斯和赫拉的女儿——青春女神赫柏(Hebe),[148]从此永葆青春,再无衰老和死亡之虞。品达的《伊斯特摩斯竞技会》(*Isthmian* 4.55-60)这样描述赫拉克勒斯变神的过程:

> 阿尔克墨涅(Alcmene)的儿子,走过世上所有的土地,
>
> 探索过大海最深处,驯服每一条海峡之后,去了奥林匹斯山。
>
> 现在,他是赫柏之夫,赫拉之婿,众神之友,
>
> 他有属于自己的金房子,与手持神盾的宙斯一起过着最幸福的生活。

这段文字强调了赫拉克勒斯在游遍世界各个角落之后跨越生死界线来到奥林匹斯山加入神的家族。品达的文字囊括

了大地、天空和海洋，强调赫拉克勒斯到达了宇宙的中心。而且，“驯服每一条海峡”点明他最伟大的成就——涉过大洋河获得永生。

赫拉克勒斯涉过大洋河进入不可见世界。赫西奥德的《神谱》(287-294)在叙述赫拉克勒斯牵回巨人革律翁的牛群时用了“越过大洋河之路”一语，也把大海比作道路。这条路不仅通向遥远的大陆，还通向凡尘俗世以外的地方。大概因为这个缘故，《神谱》的注释者把“大洋河之路”解释成“轴，或地平线”，“地平线”又与欧里庇得斯的“神圣的天边”相呼应。注释把大洋河比作一个“轴”也暗示了环绕地球的这条河流作为世界枢纽的地位，一切都以此为中心点做圆周运动。[149]“轴”的类比让人联想到那些在海上远航最终消失在地平线下，返航时又慢慢出现的船只。世界是个圆，绕着大洋河旋转，物体在其周围进入不可见世界后便消失不见。赫拉克勒斯的大洋河之旅清楚地展现了人界和神界的运动，他顺着大洋河之路超越了死亡。

赫西基奥斯也为赫西奥德的这段文字作了注，更清楚地说明赫拉克勒斯越过大洋河的旅程。他把“大洋河之路”解释为“亡灵在其中离去的空气”。如此一来，大洋河除了是轴心、地平线、海天相接处以外，还是生和死的交接点。赫西基奥斯称大洋河为“空气”并强调元素间的转变，表示大洋河是物质界和非物质界的交汇点。人死后的魂灵飞走了，或者更准确地说是离开了，消失在稀薄的空气中，只留下空空的躯壳。这正是发生在赫拉克勒斯身上的事情，越过大洋河找到永生的他最终离开地球去天上与奥林匹斯诸神生活在一起。事实上，赫拉克勒斯是被火葬的，这形象地阐明了他从物质世界进入非物质世界的过程。[150]

奥德修斯也在大洋河上航行，但他并没有像赫拉克勒斯那样离开人世，而是在相反的方向完成了自己的旅程，虽然也曾被带到死亡边上，最终还是回到了人世间。

《奥德赛》开头，忒勒马科斯(Telemachus)抱怨父亲奥德修斯一去不归音讯全无，“他离开以后就杳无音讯”(*Od.* 1. 242)。阿尔喀诺俄斯(Alcinous)也表示相信奥德修斯的故事，尽管“没人亲眼看见”(*Od.* 11. 366)。奥德修斯到过的地方和遇见的人都是那么的遥不可信，比如喀科涅斯(Cicones，希腊神话中北风神的故乡)、忘忧树和独眼巨人(Cyclops)等，甚至还被风吹到了食人巨人(Laestrygonians)的地盘，白天和黑夜在那里交错(*Od.* 10. 86)。人间、神界、阴曹地府，奥德修斯游览了整个宇宙。[151]

要想摆脱隐身状态回到故乡伊萨卡(Ithaca)，奥德修斯必须去冥府找到忒雷西阿斯。于是他来到大西洋的黑暗之中(*Od.* 11. 11–13)：

> 白天鼓足帆在海上航行；
> 太阳下山后，所有的道路都陷入黑暗之中，
> 航船到达了暗流涌动的大洋河界。

奥德修斯一路向西航行，来到日落后的黑暗世界，死亡的门口。他必须像珀尔修斯一样接近黑夜的边缘才能获得跨越可见世界和不可见世界的边界然后胜利返回人间的方法。

《奥德赛》中，雾这一意象出现在奥德修斯从不可见世界返回人间的途中。他必须穿过隔在阳间和阴间之间的黑雾才能回到伊萨卡。第一步是冥府的幽暗之地，在那里他遇到了同伴厄尔珀诺耳(Elpenor)，还碰到了母亲安提克勒亚(Anticleia)，两人都蒙着死亡的黑面纱。母亲还警告他进入了幽冥世界。离开冥府后，奥德修斯通过了海妖塞壬(Sirens)的地盘，在海妖斯库拉和卡律布狄斯(Charybdis)盘踞的海峡进行了艰苦的搏斗。斯库拉居住的山峰笼罩着黑云，她的山洞也是浓雾弥漫。所有这些地方的雾都象征着死亡的黑暗，看不透的云层阻挡了凡人的视线。

航行途中，奥德修斯和同伴们来到赫里阿斯的岛屿，在那里宙斯用乌云把陆地和海洋隐藏起来，把他们一行人困在山洞里。奥德修斯被久困的同伴不顾忒雷西阿斯的警告，屠杀了太阳神的牛群。愤怒的太阳神威胁宙斯要用阳光把地狱照亮(*Od.* 12.382–383)。那岂不要天下大乱吗？于是宙斯杀了奥德修斯的同伴。[152]这一情节里，光明与黑暗的更替标志着奥德修斯和他的同伴们身处世界的转折点。光明的太阳神岛属于神的世界，困住奥德修斯等人的乌云则是他们死亡的咒语。

奥德修斯独自幸存下来，到了海中女神加里普索（Calypso，词意是“隐藏”）的岛屿，被女神藏了七年而不得回家。同伴们对太阳神的光明岛和禁牛的侵犯导致奥德修斯被囚禁，期间加里普索甚至要把他变成神（*Od.* 5.203–213），只要他答应，就可以离开人间。

最终宙斯准许他回到伊萨卡。返航途中，他的破筏子毁于波塞冬之手。九死一生的奥德修斯在雾蒙蒙的海面上发现了斯刻里亚岛（Scheria），标志着奥德修斯结束了在迷雾笼罩模糊不清的大海上的盲目航行。他向岛上的淮阿喀亚人（Phaeacians）讲了自己的经历，对方提出送他回家。于是淮阿喀亚人摇着船驶过雾蒙蒙的大海，奥德修斯进入了死一样的沉睡（*Od.* 13.79–80）。越过大海回到人间故乡的奥德修斯就这样穿越了代表死亡的黑暗屏障。[153]

回到伊萨卡的奥德修斯再次置身于阳光下，他问扮作小伙子的雅典娜这是哪里，得到的回答是：

> 这个地方众人皆知，包括生活在黎明这边的人们和生活在幽冥黑暗的彼岸的人们。
>
> （*Od.* 13.239–241）

紧接着，雅典娜把伊萨卡放在太阳系中间明亮的东方和黑暗的西方之间的光明地带。其实伊萨卡有个绰号叫“看得清清楚楚”（*Od.* 2.167，9.21，13.325，etc.）。

但是，做回自家的主人之前，奥德修斯必须保持隐身。雅典娜先用雾遮住他的双眼，使他认不出伊萨卡（*Od.* 13.188）。后来把雾撤走，又让人认不出扮成乞丐进入皇宫的他。[154]她还建议奥德修斯把他的金银财宝藏在仙女的洞穴里（*Od.* 13.103–112）。因此，他的身份、财富和地位都不为人所知，直到他能再次掌管伊萨卡。《奥德赛》详细描述了仙女的山洞有两扇门，一扇供人出入，一扇供神出入。两扇门中间放宝藏的地方迷雾笼罩，暗示奥德修斯的身份（财富）仍然处于人、神之间的隐形空间，就像他被藏在加里普索的岛上一样。

接下来奥德修斯逐步向他的仆人、家人，最后向珀涅罗珀亮出自己的真实身份。奥德修斯的回归昭示那些求婚者的死亡，黑暗和雾就是前兆：

> 可怜的人们啊，你们这是受的什么罪啊？
> 从头到脚都被黑夜笼罩；
> 你们泪流满面，痛苦地哀嚎；
> 漂亮的皇宫血溅四壁，
> 门厅里、庭院里，鬼魂们争抢着奔赴厄瑞玻斯（Erebus）的黑暗领地；
> 太阳已被逐出天空，邪恶的云雾盘旋不去。
>
> （*Od.* 20.351–357）

忒俄克吕墨诺斯(Theoclymenus)从突然降临的浓雾预见到了这些求婚者的死。果然不久在第二次招魂术里，赫耳墨斯带领死去的求婚者们通过大洋河上“湿漉漉的道路”到达黑暗的冥府。这些求婚者的路径与奥德修斯的恰恰相反。奥德修斯离开黑暗的冥府，穿过雾蒙蒙的大海，最终回到阳光普照的伊萨卡。那些求婚者则离开光明的伊萨卡前往大洋河，最终到达黑暗的冥府。二者都发生在非物质世界，就像那些在黑暗中飞舞的蝙蝠一样。

事实上，让求婚者失去生命的正是光。奥德修斯杀光了那些求婚者后，那些死人被比作网里的鱼儿，在阳光下死去(*Od.* 23.384-388)。《奥德赛》结尾实现了奥德修斯和求婚者的角色转变。奥德修斯在黑暗的大海上漫无目的地游荡多年无家可归。等他回到家，那些求婚者就变成了无家可归的人，成了海里的鱼。把求婚者比作海里的鱼强调了他们身份的缺失和无目的性。他们像鱼儿一样，在模糊不清的海洋空间游荡，无所依附，奥德修斯和伊萨卡的阳光就是他们死亡的征兆。[155]

《奥德赛》描述珀涅罗珀见到奥德修斯就像船难之人见到陆地一样(*Od.* 23.233-240)。奥德修斯迷失在大海上，珀涅罗珀在家里也一样的茫然若失，她的家简直被掀了个底朝天。随着奥德修斯的归来，模糊不清的海洋空间被陆上有序的生活秩序所取代，婚姻、社会地位、井然有序的住所等。奥德修斯的归来对夫妻双方来说都是长期的雾海迷航之后明亮的光线和脚踏实地的日子。

奥德修斯的海上经历使他得以重建自己的社会地位，还增长了见识。正如《奥德赛》(3)所描述的那样，奥德修斯见过了许多城市，结识了许多灵魂。而且，最后他是从“海洋老人”福尔库斯的海港回到伊萨卡的，这表示奥德修斯获得了深藏大海以外的神圣知识。他去过许多陆地，见过许多人，但最重要的是，他见过大海最遥远的尽头，一直到了大洋河和冥府，甚至还与永生擦肩。[156]因此，回到伊萨卡的奥德修斯头脑里已经装满了大海以外的天文、地理、人种等所有的知识。

小　结

以上这些关于大海的概念贯穿了整个古希腊时期。普鲁塔克的《月球表面》末尾讲了大洋河外某个神秘大陆的故事。这个神秘大陆上的居民每过三十年都会派使者前往大西洋中央的群岛上居住，群岛另一边就是我们所熟悉的世界(Plut. *De Facie* 941 a-f)。这些群岛有个独特之处，那里几乎终年阳光普照，西边的天空却总是一片朦胧的暮光。岛上草木茂盛，气候温和，食物自生自长。因此，岛上的居民整日除了祭祀就是宴乐，灵魂则时刻注意着天神克洛诺斯的一举一动。克洛诺斯睡在山洞里，时刻都在宙斯的监视之下。因为离神近，岛上的居民能根据看到的和听到的直接从神那里获得预兆和启示。

这个故事显然是普鲁塔克在荷马、赫西奥德和柏拉图——尤其是亚特兰蒂斯的传说——的基础上对有关大西洋的古老传说的重写，比如极乐岛、天堂、北方乐土等。这里，我们又一次发现大海介于人神之间。人界和神界之间模糊的边界可从光线的变化看出，神界永远是光明的，死亡则永处黑暗之中。这个边界还是不同时间上的边界。黄金时代的神克洛诺斯住在人世间和人世外之间的一个岛上，因此，神话中的黄金时代居于人世时间和神界时间之间，暗示了大洋河是这两个时间界面中间的转折点。另外，群岛位于一个重要的交通轴上，岛上的居民得到神的启示后将其传递到人类居住的大陆。普鲁塔克的故事里，人们从那些群岛上的人那里了解到农牧女神得墨忒耳、冥后普西芬尼以及人活一生终有一死的知识。正如内瑟拉特(Nesselrath)所说，大洋河是把异世之谜的知识传递到人世的通道。[157]

第二章　英雄成年与大海

珀尔修斯、忒修斯和伊阿宋等神话英雄为了探寻自身血统身份和获得领袖地位而跨越最遥远的海域。珀尔修斯飞越大洋河到达北方乐土，打败了戈耳工；忒修斯造访了波塞冬的海底宫殿；伊阿宋取得了象征王权的科尔喀斯金羊毛。品达的《皮托凯歌 4、10》和巴克基利得斯的《颂歌 17》都借助这些英雄的事迹来歌颂其他事件，例如贵族青年在竞技场上取得的胜利、昔兰尼国王与反对派之间的政治和解、5 世纪中期雅典在希腊城邦中的崛起等。在这些英雄的事迹中，大海既代表地理分界，又象征政治分野。三位神话英雄都能超越大海，凡人却只能收敛野心在已知世界航行，因此大海又标志着人与神的差别。大海还象征了身份未明的青年孤儿和获得领袖地位凯旋的成年英雄之间的分别。在政治意义上，因为以上这些诗篇都把贵族描述为指挥国家之船航行于政治之海的船长，把贵族生活描述为海上探险，权力的更替使一个王朝势力范围的地平线逐渐清晰，因此大海又标志着贵族和平民之间本质的不同。如此一来，大海不仅界定了天文地理意义上的世界，还区分了在社会和政治的竞技场上能否跨界的人。

本章研究的这三部诗篇出现在大致相同的历史时期，属于相似的文类，遵循相似的传统，为大致相同的受众创作。[1]这些诗篇尤其关注政治争斗中的人们和贵族间的权力消长，[2]因此要研究古典时期政治环境中的海洋意象，这三部作品均可资借鉴。尽管其创作时间、地点和机缘各不相同，却都属于泛希腊神话叙事，[3]因而有助于我们研究海洋意象蕴含的文化概念和特定语境中的希腊主题。

品达的《皮托凯歌 10》与珀尔修斯

公元前 498 年，年仅 20 岁的品达创作了《皮托凯歌 10》，歌颂在德尔斐的男子赛跑中获胜的希波克勒阿斯（Hippocleas）。希波克勒阿斯是希腊色萨利地区拜利纳（Pelinna，今希腊特里卡拉附近）的王室成员，品达写这首诗是受地方权势阿雷乌阿斯家族（Aleuadae）①的托剌克斯（Thorax）所托，后者与拜利纳家族乃同盟关系。[4]

《皮托凯歌 10》主要歌颂优秀的血统。诗歌开篇即声明阿雷乌阿斯家族的高贵身份——他们是赫拉克勒斯的后代，而赫拉克勒斯的曾祖父乃珀尔修斯，因此珀尔修斯乃是托剌克斯的祖先，强调色萨利人与珀尔修斯之间的联系。[5]因此庇护人托剌克斯和赛跑冠军希波克勒阿斯及其家族都可以为其身

① 绰号皮洛斯（Pyrrhos，意为“红头发的”），是色萨利拉里萨城最有权势的贵族。

上神的血统而自豪。

尽管神的血统为色萨利统治王朝所共有，品达却特别歌颂了希波克勒阿斯遗传自父亲佛里喀阿斯(Phricias)的优秀品质。品达在诗歌中指出，希波克勒阿斯在皮托竞技场上赢得赛跑的双料冠军大有乃父之风。此言属实，因为佛里喀阿斯曾经两获奥林匹亚竞技会的披甲赛跑冠军，也是皮托竞技场的赛跑冠军(11-16)。这对父子都拿到了赛跑的奖项，因此说儿子有乃父之风，诗句中“他那与生俱来的特性”强调了这对父子所共有的优秀品质。[6]由此观之，《皮托凯歌10》从头到尾都在歌颂从珀尔修斯到赫拉克勒斯，再到托剌克斯，最后到佛里喀阿斯及其儿子希波克勒阿斯身上一脉相承的父系血统和优秀品质。

在品达的笔下，这种优秀品质的代代相承就像海上航行一样：[7]

优秀的体能助他取得胜利，胆识和力量为他赢得奖项。

不仅如此，他还亲眼看见自己的儿子在皮托竞技场上斩获荣光。

瞧他多么欢欣，智者都为他歌唱。

他虽不能在黄铜般的天空里行走，却到达了人类所能企及的荣誉的巅峰。

(Pind. *Pyth*. 10. 22-29)

诗歌歌颂了一个人凭借自身的成就获得荣光，并在家族中赢得地位。如果儿子能够取得和父亲一样的成就，就等于父亲到达了人生荣誉的巅峰。照这样看，家族的代代更替和个体生命的延续过程与海上航行是一个道理。

这个隐喻不光强调了荣耀和自豪，还有另一层意思。诗中说佛里喀阿斯到达了人类幸福旅程的巅峰，其实很微妙地对人类幸福的限度提出了警告。在他后来的众多颂歌里，品达都用海上航行的比喻清楚地表达了这种警告。他警告人类不可狂妄自大，否则就像越过赫拉克勒斯之柱航行一样是愚蠢的蛮干。[8]放在当时希腊的天文地理概念中，这个说法是恰当的。我们在第一章已经提到，可以从地中海出发经由直布罗陀海峡（即赫拉克勒斯之柱）到达地球外围神秘的大洋河，大洋河以外是被迷雾遮挡的神鬼居住的不可见世界。因此，大洋河象征人类所能到达的极限，也是人与非人的界限。人终有一死，死后必然去冥府哈得斯报到。既然人类被禁止驶过大洋河进入永生之地，大洋河就是人类的前哨，是人类所有的航程最终必须终止的地方。[9]因此，品达的诗歌警告佛里喀阿斯不要过分夸耀希波克勒阿斯的胜利，因为人类无论如何野心勃勃，最终都会以死告终。

但是也有例外。凡人自然跨不过黄铜般的天空，而像珀尔修斯那样的英雄却能在人间以外找到出路：

无论是行船还是步行，你都找不到通往北方乐土之路。

然而珀尔修斯却到了那里，还与他们一起喝酒。

(Pind. *Pyth.* 10. 29-32)

品达把佛里喀阿斯有限的幸福航程与珀尔修斯到达北方乐土的超验旅程相对比，二者的成功可以说都是仰赖父亲的荫庇。珀尔修斯之所以能够越过人间极限很大程度上是因为其父是天神宙斯的缘故，希波克勒阿斯之所以能够在皮托竞技场夺冠是因为他是佛里喀阿斯的儿子。珀尔修斯的伟大成就当然让希波克勒阿斯的那点胜利相形见绌，但其荣光却在后者身上得到呈现。[10]科恩肯(Köhnken)认为，上面这段话有两层意思：珀尔修斯凭借赫耳墨斯的飞行鞋飞到北方乐土，希波克勒阿斯凭借品达的诗歌美名远扬。[11]

珀尔修斯到达北方乐土的超凡航程反过来映衬了凡人能够企及的幸福是有限的。北方乐土的快乐生活与《皮托凯歌10》开篇描述的色萨利人的快乐生活相比照，二者都是北方民族，[12]所不同的是色萨利在希腊的北部，而北方乐土则在世界的最北端。因此，二者在地理方位和幸福程度方面虽可类比，却并不对称。色萨利人只能享受凡人有限的幸福，北方乐土的人却拥有大洋河岸无尽的欢乐。

珀尔修斯远航途中创下两项丰功伟绩：到达北方乐土；打败戈耳工。品达浓墨重彩地描写了前者，对后者则一笔带过(46-48)。关于珀尔修斯到达北方乐土的记载，品达的诗歌是我们可以找到的唯一资料，无论这是品达的虚构，还是源自其他诗人，这一事件放在皮托凯歌里却非常合适。借助这一事件，品达既能歌颂色萨利人的成就，又能突出凡人幸福的限度。正如伯顿(Burton)所言，北方乐土日常的幸福让人联想到众神无忧无虑的生活，这与品达笔下那位看到自己儿子在竞技场上取得和自己一样成绩的人所能享受的有限幸福形成对比。[13]北方乐土看起来就像凡俗世界的反面，那里没有疾病，没有衰老，没有辛苦，没有战争，没有人类世界一切消极的东西。除此之外，古希腊还有很多其他资料证明了这一点。这些资料表明，虽然北方乐土之人也是凡人，却不会死，他们要么出奇地长寿，[14]要么实在活得不耐烦了就纵身跳入大洋河。[15]珀尔修斯到达北方乐土，就是越过了人类的极限到达了没有痛苦和死亡的世界，看到了只有神仙才能到达的人类的禁地。这表明珀尔修斯是拥有神力的凡人，介于人神之间。[16]

品达对珀尔修斯与北方乐土之民一起宴饮场景的描写，进一步突出了珀尔修斯与他的色萨利后代之间的不同，因为这场面就是极乐岛上每天的宴乐场面。品达曾经说过，英雄死后都会去往极乐岛(见 *Ol.* 2. 68-87)。因此可以说，宴饮一事似乎预示了珀尔修斯死后的特殊命运。凡人佛里喀阿斯只能在大洋河前结束自己幸福的航海之旅，珀尔修斯却能越过边界继续往前享受无尽的幸福。

越过大洋河的珀尔修斯来到一个地方，在那里，凡人的那一套根本行不通。诗中表明，在那条通往北方乐土的非凡道路上，凡人的交通方式，无论是行船还是步行，都无法施展，因为那条路位于天空和大海的交叉点，既非固态也非液态。黄铜般的天空凡人绝对无路可走，珀尔修斯却走到了那里，品达的这句话其实表明这里就是珀尔修斯的最终归宿。早前的描述确实说明珀尔修斯到达凡人不能到达的地方凭借的不是凡人的通行方式，而是赫耳墨斯的飞行鞋。[17]赫耳墨斯是穿行于神界和人界的信使之神，还负责把亡灵送往大洋河外的冥府。凭借天神的草鞋飞越大洋河的珀尔修斯就像赫耳墨斯穿越人神鬼之间无形的界线一样离开了物质世界，来到北方乐土。此行是非物质性的，至少不符合物质世界的原理。就像第一章所述，赫西奥德的《赫拉克勒斯之盾》(222)描述珀尔修斯闪念一般飞过大洋河，强调了其航程的超凡之处。[18]

珀尔修斯是沿着一条“神奇之路”到达大洋河的，正如赫西奥德笔下赫拉克勒斯获得永生的那条神奇的海上道路一样。第一章已经讨论过，海上之路被视为海天相接的地平线，隔开了人与鬼、物质世界与非物质世界。正如我们所见，赫西基奥斯把这神奇的通道解释为“亡灵离去的空间”。因此，珀尔修斯的航程就跟他的后代赫拉克勒斯的航程一样，二者都是越过大洋河上的神奇之路到达神的世界的。品达的《皮托凯歌 10》的文字在他的其他作品中也有再现，特别是 fr. 30

(Snell-Maehler)里，品达也用“神奇的”一词来描述忒弥斯(Themis)从大洋河的源头来到天界与宙斯成婚的路径。[19]两处都用道路的意象来喻指大洋河上不同世界的交汇面。命运特殊的珀尔修斯越过此界面到达了神界。

珀尔修斯的伟绩不只显示了他本身的优秀，更显示了宙斯的卓越血统。珀尔修斯奠定了梯林斯(Tiryns)和迈锡尼(Mycenae)的王朝根基，[20]《皮托凯歌10》说珀尔修斯是色萨利阿雷乌阿斯王朝的祖先，强调他的远航奇迹意在彰显他作为宙斯之子的优秀血统以及与神的亲密关系，珀尔修斯与他的后代希波克勒阿斯一样显示了虎父无犬子。品达称其为“人民的领袖”，描述他的北方乐土之行以及与戈耳工的战斗，表明了他在社会上的领导地位：

> 曾经，浑身是胆的达那厄之子，
> 在雅典娜的指引下，去欢聚的众人那里；
> 他拎着戈耳工的头颅，上面蛇皮森森，把死亡无情地带给了他们。
> 依我看，神是无所不能的。
>
> (Pind. *Pyth*. 10. 44-50)

品达称呼珀尔修斯为达那厄之子意在暗示其为宙斯血脉，其不同凡响的出生从一开始就预示今后特殊的命运。诗人也没忘记指出珀尔修斯之母是未婚生子，因而身份地位存疑。

奥格登(Ogden)指出，赫西基奥斯把“生于漂流箱”解释为“私生子”至少表明了海上漂流箱与非婚生之间的联系。[21] 不过，在希腊神话中，私生子往往被赋予崇高的使命，大概正是因为他们边缘身份的缘故。引领珀尔修斯来到北方乐土的是裁夺父权秩序和王权的雅典娜女神，这一事实就这一点而言很有意义。珀尔修斯获得身份认同并融入家族的整个过程一直都有雅典娜的指引，这也表明如此不可思议之事唯有在神的帮助下才能发生。珀尔修斯的大胆无畏表明他能够担当这项不可能完成的任务，也显示了他的英雄本质。《皮托凯歌 10》也一再表明希波克勒阿斯是在神的帮助下赢得胜利者的王冠的，[22]作为运动健将佛里喀阿斯之子的优秀天分也是他获胜的重要因素。

在品达看来，珀尔修斯航行的动机在于寻求宙斯之子的身份认同，这与该神话中其他方面的表现是一致的，所不同的只是细节和环境而已。费雷西底(见 *FGrH* 3F10)认为珀尔修斯航行的动机是为了保护达那厄的贞洁以及证明他对贵族的领导权。费雷西底写道，珀尔修斯在塞里福斯岛渐渐长成翩翩少年，塞里福斯王波吕得克忒斯看上了达那厄，却苦于总不能得手。于是他安排了一场募捐宴会，邀请众人前来，珀尔修斯也在受邀之列。在得知赴宴需出资一匹马时，珀尔修斯冲口而出愿拿“戈耳工的头”代替。因此，宴会后的第六天，众宾客都牵来了马，波吕得克忒斯坚持要珀尔修斯拿来“戈耳工的头”，[23]否则他将占有达那厄。珀尔修斯最终在赫耳墨斯的帮助下拿到了戈耳工的头。

可能是因为借鉴了5世纪时期的希腊悲剧，[24]阿波罗多罗斯(2.36)的叙事显得更为清晰。在他的笔下，珀尔修斯长大成人妨碍了波吕得克忒斯得到达那厄。于是波吕得克忒斯设计智取。他安排了募捐宴会，[25]声称是为了向希波达弥亚(Hippodameia)求婚。珀尔修斯放出豪言说就算要他提来戈耳工的头也没问题，于是波吕得克忒斯接受了所有人的马匹却要珀尔修斯拿来戈耳工的头。阿波罗多罗斯(2.45)的叙事里，珀尔修斯在波吕得克忒斯还没来得及实施夺取达那厄的计划之前就完成任务回来了，碰见母亲达那厄和渔夫狄克堤斯(Dictys)①正在祭坛祈祷。[26]于是珀尔修斯用提来的戈耳工的头把波吕得克忒斯及其随从变成石头，辅助狄克堤斯做了塞里福斯王(2.46)。[27]

故事中有些细节颇令人费解，比如珀尔修斯为何要不明智地夸下海口，很可能是叙事不完整或是有节略的缘故，不过费雷西底和阿波罗多罗斯都交代清楚了珀尔修斯获取戈耳工头颅的目的是维护母亲的贞洁，同时捍卫自己的权利和声誉。此举的另一动机就是证明自己在一个男性社会里的价值。这两个动机都表明珀尔修斯热切地渴望作为宙斯的儿子获得上层社会的认可。奥格登说，“可以说波吕得克忒斯发现了这个早熟少年急于成人的心理，于是狡猾地利用了这一点。

① 正是狄克堤斯发现了漂流箱里的达那厄和珀尔修斯，救下了母子俩，并把珀尔修斯当自己的孩子一样抚养长大。

如果这一解释成立的话，就能更明显地看出征服戈耳工就是一个关于成长的神话。”[28]

以此类推，我们还能发现波吕得克忒斯索要马匹的更深层的含义。他假装要这些马匹是为了参加赛马赢取希波达弥亚的芳心，这些马匹却也是上层社会的重要标志。朝廷里其他人都可以凭一匹马确认自己的贵族身份，唯独没有父亲的珀尔修斯因为自己鲁莽地想要跻身上层社会而被要求完成一项不可能完成的任务，突出了他的无依无靠。[29]但是最终珀尔修斯实现了自己的诺言，从而证明了他是神的后裔。他给自己和母亲报了仇，确立了自己政治上的领导地位，后来成了统御阿尔戈斯的王。[30]

《皮托凯歌 10》描写珀尔修斯报复塞里福斯人，“让岛上的人变成了石头”(47–48)，显示他作为神的后裔的过人之处，也证明了达那厄在波吕得克忒斯面前的清白。除此之外，珀尔修斯的复仇也反衬了北方乐土里没有复仇女神涅墨西斯(Nemesis)，这一点从诗歌的前面几节可以看出。[31]该诗的注释把“逃过严惩”(43–44)解释为北方乐土的人们没有不义行为，因而不会受到复仇女神或其他神的惩罚。通盘考虑该节诗句就能发现，学者们普遍接受这种解释是有道理的。[32]品达也因此更突出了珀尔修斯到访的北方乐土与他最终回来为母报仇的凡人世界的不同。[33]

品达写到珀尔修斯顺利完成任务为止，没再往下述及其征服埃塞俄比亚公主安德洛墨达(Andromeda)，成为统御外祖父领地的王，[34]也没有提及他那些重要的神秘后代。[35]全诗最后以对获胜者的赞颂结尾，暗示希波克勒阿斯及其后代将取得像珀尔修斯一样的成就。品达声称自己的颂歌切实有效地为希波克勒阿斯在父老乡亲和同龄人中赢得了荣誉（“我们将使他在父老乡亲和同龄人中获得地位”，58），这就是说这首颂歌和希波克勒阿斯的运动才能为其在上层社会赢得一席之地，在老一辈人中间，希波克勒阿斯不只得到了父亲的认可，也得到了其他社会成员的认可。品达经常会用这样的断言来显示他将珀尔修斯与希波克勒阿斯相提并论的有效性。就像柯克伍德（Kirkwood）说的那样，“结尾处的格言委婉地强调了神话英雄的功绩与现实世界里的胜利之间的联系”。[36]

品达还说这首颂歌将使希波克勒阿斯成为众多少女关注的对象（59），荣誉的光环会给他带来理想的新娘，使他能够将优秀的血统延续下去。关于这一点，诗中没有与珀尔修斯相类比，但是本章稍后会论及这个主题在品达对伊阿宋奇遇的演绎和巴克基利得斯对忒修斯的叙事中的重要性。[37]

最后，《皮托凯歌10》以航海的隐喻赞颂了色萨利的统治王朝。品达在诗歌开头用航船比喻人类的幸福，在结尾用“停船抛锚”描述自己的颂歌已经接近尾声。他用了几句精辟的话致敬他的委托人托剌克斯，并以对希波克勒阿斯兄弟们的颂词结束全诗：

色萨利人的法律有他们来维护和强化；

国家的航船有这些能人掌舵，世世代代，永不衰竭。

(Pind. *Pyth*. 10.70–73)

《皮托凯歌10》最后强调了家族血统于家于国都同等重要，因为就像人生航程需要舵手一样，国家之船在政治海洋里航行，贵族领袖就是航船的舵手。

巴克基利得斯的《颂歌17》与忒修斯

巴克基利得斯的《颂歌17》也用跨海航行来证明神的后代在政治上的领袖地位，其主题乃至遣词造句都和品达对珀尔修斯的描述如出一辙，而且也像《皮托凯歌10》一样通过政治对手来反衬英雄的成长。

关于提洛同盟在提洛岛上庆祝太阳神的节日里由凯阿岛合唱团演唱的曲目《颂歌17》究竟属于什么体裁这个问题一直备受争议。人们往往因为诗中的神话内容而将其归为酒神颂歌，可是诗中第124行至第129行描写的却是雅典的年轻人为忒修斯重出海面而唱的欢迎曲，似乎是一首赞歌。[38]同样有争议的是该诗的创作年代。马勒(Maehler)认为《颂歌17》写于公元前5世纪早期,[39]与《皮托凯歌10》差不多同时出现。其他人则认为该诗与提洛同盟同期出现，即希波战争之后。[40]如果马勒的说法成立，那么《颂歌17》应该是关于该神话的最早记载，说明该神话很有可能是巴克基利得斯自己虚构的。[41]第二种说法把该诗放在代表同一神话的一系列重要意象当中，似乎可能性更大,[42]而且这种说法还能把该诗和雅典与其盟友之间错综复杂的政治文化关联起来。费恩(Fearn)指出，巴克基利得斯的《颂歌17》证明了雅典与凯阿岛的合并过程，因为雅典操控凯阿岛联盟到提洛岛。[43]神话中详细的雅典背景赋予了凯阿岛以雅典身份。[44]费恩认为，因为巴克基利得斯“是他那一代人中泛希腊诗歌的凯阿岛代表，一个活跃在雅典的诗人，当然有先天优势去创作这么一个身份合并的故事”。[45]

身份问题很显然是《颂歌17》的主要内容。忒修斯带着一群雅典少男少女驶向克里特岛(Crete)要献给牛头怪弥诺陶洛斯(Minotaur)，由于克里特王米诺斯(Minos)看上了其中名叫厄里玻亚(Eriboia)的少女而与忒修斯起了冲突。忒修斯要保护少女，更重要的是要维护自己对这群雅典人的领导权。他制止了米诺斯，还表示自己是波塞冬的儿子，因此与宙斯的儿子米诺斯拥有同等的身份地位。露丝·斯科德尔(Ruth Scodel)认为，米诺斯是宙斯之子的身份毫无疑问，而忒修斯作为波塞冬之子的身份却不是那么确凿无疑。米诺斯很怀疑忒修斯的身份，因而把象征王权的戒指扔进大海让忒修斯去取回。忒修斯勇敢地跳入大海把戒指成功地拿了回来，证明了自己的身份。

忒修斯与米诺斯的对立反映了他的神赋使命。他先劝阻米诺斯，然后正告对方他俩的命运都是由神决定的，他们的冲突最终将由正义的天平来裁决。最后警告说，如果米诺斯拒不放弃对厄里玻亚的欲望，他将对其动手，胜负自有神定。因此，忒修斯与米诺斯之间的争斗就是诸神裁决正义的司法形式。忒修斯宣称他们双方的命运都是神定的，消解了米诺斯的嚣张蛮横。从政治的角度来看，忒修斯的这场争辩表明在反对暴政的斗争中雅典赢得了众神的支持取得了领导地位。

米诺斯的暴力行为反衬了忒修斯的正义性。诗人对米诺斯的描写毫不含糊，例如，“无人能及的暴力”(23)、“最强的凡人”(32-33)、“克里特的军阀”(39)、“骄横跋扈”(40-41)、“若你胆敢忤逆”(44-45)，等等。米诺斯还要求父亲宙斯称呼自己为“强人”(52、67)，也暴露了他的暴力天性和对武力的倚重。与此相对的是忒修斯的英勇无畏。巴克基利得斯描写他“在战斗的喧嚣中坚定不移”(1)，是“身披铜甲”(14-15)的“使矛好手”(47)，营造出文明的战斗而不是蛮斗的场面。最后忒修斯也对米诺斯发出武力警告，“在我们较量拳头之前”(45-46)。“力量/暴力”一词在第23行描写米诺斯的暴力行为，在这里则强调一旦受到挑衅忒修斯也有能力以暴制暴。[46]

米诺斯对雅典少女的私欲反衬了忒修斯维护弱者的正义性。诗歌鲜明地比照出米诺斯和忒修斯不同的领袖气质。忒修斯告诫米诺斯，“为你的大脑导航的已经不再是一个虔诚的灵魂了”(21-23)，言外之意是米诺斯的欲望和行为与他的领袖地位不太相称。“导航”这一航海隐喻与品达的《皮托凯歌 10》中“国家之船”的隐喻相类。品达的隐喻意在说明优秀的血统保证了城邦的英明政治，同时也把凡人的一生喻作海上航行。巴克基利得斯的隐喻则暗指米诺斯在克里特岛的暴虐政治，与忒修斯公平有序的雅典政治格格不入。[47]对于国家之船来说，宙斯的后代米诺斯是个糟糕的船长，忒修斯则一心一意要把他的国家之船带向正确的航道。

忒修斯的努力终有回报，最终获得对雅典的统治权。《颂歌 17》写道：

> 你的父亲
> ——克洛诺斯之子——海王波塞冬
> 将赋予你无上的荣耀于这树木茂盛的大地，
> 这荣耀世上无人能及。
> 此言既出，驷马难追。(77-82)

米诺斯为忒修斯带来波塞冬的礼物，“无上的荣耀”，为颂歌的战斗场面平添一抹史诗色彩。忒修斯的荣耀将传遍大地，意味着泛希腊的荣耀下雅典的霸权地位。

面对米诺斯，忒修斯镇定而不乏勇气，呈现出自信的领袖形象。米诺斯对忒修斯的挑战暗示年轻的英雄必须有胆量入海证明自己海王之子的身份。巴克基利得斯笔下忒修斯勇敢无畏的领袖形象与品达笔下的珀尔修斯“兼具勇气和胆量”以及其雅号“人民的领袖”相呼应。两位英雄都用自己的伟大功绩证明了自己优秀的血统和领导力。所不同的是，神话故事意在呈现珀尔修斯的个体身份、优秀血统和代代相承，于忒修斯则多了一层政治内涵，这位年轻的英雄逐步取得提洛同盟霸主的地位，成为整个雅典的领袖。

与珀尔修斯一样，忒修斯也面临自证身份的重要问题，因为他的母亲是未婚生子。现有的资料在忒修斯的父亲身份方面呈现出不同观点。《伊利亚特》和奥维德的《变形记》认为忒修斯是希腊神话中雅典国王埃勾斯(Aegeus)之子。《奥德赛》(II. 630–33)则说他是神的儿子，这个神很有可能是波塞冬。普鲁塔克笔下忒修斯的身份不能肯定(*Thes*. 2. 1)，一说他是埃勾斯之子，一说他是波塞冬之子却在特洛曾(Troezen)长大。根据阿波罗多罗斯(3. 208)、[48]狄奥多罗斯(4. 59. 1)和希吉努斯《传说集》(37)的说法，忒修斯的母亲埃特拉(Aethra)在同一个晚上分别与埃勾斯和波塞冬同房后孕下忒修斯，波塞冬允许膝下无子的埃勾斯抚养忒修斯。显然拜占庭诗人柴泽斯(Tzetzes)也认同这一说法，因为他把忒修斯列入了由凡人养大的神的后代的名单当中。

最后这种说法似乎源于戏剧表演——戏剧表演中的所有

动作都在一天之内完成，因此很有可能出错——类似的神话故事例如珀尔修斯和忒勒福斯都是公元前5世纪流行于雅典的戏剧表演，[49]正统身份与家族的世代更替是这些戏剧的重要内容。类似的还有赫拉克勒斯的身世，宙斯以其人间养父安菲特律翁（Amphitryon）的形象出现。忒修斯既是波塞冬之子又是埃勾斯的血脉，埃勾斯无子而波塞冬以忒修斯“相赠”，强调了雅典王位必须有子嗣继承。波塞冬的仁爱“相赠”无异于为雅典王位的承续助力。希腊神话传说中不乏人间养父助力英雄成长的故事，[50]这一点更彰显了英雄既是凡人又是神的双重身份。因此，既是神的儿子又是雅典王子的忒修斯成为雅典人的领袖具有双重合法性，这在巴克基利得斯的颂歌里至关重要，忒修斯是埃勾斯的祖先潘狄翁（Pandion）的后代，同时也通过入海取宝证明了自己是波塞冬的子嗣。

忒修斯成功地证明了自己半人半神的特殊身份。米诺斯把象征王权的戒指抛入大海，本以为他不可能拿回来。忒修斯勇敢无畏地接受了挑战，取回戒指证明了自己。这与《皮托凯歌10》中珀尔修斯去北方乐土如出一辙，品达叙述的也是一个不可能完成的任务。与珀尔修斯一样，摆在忒修斯面前的是一个不为人知的真相。在海底，海豚们带他来到波塞冬的家（99-101），他看到了海中神女的舞姿，见到了波塞冬之妻安菲特里特以及亲人相认的信物——一件紫色斗篷和爱神阿芙洛狄忒（Aphrodite）作为结婚礼物送给她的一顶玫瑰花冠（112-116）。忒修斯穿越海底到达神的世界，珀尔修斯越过大洋河到达北方乐土，他们都是超越人类航程极限的英雄。

忒修斯的入海超凡脱俗，径直到达了波塞冬的圣林：

> 站在漂亮的甲板上，他纵身一跃，
> 海底的圣林欣然迎接这位客人。
>
> （Bacchylides 17.83–85）

神的圣林有时是庭院里栽种的植物，有时是精心打理的天然灌木林，其下总不乏溪水流过，[51]林中常有雕像或是小型神殿，是美丽而静谧的所在。在希腊人的想象中，圣林乃安乐之所，代表彼岸世界理想的美。因此，圣林被视为人神交流的场所，凡人可以经由圣林抵达神界。例如，少女阿菲娅（Aphaia，即埃癸娜，宙斯之妻）为了躲避追求者而消失在阿耳忒弥斯（Artemis）的圣林里，从此常侍女神左右。[52]她的失踪意味着她已离开人世去了神的国度。

在颂歌里，圣林不是与他界的连接点，而是完全位于他界。这片神圣的树林在人类无法企及的海底，可以想象点缀其间的树木都是巨型海草，美丽的林中仙女就是婀娜多姿的海中神女。事实上，这片圣林位于水底而不仅仅是溪水的源头，这个事实不可思议却又正确合理。在第一章我们就讨论过，泉水沟渠往往是通往彼岸世界的通道。这片圣林之所以深居海底正是因为那是神的领地。

就这样，跃入大海的忒修斯借着参观波塞冬圣林的机会得以瞥见神的世界。诗人通过视觉想象的运用描述了入海后的忒修斯所到之处的不可见性。他看到海中神女的四肢闪闪发光，这与漆黑一团的大海形成鲜明对照，使得这一幕具有神启的意义。事实上，圣林和神女虽然很美，却让忒修斯感到惊恐，在希腊神话中，这是凡人见到神时惯有的反应。[53]

圣林不只是人神交流之所，也是人鬼沟通之地。希腊人往往认为圣林里藏有通往阴间的入口，[54]尤其是位于雅典的波塞冬圣林，人们认为那里有一扇门通向冥府。忒修斯和他的好友皮里托奥斯(Pirithous)就是从那里进入冥府试图带走普西芬尼的。[55]希波战争中希腊军队大撤退的地方泰纳龙也是波塞冬的圣林，据说也是一个著名的通往阴间的入口。[56]关于波塞冬圣林的联想无论巴克基利得斯是否有意为之，很肯定的一点是，在场的人都没指望忒修斯能活着回来，雅典人甚至开始为他哀悼了。看到忒修斯跳入大海，米诺斯也很惊讶，对他的死深信不疑，于是下令船只继续前进。[57]忒修斯的纵身一跃因此具有了越过死亡的意味，就像珀尔修斯遭遇戈耳工或是到达北方乐土一样，已经远远超越了死亡的界限。[58]

然而，忒修斯却像珀尔修斯一样活着回来了。他从凡人不可见的彼岸世界归来，就像神显露真身一样重新出现在人间。他从船头浮出水面，却没有被水打湿，还带回来闪闪发光的神的礼物，这与他在漆黑的海底看到周身闪亮的海中神女的情景一模一样。[59]对神居住的世界的描写突出了忒修斯作为神子的地位，也确定了他在人神之间的媒介地位。与死神擦肩而过也预示着他将继续自己的英雄命运，继承埃勾斯在雅典的领导权。他的确做到了，入海取宝为他赢得了雅典的统治地位。

忒修斯与神的关系确立了他的英雄地位。巴克基利得斯在叙事末尾指出，“聪明人无不相信神的成就”（117–118），意思是忒修斯的成就在于有了波塞冬、安菲特里特等众神的帮助，不可思议的成就表明他身份地位的特殊性。巴克基利得斯对忒修斯叙事的总结与品达对珀尔修斯叙事的总结大同小异，品达说“在我看来，神的成就毋庸置疑”（*Pyth*. 10. 48–50）。两部作品里，得到神的青睐和帮助是年轻的英雄区别于常人的关键。

忒修斯得到神的青睐有物为证。许多学者认为安菲特里特送给他的紫色斗篷和玫瑰花冠带有重要的性暗示，[60]除了作为父子相认的信物，还让忒修斯变得漂亮迷人，特别是阿芙洛狄忒的花冠可能会让佩戴者特别性感。[61]与《皮托凯歌10》中的胜利者希波克勒阿斯一样，忒修斯的功绩证明了他的优秀血统和父亲的认可，赋予他“荣耀”，成为吸引异性的焦点。事实上正如达内克（Danek）指出的那样，安菲特里特的花冠既是性魅力的标志，也象征竞技场上的胜利，忒修斯最终还是战胜了旗鼓相当的米诺斯。[62]由此，《颂歌17》引出了另一个重要主题，一旦确认忒修斯乃波塞冬之子，他就能开始寻找配偶为婚姻做准备。[63]西格尔（Segal）等学者研究发现，米诺斯对厄里玻亚的行为意味着肆无忌惮强横的性态度，忒修斯维护了厄里玻亚，得到波塞冬合法妻子安菲特里特的礼物，而且是一件结婚礼物，这些表明忒修斯赞成正规的贵族婚姻规则。[64]

忒修斯与安菲特里特的会面并非只见于巴克基利得斯的文字记载，同时期的一些彩绘花瓶上也有呈现，[65]但是并不能从中看出这场会面是否存在性的内涵。在此之后出现的希吉努斯的《天文学》(*Astronomica* 2.5)却记载了相当多关于安菲特里特礼物的传统看法，这些看法都认为这些礼物赋有情爱意味，尤其是那个花冠。第一种看法认为，花冠起源于阿里阿德涅(Ariadne)的花冠，那是她嫁给利柏耳(Liber)时维纳斯和时序女神(Horae)送给她的礼物。第二种看法认为花冠是利柏耳为了得到阿里阿德涅的童贞而送给她的礼物。[66]以上两种说法里，花冠都与性魅力有关。

但是性魅力与忒修斯的关联非常不明显，直到第三个说法出现。这个说法认为，把花编成花环起源于伏尔甘(Vulcan，又译伏尔坎、武尔坎等)用黄金和印度宝石锻造的花冠，光耀夺目，能帮助忒修斯在克里特迷宫里找到出路。不过文本并没有提到忒修斯是怎么得到这个花冠的，有可能是阿里阿德涅一直戴着的，或者是她送给忒修斯的。如果是阿里阿德涅送的话，那就表示忒修斯杀死弥诺陶洛斯的行为赢得了阿里阿德涅的芳心，甚至她的童贞。希吉努斯还记载了第四种说法，利柏耳在去冥府接塞墨勒(Semele)之前把维纳斯赠送的花冠落在阿尔戈利斯(Argolid)一个后人称作“冠冕”(Stephanos)的地方，回来后就把花冠放在了群星当中。这个说法也表明花冠是维纳斯赠送的礼物，利柏耳持有花冠表明他与阿里阿德涅有关联。

希吉努斯记载的最后一个说法就是巴克基利得斯的版本，为了厄里玻亚的缘故忒修斯与米诺斯发生争执，但很快争执的内容转向忒修斯的身世。忒修斯跳入大海去捞米诺斯的戒指，接下来的事情在希吉努斯的笔下则有所不同：忒修斯被一群海豚带到海中神女面前，从神女那里拿到了米诺斯的戒指，又从海神涅柔斯的女儿忒提斯而不是波塞冬之妻安菲特里特那里得到礼物，一个镶满宝石的王冠，这是维纳斯赠给忒提斯的。[67]

我们并不清楚巴克基利得斯是否知道希吉努斯记载的某个说法，[68]也不清楚希吉努斯的第五个观点是否来自巴克基利得斯。今天在提塞翁(Theseion)有一幅古希腊画家和雕刻家米科(Micon)的绘画呈现了忒修斯纵身跳海的情景，[69]无论这些材料之间有何关联，似乎都表明忒修斯从海里带回来的礼物有性魅力和情色的意味。斯科德尔(Scodel)的论证说明《颂歌 17》中的这些礼物使权力的天平发生了倾斜，忒修斯更受青睐，米诺斯更受挫。[70]尽管两人都是神的儿子，具有性魅力的礼物却显示了幸运儿忒修斯的优势，使米诺斯对少女厄里玻亚蛮横的性侵犯显得格格不入。

忒修斯跳海突出了故事里的性和色情内容。古希腊神话故事里，跳海行为往往与爱情有关，跳海可以让人忘记爱情，也可以产生爱情。许多事例显示，坠入爱河或是求爱都用跳入爱海来形容，比如阿那克里翁(Anacreon)①的作品，比如莫斯霍斯(Moschus)②描述阿尔甫斯(Alpheius)跳海事件的诗歌等。另外还有厄那洛斯的故事(第四章将详细讨论)，眼见自己深爱的姑娘要被投入大海献祭给安菲特里特，这位莱斯沃斯岛(Lesbos)上的英雄纵身跳入大海去救，结果和忒修斯一样，厄那洛斯也重出海面(骑着海豚来到岸边)，还深得波塞冬宠爱。年轻人纵身入海时身体上的冲击可以理解为年轻人坠入爱河时情感和欲望的冲击。[71]

把忒修斯带到波塞冬宫殿的海豚也意义非凡。海豚是诗人用以传达诸多主题的符号。首先，从美学角度看，忒修斯与海豚一同游泳的离奇景象为他接下来看到的海底盛况做了预设，海豚显然点出了波塞冬的海神身份。[72]其次，海豚是航行好手，象征好运气，让海豚做忒修斯的领路人是恰当的。[73]海豚还非常喜欢听音乐，因此出现在巴克基利得斯的颂歌里也是合适的。[74]欧里庇得斯的《海伦》(1454-1455)甚至把海豚的跳跃比作合唱队的舞蹈(详见第四章)。

相对而言，海豚与忒修斯的成长之间的关联不明显，而与阿波罗在许多方面关联紧密，特别是德尔斐的阿波罗(Apollo Delphinius)③。据说忒修斯正是在雅典的德尔斐洗净

① 公元前6世纪古希腊诗人。

② 公元前2世纪古希腊田园诗人。

③ Delphinius一词双关，既包含地名“Delphi 德尔斐”，又包含拉丁文词根“delphinus 海豚”，阿波罗曾化身海豚引导克里特的水手到德尔斐建立神庙，因此被称为Apollo Delphinius，意思相当于“德尔斐的海豚神阿波罗”。

了他杀妖的血污，同时洗净的还有他谋杀叔父之子的罪行。他也是在那里献祭的克里特公牛，埃勾斯也是在那里认出了他，后来在该地修建了德尔斐神庙。[75]据格拉夫(Graf)看来，德尔斐的阿波罗在很多方面都与英雄的成年息息相关——这一点将在第四章详细展开——还与雅典城邦的中央机构息息相关，如司法制度、宣誓制度等。[76]因此，巴克基利得斯的《颂歌17》虽然是献给提洛岛的阿波罗的，却微妙地揭示了忒修斯的传奇经历与雅典人崇拜的德尔斐阿波罗之间的联系。对阿波罗的崇拜兼具成年祭仪和政治生活的特点，这正是颂歌叙事的主题。忒修斯在成长过程中战胜旗鼓相当的对手并成为雅典人的领袖，从此踏入了政治领域。

品达的《皮托凯歌4》与伊阿宋

从品达的《皮托凯歌4》可以看出伊阿宋的成长与政治活动密不可分。布拉斯韦尔(Braswell)分析认为，《皮托凯歌4》并非一首纯粹的凯歌，而是一部政治诗篇。[77]虽说该诗是为歌颂昔兰尼国王阿克西劳斯(Arcesilaus，即 Archesilaus IV of Cyrene，昔兰尼王国阿克西劳斯四世)公元前462年在德尔斐举行的皮托竞技场中取得战车比赛的胜利而作，具体歌颂运动场上的胜利却是凯歌的第5首，[78]这第4首凯歌的真正创作动机却是展现昔兰尼王国的动荡局面。当时，由贵族得摩菲洛斯(Demophilus)领导的起义严重威胁到纷争近百年的欧斐弥德斯(Euphemids)统治王朝。[79]品达在颂歌结束时指出,这次赛场大捷以及为此而作的颂歌是双方政治和解的良机,恳求昔兰尼国王把握好这个机会(493-533)。毫无疑问,为了不让国王措手不及,和解的倡议是预先就安排好的。根据注释本的《皮托凯歌》(4.467),该颂歌是得摩菲洛斯本人赞助的,品达只需用周密的文字安排国王在颂歌结尾以引人注目的方式宣布得摩菲洛斯撤兵,以此向公众展示阿克西劳斯的宽厚仁慈。[80]诗歌表明欧斐弥德斯王族是众神选派来统治昔兰尼的,应当保持其统治地位;诗歌呼吁得摩菲洛斯撤兵以求社会的稳定和谐。[81]为了支持自己的说法,品达使用了众所周知的阿耳戈船英雄神话来显示欧斐弥德斯的血统来自伊阿宋的同伴,并借伊阿宋对身份的探寻强调天赋王权的主题。[82]

诗歌开篇就通过叙述昔兰尼建国的神话传说把阿耳戈船英雄们的远航与阿克西劳斯家族联系起来。[83]美狄亚预言欧斐摩斯(Euphemus)的后代将统治这个城市。欧斐摩斯是伊阿宋的一个同伴,从科尔喀斯返航途中在利比亚停船休息时从海神特里同那里得到一块泥土。不幸的是,泥土掉落大海,被冲到锡拉岛(Thera),因此欧斐摩斯的后代必须在此建立殖民地。美狄亚还预言德尔斐的女祭司将告知欧斐摩斯的后代巴图斯(Battus)必须做昔兰尼一个新殖民地的王来完成神赋的使命。品达指出,现任国王阿克西劳斯乃巴图斯的第八代后裔，并总结说：

> 岁月悠悠，
> 到如今，他们的第八代孩子阿克西劳斯
> 欣欣向荣如春天的红花。
> 一方面有阿波罗和皮托(Pytho)二神携手，
> 赋予他战车比赛中胜者的光华；
> 另一方面由我把他的成绩告知缪斯，
> 让他的美名像金羊毛事迹一般传遍天下。
> 这正是弥倪阿斯(Minyans)出航的初衷，
> 也是他们天赐的荣耀扎了根。
>
> (Pind. *Pyth*. 4.64-69)

品达关于昔兰尼的殖民叙事借助美狄亚和德尔斐女祭司的预言意在说明欧斐弥德斯在昔兰尼的统治乃天赋使命，从而肯定其合法性。用“一方面……另一方面……”的结构把阿克西劳斯的神赐荣光与阿耳戈船英雄得到神助获取金羊毛的事迹相关联，强调欧斐弥德斯与其神话祖先根深蒂固的联系，以及王朝现如今的繁荣昌盛。如此一来，就和上文的两首颂歌情况一样，欧斐弥德斯和阿克西劳斯的兴旺发达根源在于他们的神族血脉。

品达用以证明欧斐弥德斯合法身份的是伊阿宋挫败其篡位的叔父珀利阿斯(Pelias)成为伊俄尔科斯(Iolcos)合法统

治者的故事。伊阿宋获取王位的合法性只出现在品达的叙事中，《奥德赛》(11.254)、赫西奥德(fr. 37)、阿波罗多罗斯(1.107)以及阿波罗尼奥斯(1.1-15)的记载却都表明珀利阿斯才是王位的合法继承人。很显然，品达有意进行了篡改，只为支持欧斐弥德斯统治的合法性。

品达的叙事开头，伊阿宋在伊俄尔科斯尚无人知，但是当地人一旦见到他，立刻就能清楚地看出他与众不同。[84]人们都说他“超凡脱俗”(79)，把他当作阿波罗、阿瑞斯(Ares)、俄托斯(Otus)、厄菲阿尔忒斯(Ephialtes)和提堤俄斯(Tityus)一样的神看待。他在集市上表现出的非凡胆量也显示了他的特殊身份，让人联想到《皮托凯歌10》和《颂歌17》中珀尔修斯和忒修斯那般的勇气。在色萨利人眼里，伊阿宋是能与英雄和众神比肩的人。

色萨利人猜测伊阿宋的身份时提到阿芙洛狄忒的丈夫阿瑞斯，还提到提堤俄斯意欲占有勒托(Leto)时被阿耳忒弥斯射伤，以此警告人们不要对伊阿宋想入非非。叙事伊始，这些带有浓重情色意味的文字显示伊阿宋的性成熟，[85]预示伊阿宋和美狄亚之间的爱欲纠缠(213-219)。忒修斯凭借安菲特里特的礼物获得性魅力，伊阿宋天生的魅力吸引了美狄亚并获得她的帮助。[86]

珀利阿斯一眼就认出伊阿宋就是神谕说的那个只穿一只鞋子的人(95-97)。[87]他看到那只鞋时表现出来的惊讶和米诺斯看到忒修斯跳入大海时表现出来的惊讶一样，暗示两位国王命运的转折点。斯科德尔(Scodel)分析巴克基利得斯的颂歌后认为，米诺斯的惊讶表示他已然明白命运已经开始青睐忒修斯。[88]同样地，珀利阿斯也当即明白自己的统治地位行将结束。伊阿宋是来伊俄尔科斯履行自己的神赋使命的，正如忒修斯坚信自己与米诺斯之间的较量自有众神来裁定胜负一样。

除了命中注定继承王位，伊阿宋还得证明自己的血亲身份。珀利阿斯质疑他的身份，说他不知其父(97-99)。[89]珀利阿斯的这种质疑与波吕得克忒斯对珀尔修斯的质疑以及米诺斯对忒修斯的质疑一样，是青年英雄证明和构建自己身份过程中至关重要的一环。伊阿宋镇定自若地报出家人的姓名，讲述了在喀戎(Chiron)的教导下学习的经历(102-119)。最终埃宋认出了自己的这个儿子，并为他的英俊漂亮和卓越才华感到自豪(120-123)。埃宋的这种喜悦与《皮托凯歌10》中佛里喀阿斯的喜悦如出一辙，说明伊阿宋是埃宋亲生儿子的事实，拥有对伊俄尔科斯王位的合法继承权。如此一来，伊阿宋的合法地位反衬出珀利阿斯统治权的不合法性，突出了神话中以及昔兰尼王国纷乱的政局中的合法性问题。

伊阿宋获取王权不是诉诸武力而是通过和平手段。他同意让珀利阿斯继续拥有牛群和田地，确保富足的生活，王权则归自己掌控。伊阿宋申明自己要继承父亲和祖父的王位给人民以公平正义，并阻止叔侄两派之间的争斗。因此，在品达的叙事中，伊阿宋意在实现王权的和平更替，并消弭不同派系之间的斗争。这正是品达大力推荐给阿克西劳斯的施政方式(*Pyth*. 4. 259-299)，尤其是宣布流放忒拜(Thebes，又译底比斯)的得摩菲洛斯撤兵的请求。品达的这首诗歌描述了昔兰尼艰难的政局，拿伊阿宋作比，把阿克西劳斯塑造成一个维护和平的正面形象。[90]

鉴于伊阿宋的合法身份已得到证明，珀利阿斯同意交出王权，但是提出在这之前伊阿宋必须代替他前去远征，把金羊毛和佛里克索斯(Phrixus)①的灵魂一同带回希腊。

> 因为佛里克索斯命令我们，
> 前往埃厄忒斯的宫殿，把他的灵魂找回，
> 连同金羊的毛皮。
>
> (Pind. *Pyth*. 4. 159-161)

珀利阿斯声称自己年迈，无法胜任佛里克索斯赋予的任务，因此须由伊阿宋替他去完成。珀利阿斯借口让年轻人代替自己出征，实际上是给了他一项不可能完成的任务，就像波吕得克忒斯和米诺斯让珀尔修斯和忒修斯去完成不可能完成的任务一样。然而在品达笔下，伊阿宋的金羊毛之旅被处

① 希腊神话中阿塔玛斯(Athamas)与云女神涅斐勒(Nephele)之子，因受继母憎恨与暗算，骑着长有双翼、浑身金毛的羊逃往科尔喀斯，受到太阳神赫里阿斯之子埃厄忒斯的善待，于是将羊献给宙斯，羊毛献给埃厄忒斯。

理成为获得王权而与珀利阿斯的和平协商，与该诗中阿克西劳斯强调社会共识不要社会纷争的主题一致。

在狄奥多罗斯(4. 40-55)和阿波罗多罗斯(1. 107)的叙述中，伊阿宋在珀利阿斯的统治下生活在伊俄尔科斯，他们的这些版本是为了说明伊阿宋探寻身份意在完成一件类似《皮托凯歌 4》所载的光荣之举，阿耳戈船英雄们陪伊阿宋一起远征是为了免得落下缩头乌龟的污名。另外，与同龄人一起探险还可以获得荣誉，[91]就像阿喀琉斯选择出征特洛伊而不是窝在家里一样。这些例子还突出了英雄成年的主题，在成长过程中，同龄人的影响至关重要。[92]伊阿宋将成为众人之首，这一点也颇为有趣，因为阿克西劳斯也有意成为杰出贵族的首领。大概是因为这个缘故，品达巧妙地略过了伊阿宋本人不是半神的事实。

阿耳戈船英雄们重任在肩，不仅要取回金羊毛，还要带回佛里克索斯的灵魂，[93]科尔喀斯之旅因而变成前往不可见世界寻找死亡影子之旅。行前先知摩普索斯(Mopsus)祈祷说：

……首领，在船头，呼唤宙斯，
他会让雷声震耳，巨浪滔天，狂风大作，
漫漫黑夜中的海上之路，
终会迎来波平浪静晴空万里，
带着胜利的喜悦返航。

(*Pyth*. 4. 194-196)

摩普索斯的祈祷词里的“狂风”“天空”和“海洋”出现在海上航行前的祈祷词里是很正常的，但是后面的“黑夜”和“海上之路”更明确地指出阿耳戈船英雄们的航向，他们必将驶出光明的人间，经由海上之路进入黑暗的不可见世界。祷词中天与海的对立暗示阿耳戈船英雄们将向着地平线航行。摩普索斯的“海上之路”与赫西奥德的提法一致，也与品达描述珀尔修斯越过海天相接之处到达北方乐土时所用的词一致。阿耳戈船英雄们将驶向世界的尽头，将跨越大海的边界，进入凡人看不见的亡灵和众神的国度。

这正是品达接下来描述的内容。阿耳戈船英雄们进入荒凉的大海，“荒凉”一词暗示他们已经离开熟悉的地中海进入大海的禁区。把守海上之路的撞岩会让船只粉身碎骨，让船员葬身海底。品达对此的描述仅寥寥数语（206-211），其他人则有详细的呈现。阿波罗尼奥斯的《阿耳戈船英雄记》（2.317-340；549-610）详细描述了菲纽斯（Phineus）如何指导英雄们跟随鸽子穿过撞岩的细节。引人注目的是，鸽子勉强通过了，留下了几根尾羽，表明水手们也能通过，尽管船尾及部分装饰物被截了下来。鸽子的片段意义深远。第一章我们已经说过，《奥德赛》和拜占庭诗人墨洛（Moero）的作品都记载了鸽子从大洋河为宙斯带来仙馔密酒的情节。[94]我们也知道黑海口乃是“白岛”所在地，[95]该岛得名于岛上成群的白色海鸟和阿喀琉斯的墓地。[96]在该岛上居留的除了阿喀琉斯的灵魂，还有特洛伊战争中著名勇士埃阿斯、海伦以及阿伽门农的长女伊菲革涅亚(Iphigeneia)的灵魂。[97]从白岛经过时，白天会听到武器撞击的声音，晚上会听到欢宴的声音，[98]甚至有船员看到阿喀琉斯的鬼魂。[99]阿耳戈船英雄们进入黑海就进入了神和亡灵的领地，那里是英雄的灵魂安居之所，那里的鸽子翅膀上驮着众神的饮食。因此，麦基(Mackie)认为阿耳戈船英雄们前往科尔喀斯之旅无异于经由海路去冥府之旅，[100]此行目的是拿回佛里克索斯不得安宁的灵魂，使阴阳两界复归平静。

英雄们一到科尔喀斯就遇到了埃厄忒斯(242–243)，意味着他们经过亡灵之地到达了大洋河的彼岸，那里是太阳神和其他众神的居住地。弥涅墨斯(Mimnermus)①残篇 11 和 11a(West)描述埃厄忒斯之城在大洋河岸，品达在《皮托凯歌4》的后半部分提到阿耳戈船英雄们离开科尔喀斯后在环球河上航行(250–252)。阿波罗多罗斯笔下(1.129)，美狄亚的母亲是海洋女神伊底伊阿(Idyia)，[101]这个名字让人联想到大洋河那边的神，比如普洛透斯、涅柔斯、格赖埃三姐妹，甚至还有海洋之神俄刻阿诺斯(参见第一章)。美狄亚送上预言作礼物(11)，这表明了一个事实：阿耳戈船英雄们已经来到了神的领地，那里有人类不知道的知识。如此一来，就像珀尔修斯和忒修斯一样，阿耳戈船英雄们，尤其是伊阿宋，从此得以了解特殊的信息。

---

① 公元前 7 世纪古希腊著名哀歌诗人，文风深受荷马的影响。

这种特殊的信息以阿芙洛狄忒和美狄亚的启示的形式传达，使伊阿宋能够完成任务取得功绩。阿芙洛狄忒教他魔咒使美狄亚爱上他，美狄亚教他如何完成埃厄忒斯设置的不可能完成的任务。伊阿宋依靠神的帮助，自信地应承了这些任务。因此，品达说伊阿宋的功绩证明他是很得神的青睐的，因为众神——品达在第11行称呼美狄亚为不朽女神——助力他完成了本来不可能完成的任务。

埃厄忒斯对伊阿宋的卓尔不群颇感惊讶，就像米诺斯对忒修斯的无畏和珀利阿斯对伊阿宋的到来感到惊讶一样。所有这些老人的惊讶都预示他们被命运征服不得不承认年轻人的胜利。因此埃厄忒斯向伊阿宋指出金羊毛所在地，于是伊阿宋杀死守卫金羊毛的暴龙拿到了金羊毛，然后带着美狄亚私奔，向东方的海航行，最后回到红海。

品达让阿耳戈船英雄们沿大洋河回到希腊，让叙事回到最初的话题，即欧斐弥德斯王朝。他讲到欧斐摩斯与一个利姆诺斯（Lemnian）女人的结合，从而有了阿克西劳斯家族（256）。西格尔（Segal）指出，品达通过陆地与海洋之间的转换把阿耳戈船英雄神话与昔兰尼的建立关联起来，“两个故事中的希腊英雄们都通过蛮荒的海上历险建立/重建了希腊城邦/领地。”[102]在西格尔看来，伊阿宋远航科尔喀斯而获得伊俄尔科斯的王权，这件事影射了昔兰尼殖民的历史。不仅如此，陆地与海洋的意象借由昔兰尼当前的政治麻烦使得两个神话故事很容易地就联系在一起。品达的叙事末尾用航海比喻描述得摩菲洛斯与昔兰尼已经过去的麻烦，并表达了自己对未来的希望：但是假以时日，当风逐渐停歇，船也换了帆（291-293），得摩菲洛斯在经历一系列波折以后终将靠岸，昔兰尼也将重归平静。[103]品达的诗歌也圆满收尾，阿耳戈船神话、昔兰尼建国以及阿克西劳斯的政局重归稳定三个故事也全部结束。在这三个故事中，海洋既代表分别又代表联结。阿耳戈船神话中的大海将希腊与蛮荒之地隔开，但也联通了亡灵和诸神的世界。跨越大洋河让伊阿宋得以与众神交往，维护其英雄地位和在伊俄尔科斯的王权。在昔兰尼的建国神话中，大海代表困难和危险，殖民者们在其间冒着生命危险建立起新的城市，给利比亚带来文明和教化。殖民者们在大海历险时没有家园，无所依附；在利比亚登陆象征新社会的开始，赋予了殖民者新的地位。最后，在阿克西劳斯的政治困局中，大海隐喻了当时昔兰尼动荡的局势。这三个故事因其各自的主要人物、阿克西劳斯和他的阿耳戈船先祖们以及各自跨越海洋的情节而串联起来，三个故事中政治目标的达成都是通过跨海航行得到表现的。

小　结

本章研究的每一首颂歌都描述了某种悬而未决之事最终通过勇敢而成功的跨海航行得以解决。珀尔修斯、忒修斯和伊阿宋都通过跨海航行证明了自己的英雄身份和领袖地位，为未来各自在色萨利、雅典和昔兰尼的政治统治铺平道路。在颂歌所涉及的城市里，社会和政治的紧张时刻也因跨海航行而得以缓解，色萨利王朝满意地看到了他的英才穿越生命的海洋，雅典人在城邦联盟政治霸权的危险水域航行，昔兰尼国王成功地跨越了政治分歧的汪洋大海。大海在地图上决定了各个政体所在地，也在心灵的地图上划定了个人和社会活动的疆域。

所有这些文本中的跨海行为都是由一位有胆有识的男性人物实现的，尽管他们当中有的是尚在成长中的青年，有的已然年长，却都有着政治野心。无论是英雄还是凡人，他们的目标都是获取或是保有政治上的领导权，证明自己天生的优越性。海洋航行这一意象尤其适合用来表达这样的伟业，因为必须有像船员那样坚定不移的品格才能胜利返航，收获成功。政治领袖给城市带来新气象，开辟新生活，就像航船穿过大海到达新的彼岸。政治变革也像海上航行一样超凡卓越。神话故事中的大海带领英雄们越过宇宙的边界，与神灵打交道。现实中的大海为人们提供到达新领地的通道，因而成为获得新天地或是在社会中获得新秩序的象征。

希腊人的这种思维模式在《神谱》(337-348)里有很好的描述，海洋之神俄刻阿诺斯的孩子们——大江大河——被赋予养育人类的责任：

特提斯为俄刻阿诺斯生下了蜿蜒流淌的河流儿子们

……

她也为他生下了神圣的女儿们，她们与阿波罗和众多河流一起

在地下养育着人类，

因为这是宙斯赋予她们的职责。

大洋河的孩子们与年轻人的神阿波罗一起掌管着青年成长之路。相应地，年轻人成年后把头发献给河流[104]或是献给阿波罗[105]是一种常见的希腊风俗。因此，跨越大洋河，或是跨越海洋，或者跨越任何一条河流——或者象征性地让头发沉入水中——就代表从青年到成年危险而必经的过程，继而进入人生的新阶段，获得政治和社会领导力。我们注意到《神谱》中这样的过程是在地下完成的，这表示希腊神话中水文系统无处不在，水从大洋河流到冥河，最后通过河流山泉流出地面。而且，青年人"在地下"完成成年仪式突出了成长过程中经历的象征性的死亡。[106]神话故事中像珀尔修斯、忒修斯和伊阿宋这样的青年英雄在大海的另一边面对死亡，而在象征性的祭礼活动中，年轻人通过仪式象征性地经历死亡，获得新生。[107]

的确如此，年轻人和"水手们"在极端经历后开创新天地。赫西基奥斯对以上《神谱》的引文中"养育"一词的注释是

“唱婚礼歌”，意思是说青年长大成人预示着通过婚姻建立家庭。我们也看到这些诗歌中的年轻英雄们，无论是半神半人还是凡人希波克勒阿斯，对异性都有极大的吸引力，预示着即将到来的婚姻。同样地，颂歌中那些年长的领袖人物通过维护社会的和谐稳定而成功解决了政治风波，守卫了城市这样的公共机构的安定。《皮托凯歌 4》里的欧斐摩斯及其后代巴图斯以及欧斐弥德斯都是后来繁荣的昔兰尼城的建设者。[108]

有一点值得注意的是，没有哪位女性能踏上这样的跨海航行，除了品达笔下的不朽女神美狄亚。事实上，美狄亚在希腊神话中一直被视作“男人一样的”存在，因为她的积极主动与其他希腊女性很不一样。[109]这种鲜明的性格差异反映了希腊的社会规范和社会期望。一方面，朝大海的尽头航行或是跳海能自证身份和赋予自身权力；另一方面，社会期望女性温顺听话，尤其期望女性对婚姻言听计从。[110]正因如此，只有男性——和美狄亚——才能掌握自己的命运向天际航行。

第三章　漂流箱：少女、婚姻与大海

我祈祷，让我的孩子安睡，
让大海安睡，让我那无穷无尽的麻烦安睡。

西摩尼得斯的诗歌(fr. 38 *PMG*)形象地描述了达那厄的困境。达那厄带着襁褓中的儿子珀尔修斯被父亲赶出家门，栖身于箱子里在大海上无助地漂浮。浩瀚无际的大海就像她无止境的烦恼之源，绝望中的她向众神祈祷。

达那厄的绝望与她儿子的英勇正好相反，长大后的珀尔修斯就算走到极北之地也誓要得到戈耳工的头。为何母子二人对待大海的态度如此天差地别？为何母亲视大海为无止境的烦恼之源，她的儿子却将大海当作证明自我的绝佳机会？

遭此厄运的并非只有达那厄一人，奥革和罗伊欧(Rhoeo，酒神狄俄尼索斯的孙女)也有相同的遭遇。她们都被自己的父亲逐出家门，带着各自的儿子忒勒福斯和阿尼俄斯(Anius)漂泊流浪。我们不禁要问，这种一再出现的“漂流箱里的少女”叙事对希腊人来说是否有着特别的含义？这些故事不同的结局有何深意？漂流箱里的奥革和罗伊欧在上岸后很快就携子嫁人，而达那厄却在波吕得克忒斯的纠缠中继续煎熬。

这三个女子有何共同之处？区别又在什么地方？大海在她们的故事中扮演了什么角色？

被禁婚的达那厄与继承问题

达那厄的神话传说从一开始就集中于家庭关系和继承问题。她没有兄弟姐妹，是阿尔戈斯王阿克里西俄斯(Acrisius)唯一的孩子，因此也是王位的唯一继承人。阿克里西俄斯不满于这一点，前去咨询德尔斐神谕如何才能有个儿子，得到的答复却是自己将死于外孙之手。[1]吓坏了的阿克里西俄斯把女儿达那厄锁在地下室里，使其不得结婚，也不得与任何男子接触。[2]可是，宙斯以黄金雨的形式出现在达那厄面前，使她生下了英雄珀尔修斯。听到婴儿的哭声，阿克里西俄斯命人将母子二人锁入箱子扔进大海。几经颠沛流离，箱子漂到了塞里福斯岛，母子获救。达那厄随即遭到当地国王波吕得克忒斯多年的纠缠，最后在长大成人的儿子珀尔修斯的帮助下摆脱困境。珀尔修斯前往大洋河，历经艰险带回戈耳工的头，震慑住了波吕得克忒斯。后来，珀尔修斯投掷铁饼意外地杀死了自己的外祖父阿克里西俄斯，德尔斐的神谕成真。

达那厄的神话传说揭示了独生女与延续父系血脉之间的矛盾。男性继承是希腊社会由来已久的重要观念，阿克里西俄斯想要一个儿子的愿望合情合理。在没有男性继承人的情况下，外孙也是外祖父的继承人，但人们总是希望有一个亲孙子。[3]因此，有些版本就演绎出达那厄被其叔父而非宙斯辣手摧花的情节。[4]神话传说除了让宙斯神的干预合理化以外，还使阿克里西俄斯的血脉得以传承。[5]还有些版本中，德尔斐神谕明白地指出珀尔修斯必将继承阿尔戈斯王位。同样地，宙斯现身使达那厄怀孕表明神谕昭示的命运不可逆，阿克里西俄斯无力逃脱命运的安排，因为世代更替是自然规律。因此阿克里西俄斯对达那厄的监禁无疑是对神徒劳的反抗，珀尔修斯意外地杀死外祖父，最终终结了这位国王的命运。

阿克里西俄斯没能认识到世代更替的必然性，还是一个不称职的父亲，没能保护自己的女儿，也不承认珀尔修斯对王位的继承权。[6]费雷西底的叙事里，珀尔修斯在地下室出生，并且在母亲和奶妈的照料下慢慢长大。阿克里西俄斯听到他玩闹的声音后异常愤怒，把达那厄拽到家族保护神宙斯赫启欧斯(Zeus Herkeios)①的神坛前质问孩子的父亲是谁，达那厄说是宙斯，他却坚决不信。[7]这个场面出现在宙斯赫启欧斯的神坛前意味深长。卡拉马努(Karamanou)指出，由于宙斯赫启欧斯掌管誓言，其信徒重视血亲关系和家庭，因此可以说宙斯赫启欧斯掌管的是家长权威的结构体系。他写道，“阿克里西俄斯把达那厄锁禁起来这一行为表明了他们之间的血亲关系以及他对女儿的统治权。”[8]拒绝相信达那厄所言，拒绝

---

① 家族的保护者，宙斯赫启欧斯的祭坛居于希腊家庭的中心，家长就是一家的祭司，代表家人献祭。

承认珀尔修斯，如此一来，阿克里西俄斯不仅轻慢了宙斯，也不尊重自身的地位和作为一家之长的权威。因此，他违背了支配家庭的自然法则和神圣法则：他禁止女儿结婚，拒绝王位的传承；在使尽一切手段反抗命运失败后，在神的安排下继承人诞生后依然拒不妥协。[9]阿克里西俄斯无视一切神示真理的先兆，一意孤行，对家人行不义。[10]

虽然遭到父亲禁婚，达那厄还是做了母亲。但因为是未婚生子，她依然保有少女身。朱莉娅·西萨(Giulia Sissa)说，“婚姻若没有仙女见证，婚外性行为丝毫不能改变一个年轻姑娘依然是少女的事实。少女只有结了婚才变成妇人，成为其丈夫的女人。”[11]因此，没有婚姻仪式和婚姻事实而诞下珀尔修斯的达那厄并没有从少女变为妇人，要实现这种转变的条件是承认孩子的合法性。[12]因此，阿克里西俄斯依然是达那厄的主人，或者说是对她负有责任的男性亲属。[13]达那厄终身未婚，儿子成为国王后继续随着儿子一起生活，因此一直处于身份的缺失状态。[14]

有一种说法使这个问题得到了解决。希吉努斯的《传说集》(63)记载，达那厄一到塞里福斯，波吕得克忒斯就娶了她，并在密涅瓦神庙(temple of Minerva)养大了珀尔修斯。[15]这个版本中波吕得克忒斯不是恶棍，而是赋予达那厄身份的合法丈夫。阿克里西俄斯得知女儿和外孙的下落后航行到塞里福斯接他们回家。在波吕得克忒斯的调解和珀尔修斯发誓不杀的条件下，阿克里西俄斯和珀尔修斯祖孙二人达成和解。

不巧的是，因为暴风雨的阻隔，阿克里西俄斯未能返航阿尔戈斯。这期间，波吕得克忒斯身故。为纪念波吕得克忒斯而举行的葬礼竞技会上，珀尔修斯投掷的铁饼被风吹偏方向而砸死了阿克里西俄斯。希吉努斯注释说这整件事都是神预先安排好的。因此，对希吉努斯和早期的读者来说，达那厄神话的主题是代际更替和命运的必然性。事实上，希吉努斯笔下，阿克里西俄斯下葬以后，珀尔修斯去阿尔戈斯承继了王位，完成了阿克里西俄斯穷尽一生都想阻止的命运。[16]

根据另一个更晚的传说，达那厄离开希腊以后也获得了合法的社会身份。她与国王庇隆努斯（Pilumnus）一起创立了意大利城市阿尔代亚（Ardea）并嫁给了他。[17]卡拉马努认为，奥古斯都时期的传统观念和维吉尔自己的创作目标促成了这个版本的出现，使得一个意大利城市通过著名的希腊创始人而获得伟大的神话渊源。[18]这个传说还赋予神话一个完美的结局，达那厄嫁了人，有了一个稳定的家。漂洋过海到一个陌生的土地上建立一座全新的城市象征着远离阿尔戈斯和阿克里西俄斯，脱离原生家庭向新家庭的转变。这个结尾使叙事圆满。早前神话中阿克里西俄斯为了避免外孙继承人，禁止女儿结婚，使她不能找到丈夫建立自己的家而行的种种不义之举在这个叙事里都得到了纠正。

达那厄暧昧不明的身份

达那厄一生苦难的根源在于她暧昧不明的身份。她是女性，却是父亲唯一的继承人；到了适婚年龄，却被禁止结婚；身为处女却做了母亲。所有这些矛盾使达那厄身处社会的边缘，无法取得一个传统社会认可的身份。神话传说还让她陷入不死不活的状态，更强化了她身份的中间性。

达那厄的地下室就是这种中间性的第一个表现。[19]父亲将她囚禁于地下室无异于把她活埋，但为了免于谋杀的污名，又供应食品，还派保姆照料。这位适婚姑娘虽然活着，却像被判了死刑嫁给冥王长眠地下一般。索福克勒斯在《安提戈涅》(946-947)里描写受监禁的达那厄，“她被囚禁在一个坟墓般的婚房里”,[20]描述了本该结婚生子的达那厄无可奈何的处境。

不过，不久以后，宙斯以黄金雨的形式出现使达那厄的坟墓变成了婚房，她怀孕了。雨的意象很重要，雨就像婚前沐浴一样赋予新娘生育的能力。马尔凯蒂(Marchetti)和科洛科塔斯(Kolokotsas)认为，达那厄神话中的地下室好比仙女(Nymphs)的仙洞一样，那里总有源头活水经过。[21]仙女是女性的象征(希腊文中 nymphê 意为“新娘”)，也是婚姻和儿童的守卫者。[22]因此仙女洞往往用于结婚仪式前后和生孩子前后的净化仪式。[23]宙斯在地下室与达那厄的相遇使坟墓变为婚房，宙斯的雨水将繁殖能力带到地下，地下世界保存了地上万物的生殖力，因此可以看作是地球的子宫。

也许正因如此，我们的资料特别强调宙斯与达那厄相遇的性本质。《伊利亚特》(14.319)记载宙斯列举自己的情爱对象，其中就有达那厄。这个故事的性本质在雅典瓶画中也有表现，公元前5世纪至公元前4世纪的瓶画对达那厄神话性信号的传达颇为直白，尤其是对黄金雨的描画。[24]事实上，对于适婚年龄的少女来说，水是一个重要的性象征。正如普菲斯特雷尔-哈斯(Pfisterer-Haas)所论，在希腊神话和雅典插图中，喷泉、河流以及泉屋都是少女遇见男人的重要场所。[25]这样的遇见，无论是强奸事件还是情人间的幽会，在文学作品或者形象艺术中都以性的形式表现出来，瑙西卡(Nausicaa)与奥德修斯的相遇就是一个典型例子。[26]所以说，以象征繁殖力的雨水形象示人的宙斯所代表的生命的力量战胜了达那厄的父亲阿克里西俄斯强加给她的童贞。

与神的相遇改变了达那厄的命运。从历史维度看，达那厄与宙斯的一番云雨提升了她的身份。品达的《涅墨亚》(10.10-12)指出，宙斯对达那厄的垂爱是阿尔戈斯至高无上的荣光，达那厄为此受到了阿尔戈斯人的纪念甚至是崇拜。与哈耳摩尼亚(Harmonia)、塞墨勒(9.12.3)和阿尔克墨涅(9.11.1)一样，[27]她与宙斯的交合成为定义她人生的标志性事件。因此，达那厄凭着与宙斯的关系和儿子珀尔修斯的诞生而成为一名重要的女性。然而，希腊神话中，她与宙斯的遭遇并没有赋予她任何特殊地位，她的一生和希腊社会里所有被抛弃的女人一样离群索居，孤苦无助。

达那厄暧昧不明身份的另一个表现是海上漂流箱。[28]第一章我们已经讨论过，大海介乎阴阳之间，被锁身于箱中在海上漂流的达那厄有可能葬身海底，也有可能漂流到某个远方的国土。而且，箱子本身的意义也很模糊。日常生活中，人们拿箱柜来存放食物、衣物或是贵重物品，也拿箱柜等容器当棺材、骨灰盒和婴儿床用。[29]皮埃尔·布鲁莱(Pierre Brulé)指出，这些容器用来存放食物和衣物，是生活必需品，但也被用作棺材和骨灰盒等与死相关的器皿，因此意义模棱两可。[30]达那厄被置身箱中投入大海，使其父免于谋杀的污名，这与她被囚于地下室本质上是一样的。[31]

海上漂流箱让人联想到乘卡戎的小船或其他船只往生。[32]一只雅典红绘陶瓶上画有达那厄和小珀尔修斯身处箱柜在大海上漂流，头顶有成群海鸟翱翔的画面。[33]飞翔的海鸟是常见的葬礼意象，因此画中的海鸟意味着漂流箱与死亡的关系。[34]维尔穆勒(Vermeule)认为这些海鸟可能表示灵魂离开地球。[35]容克尔(Junker)也认为该图暗示了达那厄和珀尔修斯的灵柩。[36]因此，离开地下囚室的达那厄又一次身处生死之间，被困于无法驾驭的棺椁，与家庭、社群失去了联系，孤独无助地迷失在茫茫大海。

不过，在典型的神话故事里，受害者一旦曝光就意味着获救。达那厄和珀尔修斯最终在塞里福斯岛上了岸。箱子是委身地，同时也是庇护所，装载着对未来美好的期望，这是众神赋予的第二次生命。众所周知，另一个希腊神话故事里，丢卡利翁和皮拉（Pyrrha）也是藏身于箱子逃离大洪水漂流到安全之地才得以自救，也救了未来的人类。[37]因此，布鲁莱坚持认为漂流箱之旅标志着神话中的人物将踏上新土地开始新生活。[38]传说中的利姆诺斯（Lemnos）国王托阿斯（Thoas）即是如此。阿波罗尼奥斯研究发现，为了躲避利姆诺斯国的疯女人们，托阿斯的女儿许普西皮勒（Hypsipyle）把他藏在箱子里推进大海。在海上漂流的托阿斯被渔民救上一个海岛。[39]托阿斯娶了岛上的女神，诞下了英雄锡基诺斯（Sikinos），后来该岛就叫锡基诺斯岛。这个故事里，托阿斯在海上漂流不仅获救，还通过儿子建立了一个全新的社会。不过，这个故事还有一个不同的版本，托阿斯被女儿藏到箱柜以后，利姆诺斯的疯女人们把箱子扔进了大海，国王被淹死。[40]这两个版本说明藏身于箱柜的模棱两可性：箱中人有可能获救而生，也有可能窒息而死。[41]

同样，根据帕萨尼亚斯（Pausanias 3. 24. 3）①的记载，在普拉西厄（Brasiae）②的一个传说中，当卡德摩斯（Cadmus）发现女儿塞墨勒怀孕后，就把她装进箱子扔到海里。海浪推着她和小狄俄尼索斯到了普拉西厄城附近的拉科尼亚海岸。人

① 公元 2 世纪古希腊地理学家、旅行家，著有《希腊志》一书。
② 希腊伯罗奔尼撒半岛东南部一座小城。

们打开箱子发现塞墨勒已经死亡，她的儿子狄俄尼索斯却还活着，于是普拉西厄城里的人们把这孩子抚养长大。和托阿斯的故事一样，这个故事里也是有生有死，箱子既是生存的容器，也是导致死亡的工具。作为一个死去的女人的儿子，狄俄尼索斯不朽之神的身份恰好突出了这种悖论性。[42]

阿斯蒂帕莱阿岛(Astypalaia)的克利奥密德(Cleomedes)①的故事(Paus. 6.9.6-7)也证明了箱柜作为生死之间通行工具的模棱两可性。因为在奥林匹克竞技会上杀死了对手，克利奥密德的胜利被判无效。狂怒的他回到阿斯蒂帕莱阿岛摧毁了一所学校，压死了里面60名男生。愤怒的民众拿石头砸他，他跑到雅典娜的圣殿，躲到一个柜子里。人们打开柜子却发现空空如也，克利奥密德不知去向。人们去问德尔斐的先知皮提亚(Pythia)，得到的回答是克利奥密德已经升天，成了人们应该敬奉的神。这个故事里，克利奥密德固然幸免于暴民的毒手，却不得不逃离地球，箱柜是他由凡人到神的转折点。

最后一个例子出现在历史学家吕科斯(Lycus)的记载中(*FGrH* 570F7)：在图里(Thouriae)有一座塔拉摩斯山(Thalamos)，山中有一洞，里面住着一群仙女。当地一牧羊人经常在那附近放羊，并向洞中敬献祭品。[43]牧羊人的主人因为他频繁献祭而很生气，就把他关进一个箱子里，声称他要看看牧羊人的这些神仙是否会来救他。两个月后，他打开箱

① 公元前492年奥林匹克竞技会选手。

子，发现牧羊人还活着，而且箱子里满满的都是蜜蜂窝。牧羊人在箱子里度过劫难证明了仙女对他的眷顾。[44]

综上所论，箱柜意味着生死难料，既可以是装死人的棺材，也可以是救人的器皿。被关进箱笼意味着死亡，但在希腊神话里却意味着新生活的开始。不过，这也适用于达那厄的故事吗？被囚于地下室，地下室却成了婚房；离开地下室，被关进箱子抛入大海；本来是被置于死地，却安全到达塞里福斯岛。达那厄得以幸存下来显然受了神灵的眷顾，也证明了她反抗父王阿克里西俄斯的正义性。[45]但是，她的靠岸真是幸福新生活的开端吗？

达那厄未能实现的婚姻——登陆塞里福斯岛

只因身份暧昧不明，达那厄的一生都活得艰难。她是女继承人，被禁婚的处女，未婚母亲。要想既符合希腊社会规范，又有明确的身份，只有一种可能——正当名分地嫁人，并使儿子珀尔修斯得到收养。诀别了父亲的达那厄海上漂流终于结束，本可以指望名正言顺地嫁人，却终其一生也没有盼来这么一场婚姻。但是，来到塞里福斯以后，达那厄始终与一个男人在一起，这个人就是塞里福斯岛的国王波吕得克忒斯。这种结合却不是婚姻，而是占有和被占有的性关系。品达的《皮托凯歌 12》第 14 行至第 15 行描写道：

> 他(珀尔修斯)为了母亲的长期被奴役和被占有
> 让波吕得克忒斯付出了惨重的代价。

同样地,在斯内尔-马勒(Snell-Maehler)(fr. 70d,41-42)看来,品达把波吕得克忒斯的石化称作是对他强占达那厄的惩罚:

> 好像他们不是男人而是石头……
> 作为对他淫欲的惩罚。[46]

品达笔下的波吕得克忒斯没有迎娶达那厄,而是逼迫她成了他的性奴隶,这对一个希腊贵族姑娘来说是可怕的。[47]

埃斯库罗斯在《拖网者》的残篇里(*Net-Haulers* fr. 46a-47a Radt)也把达那厄登陆塞里福斯岛描述成一种性关系的开始。事实上,他的这部滑稽羊人剧的部分情节是围绕达那厄与森林之神西勒诺斯的"婚礼"进程展开的。[48]用一个性欲旺盛的羊人萨堤尔(Satyr)代替正经的新郎,露骨地表现了这种关系的本质。特别是片段47a第821-832行(Radt)毫不含糊地表示达那厄是可以弄到手的:

> 但是,我们走吧,朋友,这样我们就可以继续
> 举行婚礼了,

既然时机已到，并且她也默许；
我看新娘子也渴求我们的爱呢。
这也不奇怪，毕竟她在海上箱子里饥渴得太久。
现在，看到我们都青春年少，能嫁给这样的情郎，
她像美神一样风情万种，兴高采烈。

“婚礼”“爱”和“嫁给”这样的字眼儿清楚地表明萨堤尔在戏仿一个真正的婚姻。然而，索默斯坦（Sommerstein）指出，“萨堤尔显然认定，达那厄尽管已经‘嫁给了’西勒诺斯，却仍然是任何男人都可以染指的。”[49]因此，这部羊人剧暗示达那厄不守妇道，渴望跟众多性欲旺盛的男人寻欢作乐，突出了达那厄未能嫁人的事实。埃斯库罗斯讽刺达那厄与波吕得克忒斯的关系纯粹是性关系，达那厄脆弱的处境使得这种关系成为可能，因为她既然不属于某个人，就属于所有人。

埃斯库罗斯的这部滑稽羊人剧中，达那厄从海上来到塞里福斯岛的情景还可以看成是对阿芙洛狄忒在海上出生情景的戏仿。不同的是，阿芙洛狄忒是主司爱情和欲望的神，而达那厄是受制于性暴力的无助凡人。实际上，欧里庇得斯的剧《狄克堤斯》和《达那厄》都有一些片段描述在阿芙洛狄忒支配下的一些行为是轻率的、暴力的、说一不二的。[50]以上《拖网者》残篇的结尾也提到了阿芙洛狄忒。综合观之，这些隐喻表明欧里庇得斯和埃斯库罗斯都觉得阿芙洛狄忒和欲望的力量对理解达那厄故事的主旨至关重要。无论是地下室里与

宙斯的交合，还是被波吕得克忒斯施暴，加上埃斯库罗斯对她困境的滑稽再现，达那厄一直处于男人的性纠缠中，破坏了希腊贵族女性本该拥有的婚姻。

达那厄终身未能喜结良缘，遭到了罗马诗人们更进一步的挖苦，他们调侃说宙斯的黄金雨买走了她的贞操。[51]比如贺拉斯的《歌集》(*Odes* 3. 16. 5-8)写道：

……假如朱庇特和维纳斯不曾嘲笑被禁女子那可怕的监护人阿克里西俄斯——

是啊，待到主神把自己变身为金钱，一切都将平安无事，大大方方地进行。

贺拉斯打趣地说，即便是防守最坚固的大门也能为金钱而开。如此说来，珀尔修斯谋求身份的种种斗争都有了不同的含义，因为在罗马观众看来，他可能需要证明自己的母亲不是妓女。抑或罗马观众把达那厄和珀尔修斯的神话故事与罗穆卢斯和瑞穆斯(Romulus and Remus)的故事相提并论，因为抚养后者长大成人的是身份不明的母狼或妓女(Livy 1. 4)。又或者罗马观众脑子里还会联想起塔尔皮亚，因为据说这名女子把罗马城卖掉换了黄金珠宝。[52]

达那厄与黄金之间的复杂关系显然是源于宙斯化作黄金雨宠幸她的缘故。早在欧里庇得斯的作品里就把黄金的魔力与神话联系了起来，他在作品《达那厄》和《狄克堤斯》中多处拿黄金来比照人的高贵。[53]在《达那厄》(fr. 324 Nauck)一节，说话人甚至讴歌黄金的价值胜过家庭：

黄金啊，你是凡人最好的财产；就算拥有慈祥的母亲、仁爱的父亲、可爱的儿女，

也不能让人像拥有黄金那样感到幸福和满足。

如果库普里斯(Cypris)用这样的眼神看着我，她会助长这种激情也不足为奇。

按照塞涅卡(Seneca)①的《书信集》(*Letters* 115.14)的说法，这两句话最早出现在欧里庇得斯的戏剧《柏勒罗丰》(*Bellerophon*)里，雅典的观众觉得台词太离谱，愤而起身要撵走台上的演员，欧里庇得斯劝服他们接着往下看这个拜金者的下场。该剧受到了应有的惩罚。也许欧里庇得斯的诗句是最早表现罗马人对达那厄的态度的，认为她遭受的苦难是对她唯利是图的惩罚。

古时对达那厄神话的比较：失败的婚姻

几个世纪以来，人们对达那厄这个人物的诠释经过了漫

① 公元1世纪古罗马政治家、哲学家、悲剧作家，著有《道德书简》等。

长的演变，使得她与许多女性人物发生了关联。在古典时期，索福克勒斯的《安提戈涅》(944–954)将安提戈涅与达那厄进行比较，视后者为一悲剧人物：

> 达那厄也同样在她的寝室里忍耐暗无天日的时光，
> 她被关进了新娘的坟墓；
> 不过她出身高贵，诞下了宙斯那金光灿灿的儿子。
> 可是，命运的魔力坚不可摧，
> 无论是财富、战争、高塔，还是饱受海浪冲击的黑船，
> 无一不是受制于命运。

安提戈涅也像达那厄一样被活活关进坟墓，虽然有食物供给，那也是为了免于杀人的污名。[54]“新娘的坟墓”揭示了两位女性人物模棱两可的处境和同为地狱新娘的事实。[55]两位女子虽然都出身高贵，却都活得暗无天日，[56]遭受严酷的待遇。[57]

在该剧的歌唱部分，索福克勒斯清楚地表明，面对无所不能的命运，无论你多有钱，多勇武，多有权势，都无能为力；无论是达那厄，还是安提戈涅，都无法摆脱命运的安排。“天命不可违”是这两部神话的核心思想。达那厄注定要受父亲阿克里西俄斯控制，却也注定会生下珀尔修斯接掌王权，父亲再怎么努力阻止也无济于事。同样地，安提戈涅命中注

定尚未嫁人就命丧山洞，但是支配家庭关系的神圣法则和葬礼应遵循的仪式同样不可违背。克瑞翁(Creon)违背了这些法则，所以遭到了毁灭。这两则神话故事把无辜少女被禁闭的地方描述得语焉不详，以此来展示人类命运冲突的模糊性。

关于达那厄神话的另一种比较见于公元前5世纪一只名为“美人罗盘座”的雅典装饰瓶上。[58]瓶上画有六位美人(只标出了五个名字)，两人一组在做手工活。海伦坐着挽毛线，克吕泰涅斯特拉(Clytemnestra)给她拿来了一只细颈香水瓶；一位不知名的妇人递给卡珊德拉(Cassandra)一只提篮；伊菲革涅亚站在门口扎头发，达那厄给她拿来一只匣子，并从匣子里往外拿出一串项链。

因为这几位女性从来没有同时出现在任何一部神话故事里，所以很难用某种统一的叙述来阐释此图。曼吉里(Mangieri)认为，该图意在提示读者把这些女性进行比较和对比，就像赫西奥德的长诗《列女传》(*Ehoiai*)那样。[59]因此他认为，克吕泰涅斯特拉和海伦同框表示她们是嫁给兄弟俩的两姐妹，都受到了美神阿芙洛狄忒的诅咒，因为她们的父亲对美神不敬，说她是“三番两次嫁人的弃夫者”。因此她们代表不受欢迎的妻子。伊菲革涅亚和达那厄同框意在说明她们二人都是生命受到威胁的无辜少女，都是命定的死亡新娘，且都与大海相关联。很遗憾，第三组因为不知提篮者的姓名而很难做出恰当的解释。

曼吉里还认为此图中众美人之间的关系错综复杂：克吕

泰涅斯特拉与海伦和伊菲革涅亚是亲属关系，与卡珊德拉则是情敌，特洛伊战争是她们命运发生的大背景（达那厄除外）；海伦是战争的导火索，伊菲革涅亚却是战争的牺牲品；整个画面因毛线意象串联成一体，从海伦挽毛线开始，到伊菲革涅亚在自己头上挽个髻结束。[60]

曼吉里解读此图的比较视角非常精彩。事实上，图中五位署名美女的婚姻就是一个重要的比较点。达那厄与伊菲革涅亚一样，终生没能嫁人，无辜地成了死亡新娘。伊菲革涅亚与阿喀琉斯的婚约只是一张纸，达那厄永远也没盼来一场明媒正娶的婚礼。而且，她们二人未能婚嫁都与跨海航行有关。海伦和克吕泰涅斯特拉二人都抛弃了丈夫。卡珊德拉拒绝了阿波罗的爱，却沦为阿伽门农的情妇。如此看来，六美的毛线活含义颇深。作为典型的已婚女性的日常事务，[61]毛线活儿恰当地映射了她们纠结的婚姻。

无论从“美人罗盘座”还是索福克勒斯的比较视角来看，达那厄都是一个无辜的受害者形象。然而，在希腊化时期，阿波罗尼奥斯把达那厄描述成因婚前性行为而烦恼一生的女性。阿耳戈船英雄们离开科尔喀斯到达 Drepane（今意大利特拉帕尼），阿尔喀诺俄斯的妻子阿瑞忒（Arete）因同情美狄亚而劝自己的丈夫多多关照她。阿瑞忒激动地把落难的美狄亚比作安提俄珀、达那厄和墨托佩，她说：

亲爱的，不要谴责埃宋的儿子违背了誓言，

不要让做父亲的，因为你的缘故，对孩子怒不可遏。

是啊，父亲总是会吃孩子的醋。

倪克透斯(Nykteus)会对美丽的安提俄珀施展阴谋诡计，

达那厄邪恶的父亲让她在大海上吃尽了苦头！

就在前不久，厄刻托斯(Echetus)把铜钉插进女儿的眼睛，

最终她在黑暗的马厩里研磨铜粒而憔悴凋零，

这是多么可怕的命运。

(Ap. Rhod. *Arg.* 4.1086–1095)

阿瑞忒把那些因为非婚男女关系而受到父亲严厉惩罚的姑娘与美狄亚相提并论。安提俄珀的故事直到5世纪才广为人知，尽管她的儿子安菲翁(Amphion)和泽托斯(Zethus)早在《奥德赛》里就出现了。[62]我们掌握的资料关于她的经历有许多不同的版本，有的说她被宙斯强暴时还是个处女，有的说那时她已婚。还有一种版本(见希吉努斯的*Fab.*7，很显然源自欧里庇得斯的悲剧)说，她是出轨以后被宙斯强奸，然后被丈夫赶出家门的。根据所有这些不同的版本，安提俄珀一生遭受了她父亲、丈夫以及丈夫另娶的女人狄耳刻(Dirce)的各种严酷虐待。墨托佩的故事稍有不同，她因委身于情郎而被父亲——伊庇鲁斯国王——厄刻托斯戳瞎双眼，[63]之后被关

进谷仓，哪一天她若能把铜谷粒研成粉末，哪一天她就能重获光明。厄刻托斯是希腊神话里极为残暴的人物，据说他还把女儿的情人埃克摩狄科斯(Aechmodicus)阉割致残。这个故事最早出现在阿波罗多罗斯的作品里，但有可能在那之前就有传说，因为《奥德赛》里也记载有厄刻托斯喜欢把敌人打残的冷酷行为。总而言之，安提俄珀和墨托佩的故事都透露了少女心甘情愿献身于情郎的事实。这意味着阿波罗尼奥斯笔下的达那厄也是因为自愿献出自己的童贞而招致父亲惩罚的。如此一来，美狄亚与这些少女的相似性就很明显了：这位科尔喀斯女巫因为爱上陌生人而背叛了自己的父亲。

阿瑞忒为美狄亚辩护说(4. 1080-1081)，“她完全被英俊的伊阿宋迷住了，所以才会施咒帮他征服公牛。”在阿波罗尼奥斯笔下，温柔善良的阿瑞忒劝导夫君阿尔喀诺俄斯说，姑娘们一旦陷入爱河就会干蠢事，因此应该有人来保护她们，以免受到她们父亲过激的伤害。阿尔喀诺俄斯深表赞同，表示只要美狄亚与伊阿宋结为秦晋之好，就不会把她交给科尔喀斯人。当天晚上，阿瑞忒提醒阿耳戈船英雄们为美狄亚和伊阿宋举行婚礼。于是，好心的王后被误导着设法救出了美狄亚，王后的无辜反衬了美狄亚自己的阴谋，预示了伊阿宋与美狄亚婚后的种种变故。

从这个角度看，美狄亚、安提俄珀、达那厄和墨托佩之间的关联更为明显。阿波罗尼奥斯似乎要证明这些少女之所以婚姻失败是因为她们重色叛父。有可能阿波罗尼奥斯从欧里庇得斯那里读出了这层意思，后者笔下的达那厄完全不同于索福克勒斯笔下的那个悲剧人物。也有可能阿波罗尼奥斯是从公元前 4 世纪时期的花瓶上捕捉到这层意思的，瓶画中的达那厄显得特别好色。[64]阿波罗尼奥斯把达那厄描写成为爱情而背叛父亲的多情少女，就好像与人通奸的安提俄珀(与达那厄一样，安提俄珀也是宙斯的情妇之一)、多情少女墨托佩以及陷入爱河的女巫美狄亚。

达那厄的神话久经流传，人们始终看到被破坏的婚姻最终导致女人无家可归。地下软禁室、海上漂流箱、塞里福斯岛，凡此种种，都强化了达那厄作为一个女继承人、地狱新娘、未婚妈妈等暧昧不明的身份。达那厄海上漂流的结果是与家国的彻底决裂，却并没有迎来其他海上漂流神话结尾的婚姻或新希望。与此相反，达那厄在漂流箱里的痛苦旅程突出了她被社会抛弃，注定孤老终生的女性形象。在希腊阿尔戈斯神话体系中，达那厄的故事属于达那伊得斯(Danaids)谋杀亲夫和普罗提得斯(Proetides)恨嫁的神话传说系列。[65]

奥　革

有关晨光女神奥革的传说与达那厄的故事有颇多相似之处，最大的不同是奥革有个美满的结局。奥革是阿卡狄亚国王阿琉斯(Aleos)的女儿，忒勒福斯的母亲。听神谕说奥革的兄弟将死于奥革的儿子之手，[66]阿琉斯就把奥革送去做雅典娜的祭司，使她永远做个处女。[67]天神赫拉克勒斯恰巧路过阿卡狄亚，在神殿里强奸了奥革。[68]看到奥革日益隆起的腹部，阿琉斯才知道奥革怀孕了，先知们警告说女祭司怀孕预示着瘟疫的来临。[69]阿琉斯不相信事情是赫拉克勒斯干的，决定让水手瑙普利俄斯（Nauplios）把奥革卖到国外去。也有资料说阿琉斯把奥革母子关进一只大箱子扔到了大海里。[70]还有资料说忒勒福斯被弃于帕特农山（意思是“处女山”），[71]后来被牧人用鹿奶喂养长大。所有的资料都说奥革到了米西亚，被米西亚的国王透特剌斯收为干女儿，也有的说国王娶了她。[72]膝下无子的透特剌斯收养忒勒福斯为自己的继承人，在自己死后即位为王。根据其中一种说法，在希腊长大的忒勒福斯听从皮提亚的建议前往米西亚寻母，[73]米西亚国王透特剌斯请他帮忙打败了邻国伊达斯（Idas），作为报答，让忒勒福斯做了自己的王位继承人。

以上这些与达那厄的故事颇为相似。她们的父亲因为预言的缘故而采取措施防患于未然，她们却仍然怀了天神的儿子，因此都被关进箱子扔进了大海。海上漂流的她们最终靠了岸，奥革顺利地嫁人，达那厄却恨嫁终生。奇怪的是，两个故事如此雷同，在古典时期也都家喻户晓，却鲜有资料将二者相提并论。索福克勒斯、欧里庇得斯和欧布洛斯（Eubulus，公元前4世纪雅典诗人）都把奥革的故事搬上了雅典舞台，[74]埃斯库罗斯、索福克勒斯和欧里庇得斯也都创作过有关达那厄神话的作品。[75]奥革和达那厄的故事还曾无数次地出现在古典时期和后古典时期的典故当中。

然而，奥革与达那厄的传说之间也有显著的不同。达那厄最终也没能顺利地出嫁，奥革却嫁入王室过上了幸福的生活。忒勒福斯继承了养父的王位，珀尔修斯几经磨难最终取得对阿尔戈斯的统治权。虽然二者的故事都关乎婚姻和王位继承问题，情形却迥然有别。达那厄作为唯一的王位继承人，其子是继承王位的不二人选；奥革的儿子要想继承王位还要与舅舅竞争。因此，达那厄的故事表现了外孙继承外祖父权位的例子，奥革的故事则表现了王位继承权的争夺。

要想消除忒勒福斯对王位的威胁，必须除掉他。正因如此，奥革和儿子被弃于大海。安全靠岸的母子俩在陌生的国度安居下来，无儿无女的米西亚国王给了他们新的家园。有关奥革的最早记载见于赫西奥德写在纸莎草上的断章残篇，那里说她到达透特剌斯的王国之后受到了公主一般的对待，其子忒勒福斯最终做了米西亚国王。

> 他像对待亲闺女一样待她。
>
> 天神赫拉克勒斯让她生下了忒勒福斯——
>
> 阿耳卡斯(Arcas)的后人，后来成了米西亚人的王。
>
> (Hesiod *Ehoisi* fr. 165. 8-10)

希吉努斯的《传说集》第99则和第100则也都收录了奥革的故事，说她彻底断绝了与母国忒革亚(Tegea)的关系，融进了米西亚的新家庭。赫西奥德的文字特别提到忒勒福斯做了米西亚国王，至于是如何成王的则没有提及。无论他是与母亲奥革一同在大海上漂流到米西亚的，还是在希腊由养父母抚养成人后在德尔斐神谕的指引下来到米西亚的，反正忒勒福斯和母亲一起彻底断绝了与忒革亚的关系。他们的到来复兴了米西亚王国，确保了王朝的延续。故事还解决了奥革和忒勒福斯身份的问题。在忒革亚，他们因为威胁到王权而成了不受欢迎的人。在米西亚，他们重新奠定了统治家族的地位，同时也提升了自己的地位。不难想象，王位继承权之争破坏了统治家族的稳定，最终靠某些成员移民国外才使问题得以解决，奥革被透特剌斯收养就是她彻底离开忒革亚成为米西亚一员的标志。

另外，相当一些资料肯定了奥革嫁给透特剌斯，其子忒勒福斯在透特剌斯死后继承王位的事实。[76]由此可见奥革与达那厄的不同之处：达那厄因为未能把自己嫁出去而成为众多男人的猎物，沦为波吕得克忒斯的情妇；奥革做了透特剌斯合法的妻子，在米西亚建立了稳固的家庭。奥革的海上漂流之旅就像新娘离开娘家前往夫家的旅程。对透特剌斯来说，从海上漂流箱里得到一位新娘和王位继承人无异于上天恩赐的福气。[77]

不过，奥革的故事里并没有多少天神的干预。像宙斯对达那厄所做的那样，赫拉克勒斯在播下种子后再也没有出现过，只有希吉努斯的《传说集 100》除外，在那里赫拉克勒斯后来又现身过一回。为了报答忒勒福斯帮助自己打败了邻国，米西亚国王透特剌斯把自己的养女奥革许配给他。为了维护自身的清白，奥革决心在新婚之夜杀死忒勒福斯，关键时刻一条巨蛇挡在她的面前。奥革说出了自己的杀人动机，为此忒勒福斯意欲将她处死，这时赫拉克勒斯现身了，告诉了他们母子身份的真相。这种戏剧性的情节和天降救星的处理方式显然是悲剧舞台上的典型做派。我们注意到，赫拉克勒斯的干涉只是为了避免一场恋母剧上演，而奥革在新婚之夜蓄意谋杀又与达那伊得斯的故事相呼应，似乎暗示了悲剧舞台上神话故事之间的相互影响。

神的干预在斯特拉波(13.1.69)笔下也提到过。他借用了欧里庇得斯的说法，描写载着奥革和忒勒福斯的箱子是在雅典娜的安排下到达米西亚的。雅典娜出面干预是读者所期待的，因为青年英雄的成长之旅往往都有她的指引和帮助，上文中的珀尔修斯就是一例(见第二章)。雅典娜帮助奥革一事在青年女性的成长故事中却是绝无仅有的，因为女性成长过程中的领路人往往都是月亮女神阿耳忒弥斯(比如伊菲革涅亚的故事)或者就是那个强奸了她们的天神(比如伊娥的故事)。另外，在达那厄和奥革的故事中，大海基本上不具备神性，这与男性英雄的海上经历完全不同，他们在大海上历险往往会遇到神并获得帮助。

我们掌握的资料也没有把奥革与其他女神进行比较，唯有帕萨尼亚斯（10.28.4）在述及波吕格诺图斯（Polygnotus，公元前5世纪古希腊画家）描画德尔斐的哈得斯时把奥革与伊菲墨狄亚（Iphimedeia）放在了一起。我们并不清楚她们二人之间有何关联，但是奥德修斯声称自己在与已故的母亲安提克勒亚交谈后看到了伊菲墨狄亚，她与波塞冬交合之后嫁给了阿洛欧斯（Aloeus）（*Od.* 11.305–310）。奥德修斯是在用招魂术与众多女性交谈后提到伊菲墨狄亚的（*Od.* 11.235–332），她们中的许多人在嫁给凡人之前都曾与神交媾过。他提到的名字有堤洛、安提俄珀、阿尔克墨涅、墨伽拉（Megara）、伊娥卡斯忒（Epicaste/Jocasta）、克洛里斯（Chloris）[①]、勒达（Leda）、菲德拉（Phaedra）、普罗克里斯（Procris）、阿里阿德涅、迈拉（Maera）[②]、克吕墨涅（Clymene）[③]以及厄里费勒（Eriphyle）[④]。至于伊菲墨狄亚与奥革之间的关联，也许波吕格诺图斯想表达的是，或者说帕萨尼亚斯从波吕格诺图斯的画中看到的是，奥革在与赫拉克勒斯发生关系后成了透特剌斯的合法妻子，就像伊菲墨狄亚给波塞冬生了两个儿子后成了阿洛欧斯的妻子一样。其实帕萨尼亚斯对奥革的叙述仅限于她在赫拉克勒斯之后去往米西亚的情节：

① 阿耳戈船英雄涅琉斯（Neleus）之妻。
② 海神普洛透斯的女儿，为宙斯生了洛克里斯（Locris）。
③ 为宙斯生了法厄同（Phaethon）。
④ 阿尔戈斯国王安菲阿剌俄斯之妻。

奥革来到米西亚透特剌斯的处所，在众多据说
与赫拉克勒斯有染的女人当中，
只有她为他生的儿子最像这位父亲。

因此，生下赫拉克勒斯的儿子后又做了透特剌斯的妻子，这是奥革区别于其他女神之处，也是她与伊菲墨狄亚和其他为天神生子的女神的共同之处。这些文学资料显示了未婚生子以后依然成功的婚姻。

我们掌握的图像资料特别表现了奥革在木箱里漂洋过海的事实，这与达那厄的故事高度吻合。事实上有两件器物刻画了到达米西亚的奥革跨出木箱的那一刻，其中之一是一个高卢-罗马陶制浮雕奖章残片，上面的图案简直很难与达那厄和珀尔修斯的图案区别开来。[78]不过，海上漂流只是达那厄漫长的苦难人生的一段插曲，对奥革来说，却是成功脱离原生家庭建立新家庭的准备过程，虽然痛苦且充满惊险，甚至有沦为奴隶或闷死木箱的可能，但是一旦靠岸，所有的麻烦都烟消云散，还马上拥有了合法的夫君和稳固的家庭。就像一个离开娘家去婆家与夫君一起开创新生活的新娘一样，[79]奥革的漂流箱就好比她带到夫家的嫁妆。

罗伊欧

罗伊欧的神话传说与达那厄和奥革的故事大同小异。罗伊欧是狄俄尼索斯的儿子斯塔费洛斯（Staphylus）的女儿。她因被阿波罗强奸而怀孕，但她的父亲不相信，就把她锁进箱子扔到海里[80]。箱子被冲到提洛岛靠了岸（Diod. Sic. 5. 62. 1–2），也有人说是冲到了埃维亚岛（Euboea）（Schol. Lyc. *Al.* 570）。据后一种说法，罗伊欧在卡里斯托斯（Carystus）附近的一个洞穴里产子，取名阿尼俄斯（意为“受苦”），因为她为这个孩子受了苦。[81]后来罗伊欧嫁给了国王扎瑞克斯（Zarex），国王把阿尼俄斯抚养长大。[82]另一种说法是阿波罗把阿尼俄斯带到提洛岛养大，而罗伊欧留在扎瑞克斯身边。[83]

提洛岛版本的罗伊欧故事中有阿波罗的积极参与。阿尼俄斯一出生就受到生父的关爱，获得神子的身份和地位，这与需要通过自身的努力奋斗去赢取继承权的珀尔修斯和忒勒福斯迥然不同。据说罗伊欧生下阿尼俄斯后就向阿波罗祷告，如果阿尼俄斯是他的孩子，就请他救救这个孩子。阿波罗做出了回应，承担起养育阿尼俄斯的责任。孩子长大后，阿波罗教给他预言家的本领。特洛伊战争早期，阿尼俄斯就是提洛岛的王。他对希腊将领们预言说，希腊人要花十年的时间才能拿下特洛伊。[84]他恳求希腊人留在提洛岛，并承诺给希腊军队提供给养，因为他的几个女儿从狄俄尼索斯那里获得了一种神力，能够把触碰到的一切东西都变成粮油和酒。希腊将领企图把阿尼俄斯的几个女儿掳往特洛伊，被狄俄尼索斯变成了鸽子，姑娘们才得以脱离虎口。由此可见，阿尼俄斯从一出生就获得了父亲阿波罗的承认，并继承了神的能力和身份。

奥维德（*Met*. 13.632–635）描述安咯塞斯（Anchises）前往提洛岛拜访好友阿尼俄斯时，特别强调了阿尼俄斯和阿波罗之间的亲密关系：

> 在那里，勤政爱民的国王，阿波罗的祭司阿尼俄斯，
>
> 在阿波罗神庙接见了他，还带他参观城里各处著名的神社和拉托娜（Latona）①在分娩时紧紧抓住的那两棵树。

这段话描写了作为祭司的提洛岛国王在纪念碑群中行走的情景，体现了最著名的提洛岛传说和阿尼俄斯故事的结合。[85]像这样，将家喻户晓的阿波罗诞生的故事与相对鲜为人知的阿尼俄斯神话并置的做法，无疑源于奥维德对后期古希

① 阿波罗的生母。

腊文化的兴趣。不过，这段话也显示罗伊欧及其子阿尼俄斯的故事与提洛岛的地方文化关系密切。事实上，提洛岛的铭文证明，阿尼俄斯作为岛上的保护神和英雄在当地的两座神殿都受到敬拜。[86]

由此看来，阿波罗回应罗伊欧的祈祷并立即认下了儿子，不难看出阿波罗神的仁慈天性。在狄奥多罗斯笔下，罗伊欧的姐姐摩尔帕狄亚（Molpadia）和帕耳忒诺斯（Parthenos）因为没能看好父亲的酒而投海自尽，关键时刻也是阿波罗救了她们的命。狄奥多罗斯认为阿波罗是爱屋及乌才出手相救的。他还把摩尔帕狄亚和帕耳忒诺斯安排在刻松（Chersonesus）①山上的神龛里以褒扬她们的英勇（见第五章）。

罗伊欧的故事牵涉狄俄尼索斯与阿波罗。罗伊欧是斯塔费洛斯的女儿，狄俄尼索斯的孙女，阿尼俄斯的三个女儿从狄俄尼索斯遗传了点物成食的本领，狄俄尼索斯还把敌人变成鸽子救了她们。托雷（Suárez de la Torre）认为，神话传说中阿波罗与狄俄尼索斯之间的关系反映了这两位天神之间普遍存在的交叉关系。[87]他还认为，罗伊欧与阿尼俄斯以及阿尼俄斯女儿的故事反映了提洛岛上人们既崇拜狄俄尼索斯也崇拜阿波罗的事实。无独有偶，这两位天神在德尔斐也享有同样的地位。由此可以得出结论，狄俄尼索斯和阿波罗在罗伊欧神话中的影响力反映了提洛岛文化中的天神崇拜，

① 科尔孙旧称，位于克里木半岛，今乌克兰港口城市塞瓦斯托波尔。

反过来也说明罗伊欧的故事与提洛岛文化之间无可置疑的关联。

普洛尼玛

在我们迄今所看到的神话传说中，把少女抛诸大海意味着她与家人的关联尤其是与父亲的关联被切断，失去原有的身份和地位，这往往肇始于继承问题和婚前性行为等家庭问题，这些问题最终导致少女被驱离。海洋的不确定空间代表了女孩的不确定地位，她最终可能结婚并建立合适的家庭，也可能无法获得公认的社会身份而无休止地颠沛流离。

普洛尼玛(Phronime)的故事兼具以上两种特点。她自渡海以来从未获得社会的公认，但是她的儿子巴图斯(Battus)成了昔兰尼的创始英雄，建立了整个家族。根据希罗多德记载，克里特岛欧阿克索斯(Oaxus)的国王埃铁阿尔科斯(Etearchus)死了王后，留下一个女儿名叫普洛尼玛。[88]国王续了弦，新王后是个典型的后妈，虐待继女不说，还在国王面前诽谤普洛尼玛，说她与男人鬼混。国王听信了这些鬼话，动了把女儿赶走的念头。他找来一个叫忒弥宋(Themison)的锡拉岛商人，让他发誓照自己的话去做。商人发了誓，埃铁阿尔科斯就令他把普洛尼玛扔进海里。忒弥宋虽然很愤怒，还是把女孩带上了船。为了既不违背誓言也不犯下谋杀的罪行，他拿一根绳子绑在女孩的腰上把她丢进海里又扯上来。到了锡拉岛，普洛尼玛遇到了大富翁波律姆涅司托司（Polymnestus），做了他的妾，生下儿子巴图斯，巴图斯长大后建立了昔兰尼王国。[89]

故事反映出本章其他几则神话传说中类似的家庭问题。首先，普洛尼玛灾难的最初原因——后妈——是亲子关系的破坏力量。其次，希罗多德把埃铁阿尔科斯针对女儿的计划称作“邪恶的行为”，表示埃铁阿尔科斯亵渎了一种不成文的法律规定——家庭成员之间应该互相关爱和互相保护。故事中人物的姓名相当清楚地体现了这一点：普洛尼玛（意思是“敏感的人”）和忒弥宋（意思是“正义的人”）代表清白、健全和正义，而埃铁阿尔科斯（意思是“真正的首领”）代表无限的权力。这两派人物之间的冲突就像欧里庇得斯笔下达那厄故事中的暴君和一身正义的弱者之间的冲突一样，也与索福克勒斯的《安提戈涅》相似，克瑞翁（意思是“有权势者”）对安提戈涅和全城百姓颁布了不公正的法令。我们注意到，在所有这些冲突中，权力都是由男性实施在女性身上，克瑞翁和埃铁阿尔科斯施加权力的对象还是他们的直系血亲，因此可以说这些故事突出了权力与责任问题。

有趣的是，埃铁阿尔科斯认为把女儿扔进大海就是对她乱交罪名的合理惩罚。与之类似，传说埃罗佩（Aerope）因与一名奴隶有染而被其父交给瑙普利俄斯扔到海里淹死。[90]瑙普利俄斯没有按照吩咐去做，而是把她带到了阿尔戈斯，她在那里嫁给普利斯忒涅斯(Plisthenes，又名 Atreus，阿特柔斯)，然后生下了阿伽门农和墨涅拉俄斯。这些故事里中间人的存在避免了父亲的直接谋杀，给了那些女孩活下来的机会。不过，把母子一起扔进大海的行为也表明他们被社会抛弃而生死未卜的状态。

普洛尼玛活下来了，然后才有巴图斯的出生，然后才有昔兰尼王国的建立。[91]虽然普洛尼玛的身份问题从来没有完全解决——她一直是波律姆涅司托司的情妇——但巴图斯建立了自己的大家庭，一个杰出的、繁荣的城邦。母亲的地位让巴图斯的身份堪忧，但是他得到了德尔斐神谕的认可，被指定为众人的首领。因此，与本章其他神话故事一样，母与子的故事相互交织，[92]普洛尼玛苦尽甘来，巴图斯成功地确立了自己政治领袖的身份和地位，并在昔兰尼的历史上留下了浓墨重彩的一笔。典型的希腊英雄都是私生子出身，他们必须通过完成功勋来证明自己的血统和过人之处。相反，他们的母亲则不得不经受命运的考验，最终才迎来峰回路转。[93]

小　结

对于适婚年龄的少女而言，漂洋过海的含义耐人寻味。一方面，被家庭抛弃的姑娘被放逐到海洋这个中间地带，生死未卜，身份不明。另一方面，海洋代表着社会界线，女性必须克服这个界线才能重获身份开始新生活。因此，大海又是婚姻的象征，因为它象征一种生离死别，同时也象征向新生活的过渡。由于这个原因，许多希腊神话里的海上航行都与婚姻有关，因为待嫁的新娘无异于身处生死之间。在欧里庇得斯的戏剧中，伊菲革涅亚漂洋过海来到奥利斯(Aulis)，本指望顺利出嫁，却被骗当了献祭的牺牲品，最后在阿耳忒弥斯的帮助下死里逃生。她越过大海，到了世界的最东边，标志着她处于生死之间。最后，她穿越大海回到希腊，在哥哥俄瑞斯忒斯(Orestes)的帮助下重新融入家庭，并且与皮拉得斯(Pylades)订了婚。[94]

海洋与婚姻的关联也出现在欧罗巴(Europa)神话里。欧罗巴被宙斯绑架后，她的兄弟们徒劳地满世界找她。[95]欧罗巴的消失意味着她已进入生死之间的不可见空间，在那里可能还会遇到神。爱神厄洛斯(Eros)经常在她的头顶飞来飞去，暗示这个故事的色情性，而赫耳墨斯有时也会陪她骑着公牛渡海。[96]画家和诗人借此暗示欧罗巴的海上航行是与众神之王的性接触，也是某种形式的死亡。赫耳墨斯作为一个在生者、死者和众神之间活动的信使神无疑是一个恰当的引路人，引导欧罗巴跨越各大洲和各种生存形态。故事中的大海把欧罗巴与其家人分隔开，让她独自迷失在两大洲之间。莫斯霍斯这样写道：

举目四望，既看不到海浪冲击的岬角，也看不

到峭壁高山，

只有头顶的天空和脚下无垠的大海。

（*Europa*，132–133）

像达那厄一样，欧罗巴在一望无际的大海上漂泊，眼前所见除了海水就是天空。“无垠的大海”与西摩尼得斯笔下“无穷无尽的麻烦”相呼应，凸显了欧罗巴永别故土的脆弱无助。欧罗巴最终上岸的情景也被描述成婚礼的景象，宙斯对她说，“克里特……你的婚礼将在那里进行。”（Mosch. *Eur.* 159–160）[97]不过，与达那厄不同的是，欧罗巴与宙斯的遭遇有个幸福的结局，她嫁给了克里特国王阿斯忒里翁（Asterion），她与宙斯的儿子米诺斯和剌达曼托斯（Rhadamanthys）也得到了克里特国王的收养。

因此，对女性来说，大海就是一个捉摸不定的中间地带，象征少女出嫁前捉摸不定的身份。越过大海危险重重，一旦成功就能收获婚姻和稳定的家庭。正如布尔克特指出的那样，“从毁灭到重生之路一次又一次地穿海而过。”[98]

第四章　哈得斯与奥林匹斯山之间的海豚骑士

希腊神话中为什么会出现众多有关海豚的描写而其他海洋动物却鲜有提及呢？海豚固然聪明漂亮，但这绝不是吸引博物学家和神话作者的根本原因。[1]那么我们肯定要问，难道海豚比其他动物更契合希腊人对海洋的想象吗？在希腊人看来，海豚是不是有某些区别于其他海洋动物的特点呢？如果真是这样，那么这些特点是什么呢？这些特点与复杂多样的大海本身之间又有什么关联呢？

海豚在最早的希腊海洋动物寓言故事中就占有至关重要的地位。[2]古风时期的诗歌描写海豚是敏捷的、野蛮的、贪婪的。[3]古典时期以降，海豚在诗歌中演变成救人于危难的亲善动物形象，水手出海时如果能看到海豚就能安心远航，因为海豚能引领航船顺利航行，还能发出风暴的预警，[4]因此被视作好运的预兆。[5]希腊人还认为海豚和人一样爱好娱乐和音乐，[6]与人一样有情感，[7]对人类富有同情心，[8]是海洋中的人类化身。普鲁塔克甚至断言海豚是唯一与人类为友而不求回报的动物。[9]由于海豚如此的大公无私，连众神也喜爱有加，因此普鲁塔克、阿忒纳乌斯（Athenaeus）、俄庇安

(Oppian)①和埃利安(Aelian)②等大作家都一致主张海豚是神圣的动物，人类不能猎食海豚。[10]

另外，希腊人还相信海豚和人类一样有丧葬习俗。亚里士多德曾经记录海豚把死去的同伴托运到岸上以免被鱼吃掉。[11]民间流传很多关于海豚搭救溺水船员，[12]或是把死去船员的尸体托运到岸边埋葬的故事。[13]斯托拜乌(Stobaeus)③辑录了一段 Hermes Trismegistus④ 奇怪的文字描述：正直的人死后如果变鸟就会是鹰、如果变兽就会是狮、如果变爬行动物就会是龙、如果变海洋动物就会是海豚，因为人们观察发现海豚“同情那些坠海的人，会把尚有呼吸的落水者托上岸；虽然海豚是最贪婪的海洋动物，却不会去碰那些已经淹死的人。”[14]这种观念认为海豚是海洋中唯一文明、智慧和有同情心的动物，是唯一尊重和理解丧葬神圣法则的动物。

海豚具有许多人类的行为特征，不仅是最杰出的海洋动物，还在动物、人类、死者和众神之间扮演重要的角色。海豚在冥界、人界和神界之间的这种媒介地位是否反映了大海的媒介地位？带着这个疑问，我们是否可以弄清楚希腊人是如何表现海豚的这种媒介角色的？他们是如何用海豚来体现人、神、鬼之间的交流和转变的？

---

① 公元 2 世纪古希腊诗人，著有五卷本道德说教性质的捕鱼诗歌 *Halieutica*。

② 全名克劳狄乌斯·埃利阿努斯(Claudius Aelianus，公元 170 年至公元 235 年)，罗马作家，擅长用希腊语写作。

③ 公元 5 世纪古希腊文选编者，收集编辑了两卷四本《文集》，内有许多涉及面广、颇有价值的古希腊作品选段。

④ 字面意思是“三倍伟大的赫耳墨斯”，传说中《赫耳墨斯文集》的作者。

阿里翁、赫西奥德和墨利刻耳忒斯：通往冥界的海上航行

阿里翁

我们的研究最好从最著名的海豚故事——阿里翁的故事开始。阿里翁的故事最早出现于希罗多德笔下，一直流传到罗马时代，然后由普鲁塔克改写，保留了故事情节，补充了对宗教意义的考察。[15]在希罗多德笔下，阿里翁是他那个时代最好的歌者，曾在科林斯王佩里安德(Periander)的王宫里献歌。[16]后来决定去意大利和西西里的各大城市一展歌喉。巡演结束后，他雇请了一艘科林斯船回国。途中，船员们起了谋财害命之心，[17]命令他要么自杀，要么跳海。如果自杀，他们会把他埋在岸上，如果跳海，就省得埋了。阿里翁意识到自己死到临头，就要求临死前最后盛装唱一次歌，船员们同意了。希罗多德描述阿里翁爬上船尾，唱了一首献给阿波罗的颂歌。[18]普鲁塔克描述他受到神的启发穿上舞台服作为自己的丧服，演唱了献给皮提亚的颂歌为他和船上的人祈祷平安。奥卢斯·格利乌斯(Aulus Gellius 16. 19. 12–13)则说阿里翁要求唱一首歌安慰困境中的自己，然后唱了献给阿波罗的颂歌。柴泽斯的《千行卷汇编》(*Chiliades* 1. 17. 403)则肯定阿里翁要

求唱的是一首葬礼歌，然后从头到尾把七首歌全部唱了一遍就纵身跳入大海。一头海豚游过来（普鲁塔克说是一群海豚）托住他的背把他一路送到了泰纳龙安全上岸。阿里翁从那里回到科林斯，在佩里安德的朝堂上得到海盗的证明而无罪开释。后来，阿里翁在泰纳龙的波塞冬神殿献上了一尊海豚骑士的雕像。[19]

这个故事里关于丧葬的弦外之音至关重要。阿里翁选择跳海而放弃埋在岸上似乎表明他把自己完全交给了神，这是罗马的《奉献者》的姿态。[20]身着丧服的阿里翁弹着七弦琴只求跳海速死。格利乌斯和柴泽斯关于安灵歌和葬礼歌的描述以及普鲁塔克关于丧服的描述都体现了丧葬的视角，故事中的海豚把死者运走，就是一个冥府使者的形象。

阿里翁在泰纳龙上岸证明了这种解读的正确性。[21]泰纳龙海岬在古风时期是广为人知的冥府入口，[22]泰纳龙还是赫拉克勒斯进入冥府捉拿刻耳柏洛斯的一个入口，[23]也是忒修斯和皮里托奥斯进入地府寻找普西芬尼的入口，[24]波塞冬神殿附近的洞穴中还有一个神示所。[25]因此，阿里翁跳海之后海豚把他带到冥府门口，好像阿里翁不是从海里爬出来的，而是从地里爬出来的。事实上，这里的大海和冥府好像是一回事，因为阿里翁浮出海面后，也就是从泰纳龙的冥府入口出来后，复活了，是海豚带他从冥府上升到水面的，因此海豚确实是吉祥的动物，它使阿里翁跳海之后安然无恙。

根据普鲁塔克的说法，阿里翁入地府是一次超验的经历，歌手到阴曹地府走了一遭，在那里遇到了神灵。普鲁塔克描写阿里翁决心像天鹅那样勇敢地唱着歌赴死。[26]天鹅是众多神话故事中能够跨越大洋河的特殊生灵之一，通常认为天鹅代表死者的魂灵。[27]格赖埃三姐妹生活在大洋河彼岸守护着大洋河的秘密，被埃斯库罗斯称为“天鹅女”，很显然暗指她们白发苍苍年事已高，同时也暗示她们与死亡的关联。[28]阿里翁跳海故事中提到天鹅也暗示死亡的调子。

鉴于柏拉图对普鲁塔克的重要影响，普鲁塔克提到天鹅毫无疑问是在向柏拉图的《斐德罗篇》致敬。在那篇著名的文字中，天鹅据说能感知自己的死期，并且会在死亡来临之时以最优美的姿态唱歌。[29]苏格拉底补充说，与人们通常的想法相反，天鹅这样做并不是因为它们在为自己的死亡悲伤，而是因为作为上帝的仆人，它们很高兴很快就能与上帝团聚。这正是普鲁塔克笔下阿里翁所经历的。他跃入大海，完全准备好了一死，却与众神不期而遇。跳海之后的阿里翁骑在海豚的背上，并没有太多对死亡的恐惧，或是对生的期望，也没有因为获救而骄傲，尽管他得到了神的宠爱，确信了神的存在。[30]

普鲁塔克这种宗教意义上的解读早在希罗多德那里就有。正如格雷(Gray)所论，希罗多德关注神的介入，还把阿里翁与吕底亚国王阿律阿铁斯(Alyattes)相关联。[31]在格雷看来，希罗多德意在表明，当生命受到威胁时，阿里翁和阿律阿铁斯都是靠神来拯救的。[32]因此，早在希罗多德第一次写阿里翁的故事时，就被理解为获神搭救的主题。普鲁塔克详细阐述了早期的这种解读，并将其作为自己叙事的核心。

普鲁塔克坚持认为是神救了阿里翁，强调是神让他得到了公正的对待，还两次指出是神决定了事态的走向。[33]普鲁塔克写道，正义的神“看到陆地上和海洋上发生的一切”，从而向他的读者保证众神定会惩恶扬善。[34]这一点很关键，让我们看到故事中的海豚是人神之间的调解者，因为就像我们以上所见，海豚被视为正义的动物，是人和神共同的朋友。在普鲁塔克的演绎中，海豚拯救阿里翁，实现了神的正义。

普鲁塔克让舵手警告阿里翁船员要杀他，进一步强调了公平和正义在故事中的重要性。这让人想起《荷马赞美诗·致酒神》(*Homeric Hymn to Dionysus*)中虔诚的舵手，他因为认出了酒神而拒绝参与攻击行动，因此被酒神赦免。在荷马赞美诗和普鲁塔克的叙事中，虔诚的舵手与船员形成对比，表示即便是在最不可能的情况下也会有仁慈的人存在。

此外，舵手这个人物表明普鲁塔克认为阿里翁的故事与酒神赞美诗类似。[35]第六章我们会更进一步谈到海盗的故事也涉及跳海见神的细节，两个故事中的海豚既是生死之间的调解者，也是人神之间的媒介。而且，阿里翁确定神的存在后发生的变化与海盗们遇见神后发生的性格和身份的改变一样。阿里翁成了神的宠儿，海盗们痛改前非，变成海豚做了狄俄尼索斯的伙伴。最后特别值得一提的是，阿里翁被认为是酒神赞美诗的开创人，这使他与狄俄尼索斯紧密相关，这可能促使了普鲁塔克在脑海里将阿里翁的故事与《荷马赞美诗·致酒神》相类比。[36]

普鲁塔克和希罗多德都闭口不谈阿里翁遇见的是哪些神。两位作者不挑明诸神的身份似乎是想说他们代表一切神。尽管如此，还是有波塞冬和阿波罗这样身份明确的神在这个故事中扮演了重要角色。格雷特别强调波塞冬的角色，[37]因为阿里翁从他林敦(Tarentum，今意大利城市塔兰托)出发最终来到泰纳龙，前者的保护神是波塞冬，后者有波塞冬最重要的圣所。[38]另外，普鲁塔克的叙事显示，阿里翁的历险发生在为波塞冬举行的三日祭祀后的庆祝之夜。可以看出，阿里翁从波塞冬的城市出发，在波塞冬的海洋王国航行之后，在波塞冬的节日到达波塞冬的神殿。最后阿里翁向波塞冬神龛献上了自己骑在海豚背上的雕像。[39]

除了波塞冬，阿波罗也在这个复杂的故事中扮演了重要角色。克莱门特(Klement)指出，阿波罗的海豚化身与阿里翁所选的赞美诗暗示阿波罗参与了这个故事。[40]尽管阿波罗海豚化身的具体特征并不明确，但是对他的崇拜似乎主要与男孩的成年式相关。阿里翁虽然是个成年人，[41]但是他弹的竖琴与阿波罗密不可分，竖琴可能代表他跳海时的灵感，使他能浮出海面。事实上，普鲁塔克提到阿里翁受到神的启示，唱了献给阿波罗的颂歌，这至少在普鲁塔克的演绎中赋予了这个故事一个阿波罗背景。总而言之，故事强调了阿里翁与神的接触，海豚是这种接触的象征，也是阿里翁穿越死亡之旅的交通工具，在此途中，他更确信神的存在。海豚作为忠诚友好的调解者和神的仆人，确保阿里翁跳海后不会死，海豚引导他安全地跨越死亡，传达了神的启示。

赫西奥德

阿里翁跳海后活着归来，这样的情节在希腊神话中绝非偶然。另有一位受神启示的诗人赫西奥德在海豚的帮助下从深海中归来，也能看出神对他的关爱。与阿里翁一样，赫西奥德因在诗歌方面的灵感而享有特殊的地位。赫西奥德的诗歌体现了传统的希腊智慧，许多关于赫西奥德生活的警句和故事证明了他圣人般无与伦比的声誉。[42]出于这个原因，从公元前 5 世纪开始，[43]一直都有文章认为赫西奥德死后并没有完全消失，而是作为一个仁慈的英雄留在希腊。希腊人相信赫西奥德就像他的作品及其承载的智慧一样能够超越时间，超越死亡。

故事开始于安菲达玛斯(Amphidamas)的葬礼竞技会，在那里赫西奥德与荷马比赛，赫西奥德获胜，奖品是一只三足鼎。[44]两位诗人解开的谜题证明了他们的聪明才智，尤其是获胜者赫西奥德的聪明才智。后来赫西奥德前往德尔斐旅行，女祭司皮提亚警告他要避开涅墨亚的宙斯神庙，因为他将死在那里。赫西奥德误解了神谕，这在希腊神话中是常有的事，于是避开了涅墨亚，去了洛克里斯或是诺帕克特斯(Naupactus)。在那里，他被冤枉诱奸了主人的女儿(或是帮凶)，被她的兄弟们杀死在当地一所涅墨亚宙斯圣殿附近，最后被抛尸大海掩盖他杀真相，或为涤尽赫西奥德的罪行之污。[45]

然而赫西奥德并没有消失，一只海豚把他托上了岸，当时正值庆祝海神波塞冬或是阿里阿德涅的诞辰，展现了海豚一贯的正义感、对死者的尊重和丧葬的习俗。[46]这个时间点明显呼应了阿里翁降临泰纳龙时也是在庆祝海神波塞冬的诞辰时节，这似乎暗示了赫西奥德遇到海豚也是天神使然。事实上，赫西奥德的尸体确实被海豚救起，因为作为一个受到神的启示的诗人，他也是众神的宠儿①。

赫西奥德的尸体在海滩上被发现后，住在诺帕克特斯（参看帕萨尼亚斯）、洛克里（Locri）（参看普鲁塔克的《盛宴》*Banquet*）、洛克里斯的俄伊农（Locrian Oinoe）（参看《荷马与赫西奥德的竞赛》*Certamen*），还有诺帕克特斯附近的奥伊尼翁（Oineon）（参看修昔底德 Thucydides）的人认出了这位著名的诗人，把他葬在涅墨亚的宙斯神殿里，也有说是埋在神殿附近一个秘密的地方。[47]与此同时，杀人凶手试图乘船逃离，最终死于船难（Tzetzes *Vita Hes.* 34–40），也有说是死于宙斯的闪电球（*Certamen* 238–240），神为这位诗人伸张了正义。在波鲁克斯（Pollux）和普鲁塔克的叙事中，赫西奥德的狗不停地朝着凶手们狂吠，告诉人们这些就是杀害诗人的凶手，于是凶手得到惩罚。[48]这里的狗与海豚一样充满了智慧和正义

① 参照普鲁塔克笔下，阿里翁说从此以后他就是神的宠儿。

感，表现了众所周知的狗的忠诚。[49]

下葬之后的某一天[50]，女祭司皮提亚命令俄耳科墨诺斯人（Orchomenians）把赫西奥德的尸体带到他们的城市以消灭瘟疫。[51]尽管洛克里斯人试图隐藏赫西奥德的骸骨（Plut. *Conv.* 162e），俄耳科墨诺斯人在皮提亚和乌鸦的帮助下还是找到了这些遗骨（Paus. 9.38.2-4）。[52]乌鸦是该故事中出现的第三种重要动物，它使故事与阿波罗发生关联，这种关联通过皮提亚给出的启示以及皮提亚和赫西奥德本人受到的神的启示而得到加强。因此，与阿里翁的故事一样，阿波罗和波塞冬也在赫西奥德的故事中扮演了重要角色，而且，最重要的是，故事强调了神的意志和神的干预。

俄耳科墨诺斯人找到赫西奥德的骸骨后，把遗骸埋在迈锡尼集市上的圆形墓冢里，据说那也是迈锡尼的创始人弥倪阿斯的墓。[53]这证明了赫西奥德有两座坟墓的说法，也证明了俄耳科墨诺斯城希腊化的尝试。[54]据说，为了纪念赫西奥德的第二次下葬，迈锡尼的圆形墓冢上还刻了一段警句。我们找到的资料在措辞上虽有些差异，但核心内容基本上相同：[55]

> 赫西奥德本是富饶的小麦之乡——阿斯克拉（Ascra）人，如今客死异国。
>
> 驯马高手弥倪阿斯（Minyans）保存着他的骸骨，
>
> 他将是希腊最著名的人物，

因为评判他的标准将是智慧的试金石。

(Paus. 9. 38. 4)

这段警句突出了赫西奥德的聪明智慧，这是他的荣耀之本，但也让人注意到俄耳科墨诺斯城，证明他们将赫西奥德埋在该城的政治意图——支持这座城的领导地位和希腊化的主张。鉴于警句的措辞顺序，这一点特别具有说服力，因为在说到俄耳科墨诺斯之后立即说到赫西奥德在全希腊的荣耀，从而在读者脑海中构建起两者之间的联系。

亚里士多德的《俄耳科墨诺斯纪》(*Constitution of the Orchomenians*)保留了第二种警句，据说也刻在了俄耳科墨诺斯的墓冢上，据说这个警句出自品达之手：[56]

再见了，赫西奥德，你这年轻了两回、被埋了两回的人啊，

具有人类应该拥有的智慧。

很难考察该警句的诞生年代，但从语法和措辞来看，有可能是古风时期的作品。[57]然而，要理解这句话甚至比要确定它的诞生年代更难。按照麦凯(McKay)的做法，我们可以推测文中“年轻了两回”和“被埋了两回”大概是指赫西奥德传奇人生的两个时期——早先作为阿斯克拉的农民和后来成为富有灵感的诗人。[58]或者我们也可以接受斯科德尔(Scodel)的观

点，她说“被埋了两回”是指赫西奥德有两个坟墓，“年轻了两回”是指赫西奥德死而复活。[59]斯科德尔指出，这样的传说可能永远无法成为一个连贯的故事，却会从多种不同的神话传说和信仰系统中借鉴包括轮回、死亡、复活等诸多成分。

尽管无法从现有的资料判定关于赫西奥德的传说是否曾经广为流传，但是斯科德尔坚信赫西奥德的诗歌灵感和众所周知的智慧确实以某种方式激起了人们征服死亡的念头——这不，传说中还有俄耳甫斯（Orpheus）和恩培多克勒（Empedocles）①这样的诗人和智者类似的故事呢！这种解读也解释了“像赫西奥德一样老”这个谚语，[60]其含义不光是说他的寿命超长，还暗含了他的智慧和灵感带来的超验力量。可不是吗？据说许多灵感多智的人都非常长寿，比如据说忒雷西阿斯就活了比七代人还要久。[61]另外，在第一章我们也讲过，像涅柔斯和普洛透斯这样的“海洋老人”是神圣的知识和智慧的象征。对赫西奥德长寿的另一种解释是他诗歌上的灵感和卓越智慧使他超越了人类生命的极限。

赫西奥德的一生充满了不同寻常之事。其一，他在《神谱》中与缪斯女神的相遇标志着他的生命进入了一个截然不同的阶段；其二，海豚从海中捞起他的尸体掩埋，这是神的旨意使然。其三，俄耳科墨诺斯人迁葬赫西奥德的骸骨入城，终结了城中瘟疫的蔓延。所有这些事件中，赫西奥德都超越

① 公元前 5 世纪古希腊自然哲学家。

了常人。当他从缪斯那里得到神的启示时，他就获得了常人无法获得的知识和智慧。当他的尸体被海豚救起时，诸神没有让他像凡人那样殒命大海。[62]最后，当他的骸骨被迁葬时，他受到了与创始人弥倪阿斯一样的礼遇，还用超自然的方式保护该城免受瘟疫的侵袭，从而以一种不同的方式继续他的存在。

神话传说很好地体现了赫西奥德高于常人的地位。他的骨头埋在俄耳科墨诺斯驱散了当地的瘟疫，他的躯体保护着它所埋葬的土地，这一点与索福克勒斯在《俄狄浦斯在科洛诺斯》中描写的俄狄浦斯的躯体保护着雅典相类似。《希腊诗文选》中一首短诗描写了赫西奥德的这种英雄地位（7.55），该诗出自米蒂利尼（Mytilene）的阿尔凯奥斯（Alcaeus，约公元前620年）①或是麦西尼亚（Messenia）的阿尔凯奥斯（活跃于公元前200年）之手：

在一片阴凉的洛克里斯草地上，
仙女们用泉水冲洗赫西奥德的尸体后将他埋葬；
牧羊人把掺有金色蜂蜜的牛奶倒在他的坟墓上；
因为这是这位尝过九位缪斯女神清泉水的老人的愿望。

① 古希腊诗人（公元前620年至公元前580年），诗歌中的阿尔凯奥斯体即得名于他。

短诗中提到赫西奥德葬在洛克里斯，无论是指他的初次下葬还是第二次下葬，这一点与传说中的内容是相符的。[63]牧羊人用蜂蜜与牛奶来祭奠死者明显暗示了死者的英雄身份，因为蜂蜜的神性及其与诗歌灵感的紧密联系是众所周知的。[64]将蜂蜜与牛奶或油相混合调制成的“混合蜜”常作为不含酒的祭奠品用于祭奠仪式，[65]这种做法从古代一直沿用到罗马时代，其具体情况尚不清楚。似乎这种类型的祭奠主要针对的是死者、地府神祇以及某些英雄。[66]这首短诗肯定不能证明这种宗教活动确实发生在赫西奥德的坟墓前，或任何与之有关的地方，[67]但是能表明这与希腊人对这位诗人的看法是一致的。古希腊人认为赫西奥德死后介于人与神之间，成了一个圣人。

关于赫西奥德的尸体被海豚救起和迁葬的故事可以与俄耳甫斯和阿里翁的故事对照着看，这两位诗人都因受到神的启示而才华出众，超凡脱俗。虽然阿里翁和俄耳甫斯最终都没有成神，但他们在凡人中的地位是特殊的，他们凭借才能和灵感甚至超越了死亡。阿里翁骑着海豚从泰纳龙的地狱之门归来，俄耳甫斯用他的七弦琴迷住了哈得斯。俄耳甫斯死于迈那得斯(Maenades)之手后，他的头不断地发表预言，挑战死亡和肢解的终结性。同样地，赫西奥德与神的关联并没有随着他的死亡而消失，相反，他的身体从深海返回，他的坟墓为俄耳科墨诺斯人提供了超自然的保护。因此，人们认为用“混合蜜”来纪念他是合适的。

受到神启的诗人受神的青睐而能超脱生死，这大概能够说明为什么赫西奥德的雕像与阿里翁、俄耳甫斯、利诺斯(Linos)、塔米里斯(Thamyris)和萨卡达斯(Sacadas)的雕像一起出现在赫利孔山上缪斯的圣林中(Paus. 9. 29. 3-30. 3)。他们都是才华出众的诗人，身故之后也依然盛名不衰。他们的雕像有众神环绕，比如缪斯女神及其乳母欧斐墨(Eupheme)，还有阿波罗、狄俄尼索斯和赫耳墨斯等。与诸神的关联也凸显了诗人所受的神恩以及他们与七弦琴、灵感、着迷和死亡的关系。在赫利孔山上的灵泉附近，还有一块铅版，上面刻着赫西奥德的作品《工作与时日》，那是献给缪斯的(Paus. 9. 31. 4)。众所周知，诗人的才华和诗歌作品是跨越时间、征服死亡的不朽丰碑。因此，海豚的介入表示赫西奥德的诗歌和智慧是超越死亡的。他骑着一种既有文艺天赋又是灵魂引导者的动物从海上归来，恰如其分地体现了诗歌艺术的不朽本质。

墨利刻耳忒斯

赫西奥德的故事很容易让人与墨利刻耳忒斯(Melicertes)相联系，尽管墨利刻耳忒斯只是个孩子，而赫西奥德却年岁已高。海豚救起他们俩时，他们都已死亡，他们都因海豚相助而得体地被葬在陆地上，并获得英雄的赞誉。我们注意到在赫西奥德的故事里，海豚出手相救象征了人们对赫西奥德本人及其诗歌的敬仰，那么在墨利刻耳忒斯这个孩童的故事里，海豚相救又意味着什么呢?

伊诺怀抱着儿子墨利刻耳忒斯跳海导致了儿子的死亡。[68]有些版本说伊诺在跳海之前就把他放进大锅里煮死了。[69]伊诺跳海之后变成了琉喀忒亚女神(Leukothea),专门帮助像奥德修斯那样遇险的水手(*Od.* 5.333-338)。墨利刻耳忒斯的尸体被海豚救出后带到伊斯特摩斯(Isthmus),国王西绪福斯(Sisyphus)①发现后埋葬了他。为了纪念他,西绪福斯还举办了伊斯特摩斯竞技会,并给他取名叫帕莱蒙(Palaemon),意思是“摔跤者”。[70]

与赫西奥德一样,海豚一直把墨利刻耳忒斯送到他的安息地,确保他能入土为安。我们再次看到了海豚对遇难人的同情以及对下葬的重视。此外,海豚传达了神的旨意,因为它确保墨利刻耳忒斯被妥善安葬,并获得英雄的荣誉。事实上,我们的许多资料都提到伊诺和墨利刻耳忒斯变成琉喀忒亚和帕莱蒙是诸神(比如狄俄尼索斯、波塞冬、海中神女和维纳斯)的旨意,[71]伊斯特摩斯竞技会也是在海中神女的要求下举行的。[72]因此,海豚的行为反映了神的意志,墨利刻耳忒斯必定从海上获救,必定在伊斯特摩斯竞技会上获得荣誉。

伊斯特摩斯当地对帕莱蒙的祭礼是在波塞冬的辖区内举行的,与海神祭礼和为纪念海神而举行的运动会关系密切。[73]伊斯特摩斯当地对波塞冬的崇拜早在公元前8世纪就有了,对帕莱蒙的崇拜起源于何时尚不清楚。[74]品达的《伊斯特摩斯》

① 又译西西弗斯。

残篇(*Isthm.* fr. 5-6 Snell-Maehler)提到墨利刻耳忒斯葬在伊斯特摩斯，这被视作当地崇拜帕莱蒙的最早证据，[75]但是即便对今天的伊斯米亚(Isthmia)进行大规模的考古发掘之后，还是没有确凿的证据证明在前罗马时期就有这样的崇拜。[76]我们关于墨利刻耳忒斯-帕莱蒙神庙和给这个孩童英雄献祭的最早考古证据可以追溯到罗马时期，即公元前146年穆米乌斯(Mummius)洗劫科林斯之后伊斯特摩斯被遗弃的一段时间里。那时，伊斯特摩斯神殿被毁，波塞冬的大祭坛被铲平，神殿的地基成了大马路。不过，在奥古斯都时期或者更早的时候，罗马当局批准在伊斯特摩斯重开竞技会，但是竞技会似乎直到尼禄统治时期才真正开始。[77]因此，尽管对墨利刻耳忒斯-帕莱蒙的崇拜很可能在前罗马时期就有——在泛希腊运动会上对其他儿童英雄比如俄斐尔忒斯(Opheltes)的崇拜提供了令人信服的相似性[78]——但并没有无可争议的考古证据。

从公元前146年科林斯沦陷到公元前44年恺撒建立科林斯殖民地期间，伊斯米亚被遗弃，[79]导致当地宗教崇拜出现明显的断裂。[80]当伊斯米亚再度被占领时，新住民来自希腊世界的各个角落，还有希腊化的罗马地区，这些人很可能对当地传统的宗教崇拜活动一无所知。根据皮埃尔(Piérart)的说法，殖民者来到伊斯米亚之后并没有按照当地的旧俗翻修建筑，振兴竞技会，或者恢复宗教崇拜，而是根据著名的神话传说来解释他们发现的那些被毁的建筑和设施。[81]皮埃尔认为，在波塞冬神庙附近的地下水利设施曾被当作墨利刻耳忒斯神庙的密室，这些设施包括一个连接两个水库的错综曲折的地下走廊。这些水渠早在波塞冬神庙建造之前就废弃了，最初是用来给早期体育场跑道洒水用的，早期体育场就在后来的神庙附近。由于废弃已久，这些水渠的功用也就不再为人所知。然而，众所周知的海豚救尸的神话让后来的殖民者猜想，波塞冬神庙附近的地下隧道很可能就是这位已故儿童英雄的坟墓。受这种学说的影响，小菲洛斯特拉托斯(Philostratus)在他的作品《画记》(*Imagines* 2.16)里写道，地下墓穴是波塞冬自己开辟的，他在伊斯特摩斯的地下劈开一个密室以便安放墨利刻耳忒斯的尸体。于是后来的人们就在旧的地下水利设施上建造了一个圆形的神庙献给帕莱蒙，纪念那个安眠于此的海豚背上的孩子。[82]传说帕莱蒙本人就藏在这个墓穴里，[83]而且据说地下圆顶坟墓与死人和冥界的神相通，且多建于隐匿处，因此用圆形的墓冢是合适的。[84]

认为死去的小英雄帕莱蒙住在地下墓室里的想法催生出一种具有强烈冥府色彩和神秘色彩的信仰活动。[85]据说参加伊斯特摩斯竞技会的运动员们会在比赛的前一晚进入地下墓室向帕莱蒙宣誓。[86]这种做法当然表现了年轻运动员誓言的严肃性，通过宣誓，他们与冥界力量达成一个神圣的契约。帕萨尼亚斯(2.2.1)指出，任何一个在帕莱蒙墓穴宣过誓的科林斯人或外国人都不可能靠要阴谋诡计逃脱誓言的约束。在希腊和罗马文化中，誓言常常与冥界的力量相关，尤其是诸神对冥河起的誓。此外，许多宣誓仪式要求双方的脚浸在水中，颇似模仿对冥河起誓的样子。[87]也许正是因为这个原因，罗马殖民者发现这个地下墓室很适合用来宣誓。由于地下设施有明显的取水标志——虽然附近已没有任何水源，水库也已失修——他们设想那里曾举行过庄严的宣誓仪式。皮埃尔指出，古典时期的运动员不太可能在那里宣誓，因为这种宣誓是公开的，需要负责登记宣誓的地方法官在场。[88]尽管如此，这种地下设施的概念向我们传达了罗马时期的崇拜者对帕莱蒙的看法。

伊斯特摩斯当地对墨利刻耳忒斯-帕莱蒙的崇拜证明小英雄已逝的事实。罗马诗人斯塔提乌斯(Statius)的《忒拜战记》①(*Thebaid* 6.10-14)坚持认为帕莱蒙祭礼是在夜里举行的，并提到在祭礼仪式中会唱挽歌。此外，对帕莱蒙的祭礼还包括在夜间向献祭坑投祭黑公牛的环节，[89]这种祭祀通常是献给死者的。[90]把动物投进坑里象征着向地府神灵献祭，因为动物被投进坑里就好像给土地吃了。[91]在帕莱蒙神庙的考古挖掘发现了三个这样的祭祀坑，时间从公元1世纪到公元3世纪不等，三个坑都在帕莱蒙的地下墓穴附近，坑里有烧焦的动物骨头、陶器和灯等。[92]

帕莱蒙的祭礼除了具有葬礼和冥界特征以外，雅典人菲洛斯特拉托斯还认为它具有狂欢性，“就像一首最早的神启挽歌”。[93]而小菲洛斯特拉托斯在他的《画记》(2.16)里把帕莱

① 又译《底比斯战纪》。

蒙祭奠仪式称作“秘密崇拜”，并指出这是由西绪福斯设立的秘密仪式。普鲁塔克的《忒修斯》(25)则把对帕莱蒙的夜间祭祀称为“秘密宗教仪式”。关于这些秘密的仪式再没有其他更多留存下来的资料，但用来描述这些“秘密仪式”的词句与描写其他神秘崇拜的词句一样，都会强调阴间的象征、生死的对立、遇见神等因素，比如厄琉西斯秘仪和狄俄尼索斯祭仪等。因此，崇拜者们可能认为在晚上去给死去的墨利刻耳忒斯献祭就可能直接遇见他，这也是宣誓仪式的目的。

把对墨利刻耳忒斯-帕莱蒙的崇拜和酒神崇拜进行比较是有道理的，因为无论是帕莱蒙崇拜还是伊斯特摩斯的地方崇拜都与酒神狄俄尼索斯有关。[94]帕萨尼亚斯(I. 44. 7-9)坚称墨利刻耳忒斯与狄俄尼索斯是亲戚，这个孩子是狄俄尼索斯的侄子①，因为其母伊诺是卡德摩斯的女儿，塞墨勒的妹妹。塞墨勒死后，狄俄尼索斯就由伊诺抚养。第五章我们会讨论伊诺是酒神的第一个祭司。有的科林斯硬币上刻着墨利刻耳忒斯-帕莱蒙手执酒神的权杖骑在海豚背上。[95]在伊斯米亚，与酒神狄俄尼索斯密切相关的松树(酒神的权杖是用松木制作松果球装饰的)[96]也与墨利刻耳忒斯密切相关。帕莱蒙神庙旁边的波塞冬神庙里有很多松树，有一棵就在墨利刻耳忒斯的祭坛旁边。[97]很多硬币上也有小孩、海豚和松树的图案。[98]菲洛斯特拉图斯认为，向墨利刻耳忒斯献祭黑公牛可能与波塞

① 此处疑为作者笔误，既然这个孩子的母亲伊诺与狄俄尼索斯的母亲塞墨勒是姐妹，那么二人应该是表兄弟关系。

冬有关,[99]但也可能与狄俄尼索斯有关。[100]

与酒神狄俄尼索斯的关联和浓重而神秘的阴间色彩表明,墨利刻耳忒斯-帕莱蒙崇拜至少在罗马时期就有两种截然不同又密不可分的含义。含义之一,墨利刻耳忒斯死后由海豚托上岸,被埋在伊斯特摩斯,当地兴起对他的崇拜,这无疑是对他的安抚。[101]海豚代表神的意志来拯救无辜死去的孩子,帮他返回陆地得到安葬,这一点与赫西奥德的传说相似,两个主人公都在神的帮助下超脱枉死,获得美誉。[102]含义之二受伊诺神话中酒神因素的影响甚深,这种影响最早见于欧里庇得斯的《美狄亚》,盛行于罗马时期。[103]墨利刻耳忒斯神话和墨利刻耳忒斯崇拜都是在狄俄尼索斯的庇护下超脱死亡和悲痛的范例。因此,海豚可以视作狄俄尼索斯的特别信使,这也是海豚经常扮演的角色,比如在《荷马赞美诗·致酒神》中,又比如在宴饮画面中,海豚就是神和崇拜者之间的直接纽带(见第六章)。墨利刻耳忒斯死亡时出现海豚意味着有神的庇护。酒神狄俄尼索斯特别适合这个角色,因为人死后赴黄泉的事由他掌管,而且对他的崇拜能让崇拜者与他直接接触。例如,在雅典人纪念酒神的花月节(Anthesteria)期间,新酒罐打开后死人会在城中漫步。阿里斯托芬的《蛙》有一节以描绘神降临阴间而著名,表现的可能就是花月节。另外,人们认为迈那得斯和所有参加宴饮的人在酒后的迷狂中能直接接触到酒神本人。因此,墨利刻耳忒斯神话和墨利刻耳忒斯崇拜中的酒神因素强调了这样一种观念:崇拜者可以通过向死者献祭和神秘的庆祝活动与死去的儿童英雄直接接触。

城邦创建者、海豚骑士和德尔斐

以上三个神话故事突出了人死之后借助大海向来世的转变，另一组神话故事则关注在德尔斐的阿波罗保护下的殖民活动。在这些神话中，海洋是阻隔殖民者到达新城的危险空间。勇敢的人们冒险渡海，沉船溺水后海豚把他们救起。城邦创建者遭遇船难意味着什么？为什么海豚是合适的救援者？要回答这些问题，“德尔斐的阿波罗”显然是个重要因素，但我们也不能忘记以上三个神话研究中海豚在人、鬼、神之间的中介作用。细致的分析会让我们发现，看似没什么联系的不同故事之间却有着惊人的一致性。

厄那洛斯

厄那洛斯的神话属于莱斯沃斯创建神话的一部分，在雅典的希腊历史学家安提克利德斯(Anticleides)、莱斯沃斯的历史学家密尔昔洛斯(Myrsilus)以及普鲁塔克的《七贤宴谈篇》(*Banquet of the Seven Sages*)的一些残篇里都有这方面的记载。[104]根据这些作者的说法，神谕(安提克利德斯和普鲁塔克认为是德尔斐神谕，密尔昔洛斯认为是安菲特里特神谕)要求殖民者给波塞冬献祭一头公牛，给安菲特里特献上一名童女，要求把公牛和童女从一个叫墨索革昂(Mesogeion)的海角扔进大海。普鲁塔克的描述详细到包括如何选择献祭哪家的女儿。据他说，前往莱斯沃斯的探险队里有8名首领，除了一个未婚以外，其余七人抓阄决定牺牲谁的女儿。结果是斯明透斯(Smintheus)的女儿。他的女儿正要被抛入大海时，探险队中一直爱着她的年轻贵族厄那洛斯——意思是“住在海里的人”——跳起来把她紧紧地抱在怀里，双双消失在茫茫大海。后来，厄那洛斯又出现在莱斯沃斯岛，他说一只海豚救了他和斯明透斯的女儿，并把两人安全地送到了岸边。当滔天巨浪奔袭小岛时，所有的岛民都惊恐万状，厄那洛斯却径直走向巨浪。一群章鱼跟着他到了波塞冬的圣殿。最大的章鱼身上带着一块石头，厄那洛斯把它献给了波塞冬。

安提克利德斯略去了海豚的干预。他只写了斯明透斯的女儿再也没有回到莱斯沃斯岛，而是留在海里和海中神女住在一起，厄那洛斯则在海底给波塞冬喂马，也能借助巨浪的冲力回到岸上。厄那洛斯有一个工艺惊人的金杯，似乎证明了安提克利德斯叙事的真实性。

以上两种叙述中，跳入大海的厄那洛斯和心上人本该被淹死，结果却像阿里翁一样到了神的世界。在密尔昔洛斯的报告中，海豚扮演着拯救落海者的惯常角色，同时也是神向世人启示的手段。此外，通过拯救一个神谕要求献祭的牺牲者，海豚传达了神的意志，表示献祭的目的不是要受害者死，而是神和殖民者之间的交换和契约。大海是这一交易和启示的场所，因此海豚拯救的恋人表现了神对莱斯沃斯的护佑。

厄那洛斯在巨浪中幸存下来证明他是受神保护的，追随他的章鱼表明他在大海中的非凡地位。普鲁塔克(*Conv.* 163c-d)说，这让厄那洛斯有理由向莱斯沃斯岛的人们讲述他被海豚搭救的事，却并没有具体说明是怎么回事，但可能就是指安提克利德斯说的厄那洛斯在海里给波塞冬喂马的事。安提克利德斯更清楚地表明厄那洛斯和心上人是受神保佑的。斯明透斯的女儿(一直都没名字)成了海中神女的伙伴，厄那洛斯显然看到了波塞冬的水下王国，因为他说给海神喂过马。他回来后向莱斯沃斯岛民展示的金杯相当于巴克基利得斯的《颂歌 17》中忒修斯入海后带回的斗篷和王冠(参见第三章)，切切实实地证明了神的恩宠。

事实上，这些资料清楚地表现了厄那洛斯和斯明透斯之女超越了凡人经验的界限。普鲁塔克和安提克利德斯都用“出现”一词描述这对恋人的消失和再现。安提克利德斯说，“两人都消失在巨浪里。”普鲁塔克的《七贤宴谈篇》(163c)写道，“他们说厄那洛斯后来又出现在莱斯沃斯岛。”语言的选择并非盲目的，因为它表明这对恋人已经进入了神的不可见世界，而厄那洛斯回到莱斯沃斯岛实际上是现身证明神的护佑。同样是在这部作品里，普鲁塔克也用动词“出现”来描述阿里翁被海豚搭救：“他可能作为一个受神保佑的人出现。”(*Conv.* 161e)这也很像巴克基利得斯的《颂歌 17》(119)描写忒修斯从海上归来："他出现在细长的船尾。"这三个故事里的凡人都去神的世界走了一遭后回来证明神的保佑。与忒修斯和阿里翁一样，厄那洛斯也到海底世界走了一趟，不仅活着回来了，还向世人确认了神的眷顾，又变回人并成为人们的领袖。[105]这三个故事里，海豚都是人类旅途中的向导和救星（参见巴克基利得斯的《颂歌 17》第 97–98 页），因此也是人和神之间的中介。

厄那洛斯的年轻爱人很快就在叙事中消失了。她要么和厄那洛斯一起回到了莱斯沃斯岛——资料没有提供更多细节——要么永远消失在大海，加入了海中神女的行列。正如博纳谢尔（Bonnechere）所言，这是著名的"哈得斯新娘"母题的一个实例。[106]她为了众人的福祉而被牺牲，放弃了婚姻和女性身份。不过，她的英年早逝最终因为进入神的世界而得到了补偿。

我们将在第五章看到，对年纪轻轻就跳海的女性来说，这是一个常见的模式。她们通常以海中神女的身份留在海里，或者以女英雄和女神的身份在陆地上接受崇拜，而不是像那些男性主人公那样作为神的宠儿回到人间。她们也会变成水鸟向世人表明她们已经到了神的国度。尽管男性和女性都可能在跳海后到达神的世界，却只有男性能够载誉归来，并享有崇高的社会地位和政治地位。对女性来说，跳海是一条不归路，尽管她们因脱离凡间而被神化，却不会回来讲述发生的事。

塔拉斯和法兰托斯

跟厄那洛斯的故事一样，塔拉斯(Taras)和法兰托斯(Phalanthus)的故事都与创建神话有关，也就是他林敦的创建神话。塔拉斯和法兰托斯联系如此紧密，以至于古人往往无法分辨这两个英雄。根据帕萨尼亚斯的记载，塔拉斯是波塞冬与意大利南部一个名叫萨堤里亚(Satyria)的仙女生的儿子，他把自己的名字给了他林敦城(该城在希腊语中叫“塔拉斯”)。[107]帕萨尼亚斯又有文字说他林敦的创始人是一个斯巴达人，名叫法兰托斯，奉德尔斐神谕的命令，作为帕耳忒尼俄斯人(Partheniae)的领袖来到意大利。[108]他在德尔斐附近的海湾(the Crisaian Bay)失事后被海豚救起并带到未来城市他林敦所在地。[109]塞尔维乌斯(Servius)①认为塔拉斯是他林敦的创始人，也是斯巴达的帕耳忒尼俄斯的首领，后来由法兰托斯接管，他林敦得以繁荣发展。[110]

他林敦这个词让人困惑。从古典时期开始，许多他林敦硬币上都刻有一个海豚骑手，手里拿着蛇或海豚抑或三叉戟。我们并不清楚这些硬币上的图案描绘的究竟是塔拉斯还是法兰托斯。亚里士多德断言硬币上的海豚骑手就是塔拉斯，因为 ΤΑΡΑΣ 这个词就铸造在硬币上。[111]然而，根据造币的通常做法，硬币上的文字更有可能是指城市的名字，而不是指某

① 公元4世纪罗马作家，拉丁文评注家，著有对维吉尔的评论文章。

个英雄。由于资料来源彼此矛盾，各派学者提出的观点也没能解决这个问题。[112]说到底，与其死磕这些硬币上描绘的究竟是塔拉斯还是法兰托斯，还不如去关注他林敦人从古典时期起就用海豚骑士来代表他们的城市这个事实。很显然，海豚骑士的形象代表神的使者海豚拯救城市创建者这一奇观，之后他才像德尔斐神谕所说的那样建立了这座城市。因此，这个故事让他林敦成为一个根据神的旨意在神的帮助下建立起来的城市。

类似的塔拉斯/法兰托斯的问题还出现在帕萨尼亚斯描述的公元前 5 世纪由他林敦人为了还愿在德尔斐竖立的一个雕塑上。该雕塑是为了纪念他们战胜普切提亚人(Peucetians)而立的。[113]帕萨尼亚斯的文字表明，该雕塑上有死去的敌方国王、几个他林敦骑士和士兵、塔拉斯、古斯巴达人法兰托斯，还有法兰托斯旁边的一只海豚。学者们用这最后一个事实来证明他林敦硬币上的海豚骑士就是法兰托斯。然而，雕塑上的英雄在海豚“旁边”，而不是骑在海豚身上。利昂·拉克鲁瓦(Léon Lacroix)认为，帕萨尼亚斯所述雕塑上的海豚只是代表了奉神谕创建的他林敦城，就像西芹代表了奉神谕创建的塞利努斯(Selinous)一样。[114]拉克鲁瓦进一步指出，关于遇难的创始人——无论他是塔拉斯还是法兰托斯——的传说，似乎是德尔斐人捏造出来解释他林敦奉献的雕塑上的海豚的。[115]值得注意的是，帕萨尼亚斯是在描述雕塑之后讲述法兰托斯沉船和海豚救援的故事的；很可能他对纪念碑的理解来自他听到的故事。

德尔斐的创建神话

在德尔斐，关于塔拉斯/法兰托斯被海豚拯救的传说就像德尔斐的创建神话一样家喻户晓。在《荷马赞美诗·阿波罗》中，阿波罗化身成海豚把克里特水手带到德尔斐建立阿波罗的圣殿。神话中的神幻化成海豚是为了把他未来的祭司带到德尔斐建立圣所。以海豚示人的阿波罗是克里特水手的领路人和保护神，与本章前面研究的故事中的海豚一样，也是向人类传达神意的使者。

> 当我在雾蒙蒙的海面上首次以海豚的形象跳上那艘疾驶的大船，
> 请称呼我德尔斐的阿波罗；
> 祭坛也要取名“德尔斐的阿波罗”，
> 它将永世昭彰。
>
> （*Hymn. Hom. Ap.* 493–496）[116]

我们注意到在这段文字中，阿波罗也是在海上显露真身的，与忒修斯和厄那洛斯参观了神的水下宫殿之后在大海现身一样。正如前文所述，海洋很适合作为人与神之间的媒介空间。[117]我们注意到文中“雾蒙蒙”一词也恰如其分。我们在第一章讨论过，海洋与大洋河和冥界一样都具有雾蒙蒙的特点。雾是空气、水和泥土的混合物，它标志着世界不同区间的汇合点。[118]这些关联在《荷马赞美诗·阿波罗》的这段文字叙述中，凡人与神交流的瞬间，突出体现了神的意志。神进入人的国度，召唤水手成为祭司，德尔斐成为全希腊人崇拜的地方，德尔斐的阿波罗的海豚形态代表人类和神之间的交流，因为人们认为海豚能够跨越凡人和神的领域。

德尔斐的创建神话还有另一个版本。阿波罗和仙女吕喀亚(Lycia)生的儿子伊卡狄俄斯从家乡出发前往意大利，[119]途中遭遇海难，被一只海豚带到德尔斐。为了纪念救命恩人，他在那里建了圣殿并命名为德尔斐。这显然是圣殿名字的由来。在古代，"德尔斐"的意思是"海豚"或"发源地"。我们发现这个版本中的海豚也是将创始人带到建立圣殿的地方，传达了神要建立圣殿的意志。伊卡狄俄斯原本要去意大利的，后来却到了德尔斐，这种改变表明神的意志高于人的意志，人类不可能先知先觉自己的命运。[120]

有观点认为，这些德尔斐的创始神话说明了德尔斐的阿波罗作为德尔斐的创建和殖民化的庇护者的神性人格。[121]的确，从各种祈祷词，尤其是德尔斐神谕来看，阿波罗都与殖民地化密切相关。[122]在整个古希腊时期，对德尔斐的阿波罗的崇拜在整个地中海地区流传甚广。[123]而且阿波罗可能还与航海密切相关。[124]然而，"德尔斐的阿波罗"还有另外两层更为重要的含义：其一，他是城邦中央机构尤其是司法制度的保护神；[125]其二，他也是希腊男青年的保护神。[126]

含义一清楚地体现在我们本节已经讨论的神话中，这些神话故事都集中表现了新城市的建立和殖民化；含义二，即对希腊男青年的保护，对我们的研究尤为重要，因为它关乎英雄成年的神话。可以说德尔斐的阿波罗与忒修斯的传说有很深的渊源，忒修斯是青年长大成人的原型。忒修斯向德尔斐的阿波罗神庙敬献了克里特公牛；[127]他本来谋杀了西尼斯(Sinis)和普罗克汝斯忒斯(Procrustes)，却在德尔斐的阿波罗神庙被无罪释放；[128]认为忒修斯是埃勾斯之子的版本里，他的父亲是在未来的德尔斐阿波罗神庙里认出他的；[129]去克里特岛之前他向阿波罗神庙献祭，这开了雅典每年向阿波罗神庙献祭的先河。[130]另外，人们在埃伊纳岛(Aegina)[131]和米利都[132]举行希腊青年比赛来纪念德尔斐的阿波罗。《希腊诗文选》(6.278)里赫里亚努斯(Rhianus)的讽刺短诗证明了德尔斐的阿波罗对青年的保护作用，至少在希腊化时期是这样：

> 阿斯克勒庇阿得斯(Asclepiades)①之子戈耳戈斯(Gorgus)从他迷人的脑袋上
>
> 取下美丽的头发作礼物献给了美丽的太阳神福玻斯(Phoebus)。
>
> 福玻斯，仁慈的德尔斐的阿波罗，让这孩子快乐地成长，直到白发苍苍。

---

① 古希腊医神。

在这首大概是虚构的短诗中，阿斯克勒庇阿得斯的儿子戈耳戈斯把他的头发献给德尔斐的阿波罗。年轻人祈求神的怜悯，想要健康长寿。短诗把阿波罗描写成尚未成年的年轻人的保护神，神的护佑会让他们度过脆弱的青年时期，长大成人。

《荷马赞美诗·阿波罗》把德尔斐的阿波罗描述成一个尚未成年的青年。[133]维莱特(Vilatte)认为颂歌中的阿波罗以海豚形象示人标志着他从青年到成年的转变。[134]的确，在向克里特人显露真身之前，阿波罗杀死巨蟒皮托(Pytho)，惩罚忒尔福萨(Telphusa)，才获得对德尔斐的控制权。他以海豚的形态建立权威，向受惊的克里特人下达命令。然后再次变化形态，先是神光四射，最后变作一成年男子。[135]由此可见，颂歌中的阿波罗神正处于向成年过渡的时期。在本章的前半部分，我们已经看到海豚代表生、死和神等各种存在状态之间的转换。这里我们发现海豚也可以代表青春期向成年期的过渡，这在厄那洛斯和伊卡狄俄斯的故事中可能也有所暗示。

与此相反，在希腊化时期和罗马时期，很多海豚故事里年轻的海豚骑士都尚未成年就夭折了，其中最著名的当属在卡里亚(Caria)的伊阿索斯(Iasus)流传的一则故事。名叫赫耳弥亚斯(Hermias)的英俊少年驯服了一只海豚，并与之建立了特别的友谊。[136]埃利安认为海豚与少年其实是相爱了。一天，少年和海豚像往常一样玩耍时，一不小心海豚的背鳍刺死了男孩。海豚伤心欲绝，把男孩的尸体托上岸，自己也上岸死在男孩身边。普林尼也讲了一个流行的故事：一只驯服的海豚每天托着少年往返于家和学校之间。[137]后来男孩生病死了，海豚上岸来哀悼，最后也死了。类似的故事还流传于亚历山大、[138]希波迪亚里图斯(Hippo Diarrhytus，今突尼斯的比塞大)、[139]利比亚、[140]伊娥斯(Ios)、[141]安菲洛科斯(Amphilochos，即Cilicia，今土耳其奇里乞亚地区)、[142]亚该亚(Achaea)[143]和波罗塞勒涅(Poroselene，小亚细亚海岸外的一个小岛)等地。[144]

所有这些故事都表现了海豚和人间少年之间的爱情，学者们就认为，这是希腊化时期和罗马时期风行的骑海豚的爱神厄洛斯图像的衍生品，[145]还有人援引现代孩子们骑在驯服的海豚背上的例子来证明这些古老传说的可信度。[146]尽管这些故事确实突出了海豚友好的天性，骑在海豚背上的爱神厄洛斯画像在那一时期颇受欢迎的事实也确实不容忽视，有一点却应该引起我们的注意：这些故事的主题都是死亡，主角都是青少年。[147]故事里海豚把少年的尸体带到岸边埋葬而不让它留在海里，表现出海豚对安葬死者的关切。故事中海豚跟着少年死亡而死亡，表明少年未能走向成年，而是走向来世。

小　结

海豚在人、神和死者之间架起了桥梁，因此与大海一样具有媒介作用。海豚的这种作用在希腊造像艺术中也有明显体现，各种图像中的海豚常常突出了宇宙不同居民之间的交互瞬间。例如，在梵蒂冈博物馆一只著名的水罐上，[148]在两个跳跃的海豚之间，阿波罗乘着带翼的三足鼎飞越大海。画作上部阿波罗神不同寻常的交通工具与画作底部在水中游来游去的普通鱼儿和章鱼对比鲜明。画家把这两种符号并置，表现了凡人与神的对接。阿波罗神从天而降，在深不见底的大海上空盘旋，这可能是他每年从德尔斐飞往北方乐土时显露真身的写照。[149]

画面中的海豚出现在海天之间，正好在海浪上面，这个空间在希腊人的概念里是凡人和神之间的中间地带。[150]海豚优美的身体曲线在他上方的神眼里就像一座桥，形象地表现出海豚的桥梁作用。这幅作品与《荷马赞美诗·阿波罗》中描述的阿波罗现身的场景一模一样，荷马笔下的阿波罗神化身为海豚跃出水面。[151]我们还记得普鲁塔克描述阿里翁跳海的情景（*Conv.* 161d）：“他的整个身体还没完全没入大海，一群海豚游过来将他托出水面。”另外，黎明神和太阳神每天驾着马车从大洋河出来照耀天空，海豚就在他们的马车前跳跃。[152]所有这些例子中的海豚总是出现在天空和大海之间，标志着人和神之间的接触。[153]因此，图像中的海豚很少是在水下出现的。跃出海面的海豚象征着人类与神的互动。人们常说海豚是大海的象征，但是海豚绝非只是海洋背景的象征，在更深层次上，海豚与大海一样是不同的存在状态之间的媒介。[154]

第五章 天降神迹？跳海、女人、变形

弗斯内尔(Versnel)说，“投海自尽一类的事件事实上都会被英雄化。”[1]在早些时候的一篇文章中，加利尼(Gallini)也持同样观点，还指出跳海可以解决生存危机。[2]他总结了投海自尽后的三种结果：像英雄成长神话里一样找到自己的群体；之前所有的杀戮、犯罪和感情创伤都一了百了，灵魂得到净化；像厄琉西斯秘仪上的年轻人一样浸入大海完成神秘的成人式。无论是哪种结果，主人公的跳海都能换来更高的意识状态，要么被英雄化，要么被神化，要么得到神的启示。这样的主题总结确实很规整，但其中的具体情况和不同结果却不尽相同。加利尼本人也承认，任何试图一网打尽的结论都像把人放在普罗克汝斯忒斯的床上一样(Procrustean bed)有强人所难，削足适履之嫌。[3]然而，跳海的确产生了一些不同凡响的转变，对这种情况我们该做何解释？在希腊人的想象中，大海在这种转变中又起着怎样的作用呢？

跳海意味着什么？

首先，我们必须弄清楚跳海在希腊文化中意味着什么，人们用来描述跳海的词语所表达的意思又是什么。最常用来表示自愿跳海的动词有“掉下去，扔下去”(piptein)，“扔下去”(rhiptein)和“跳水，游泳”(kolymban)。[4]虽然这些动词各有其特定的含义，却都有“暴力”和“在空中飞翔”之意。尚泰(Chantraine)认为rhiptein意味着精力充沛和暴力，[5]其派生名词ῥῖφις表示“抛出”或“被抛出”之意。rhiptein还与许多表示“吹”“通风”“扇风”的词相关等。同样，piptein既表示快速运动又表示非物质性，作动词时意为“倒下，躺下，降落到”，其词根也有“落在某人身上的东西；命运”之意。[6]尚泰还指出，piptein与表示“飞翔”的动词petesthai同词根。kolymban意思是“跳水，游泳”，但是根据尚泰的研究，这一类同根词(如“跳水”“潜水员”“扔到水里”等)源自一只鸭子的名字kolymbis，这只鸭子得潜入水里寻找食物。[7]因此，kolymban一词是说跳水者或潜水员就像一种水陆两栖的鸟。结合这两个动词的含义，我们得出结论：跳海是一种会导致在陆地、空气和水之间产生瞬间飞行状态的激烈动作。

跳海是极度烦恼时的冲动。例如，欧里庇得斯的《美狄亚》第1287行用动词“倒下，扔下”(πίτνει)来描述伊诺杀死自己的孩子后发疯跳海的样子。在《独眼巨人》(164－174)里，欧里庇得斯用 rhiptein 描写发情的西勒诺斯喝醉酒后从莱夫卡斯岩(Leucadian Rock)跳下①。阿那克里翁(Page fr. 31)用 kolymban 一词描述宴谈者常用喝醉酒的感觉来表达坠入爱河就好像从莱夫卡斯岩跳海的感觉一样。柏拉图的《理想国》(453d)也用 kolymban 一词来形容辩论棘手的婚姻和子女问题简直就像跳海一样让人晕头转向。[8]于是苏格拉底开玩笑说，像海豚这样罕见的救世主可能会把辩论者从苦海中救出，这显然是在暗指另一个跳海者——阿里翁的故事。[9]所有这些例子中的跳海者都处于严重的精神苦闷或谵妄状态。

跳海的人遭受强烈的精神错乱常被描述为疯癫，甚至是狄俄尼索斯式的癫狂。在《独眼巨人》(164－174)里，欧里庇得斯两次用“发狂”来描述西勒诺斯的迷狂状态。[10]他还用这个词描述伊诺跳海时的样子(《美狄亚》1284，“众神让伊诺发了狂”)。《求援女》(*Suppliants*，407－409)中的佩拉斯戈斯(Pelasgus)告诫达那伊得斯姐妹们时，作者埃斯库罗斯也将跳海与疯癫联系起来：

你需要深入有益的思考，就像一个潜水员，

要带着敏锐的目光进入深渊，而不是一味地发酒疯。

① 在靠近希腊西海岸的莱夫卡斯岛上，传说诗人萨福(Sappho)为情所困而在此跳崖自杀。

在这段文字中，埃斯库罗斯把陷入烦恼(例如 Pl. *Resp.* 453d)比作醉酒时的忘乎所以的感觉(如阿那克里翁，Page fr. 31)，这样的双重隐喻表现了达那伊得斯的困境就像大海一样深，试图解决困境无异于掉进无底深渊。醉酒的比喻之所以被埃斯库罗斯信手拈来，是因为该剧是在酒神节期间演出的。在这个节日里，美酒和酒后的醉态是所有悲剧、喜剧和滑稽羊人剧的重要组成部分。此外，喝醉的人无法进行理性思考，达那伊得斯姐妹的艰难处境让她们无法理性思考，冲动之下跳海正是非理性的表现。跳海是人类在无法理解的现实面前彻底地心理失控的表现。[11]毫不夸张地说，跳海无异于跳进了疯狂的旋涡，不管那是愉快的旋涡还是痛苦的深渊，也不管是不是与酒神节有关。用隐含“无形的”和“飞翔的”概念描述跳海的行为，其实是说肢体的动作只是灵魂向前猛冲的外在表现罢了。

跨越宇宙边界

跳海能打开一条脱离寻常世界进入另一种意识状态的通道，欧里庇得斯的《独眼巨人》(164-174)和阿那克里翁笔下(fr. 31 Page)从莱夫卡斯岩跳海就是这样。纳吉(Nagy)指出，《奥德赛》里的白岩(White Rock，即莱夫卡斯岩)是冥府的入口，也是通往梦想之地的大门(*Od.* 24. 11-12)。[12]因此，从白岩上跳海表示赴死或另一种意识状态，如梦、疯狂、醉酒或爱。

从莱夫卡斯岩跳海使人们彻底脱离正常生活，故而它也可以导致新生，尤其能让那些因爱而狂的人发生改变，或者像阿那克里翁和西勒诺斯那样沉醉爱河，或者像米南德（Menander，公元1世纪雅典的剧作家）的《莱夫卡斯姑娘》（*Leucadia*）中的萨福那样彻底摆脱爱情（Strab. 10.2.9）：

> 它主要描写了莱夫卡斯的阿波罗神庙以及据说能结束爱情的纵身一跳。
>
> “据说萨福是第一个在这里跳海结束爱情的”，米南德说，“她爱上了傲慢的法翁（Phaon），
>
> 备受爱情折磨的她对天发誓，从老远就能看到的岩石上跳了下去。”

米南德以及后来的文字资料都显示“莱夫卡斯跳海事件”发生在莱夫卡斯岛上一个很高的白色悬崖上。[13]目前还不清楚阿那克里翁和欧里庇得斯资料中的跳海究竟是在这个悬崖上还是在《奥德赛》虚构的白色岩石上，但是米南德笔下的跳海动机和结果与欧里庇得斯和阿那克里翁描述的一样。饱受爱情煎熬的萨福为了那个冷漠的法翁毅然决然地从莱夫卡斯岩上跳了下去，她的疯狂程度毫不逊色于此前的跳海者。折磨萨福的牛虻也是一个疯癫的意象，比如伊娥故事中的牛虻。[14]

牛虻也常见于酒神节的场面，常常令酒神的狂女迈那得斯脚步蹒跚，东倒西歪。[15]最后，柏拉图在《斐德罗篇》(265 b)指出，爱情本质上是一种疯狂（“我们说为爱痴狂是最好的疯狂”）。爱到迷狂的萨福像西勒诺斯和阿那克里翁笔下的宴谈者一样纵身跳海，给该段文字渲染了浓重的酒神色彩。跳海后的萨福忘记了法翁，西勒诺斯纵身一跃就忘记了痛苦（“忘记了忧愁”，Eur. *Cyclops* 174）。[16]跳海的行为改变了跳海者的意识状态，从而使其获得新生。[17]

为什么跳海自杀会产生这样的结果？公元1世纪的神话作者托勒密·肯诺斯(Ptolemaios Chennos)用阿芙洛狄忒的故事做了说明。阿芙洛狄忒拼命找寻死去的情人阿多尼斯(Adonis)而不得，于是她去塞浦路斯阿尔戈斯(Cypriote Argos)的阿波罗神庙向神请教。[18]阿波罗神把她带到莱夫卡斯岛让她跳崖。跳崖后的阿芙洛狄忒就不爱阿多尼斯了。她问阿波罗神为什么会这样，神回答说，当初宙斯就是坐在莱夫卡斯岛上才摆脱了对赫拉的爱情。由此可见，在莱夫卡斯跳海能让人结束眼前的状态而获得新生，就连神也不例外。和那些在莱夫卡斯跳海的人一样，宙斯也发生了心理变化，从激情中解脱了出来。不过，宙斯并没有从悬崖上跳下去。作为奥林匹斯山上众神之首，他既没有死也没有去阴间，因此也没有越过白岩所标示的冥府之门。至于阿芙洛狄忒，爱人已逝，她跳海求死，然后重生。事实上，这个故事影射了纪念阿多尼斯的仪式，突出了生与死的交替。女人们在仪式上为阿多尼斯放声痛哭，还栽种一些花草，然后把这些花草扔进水里。[19]在神话中，阿多尼斯在他的两个情人普西芬尼和阿芙洛狄忒之间交替出现，也就是在生死之间交替出现。[20]

不仅是冥府门口的白岩，事实上，从任何高处往下跳都可能意味着死亡。[21]荷马史诗中的士兵从高处跌落，脸朝下掉进土里。例如，埃阿斯拿石头把厄庇克勒斯（Epicles）从特洛伊城墙上打落下来（*Il.* 12. 385–386）："他像跳水者一样从高墙上跌落，灵魂离开了他的身体。"[22]《伊利亚特》（16. 742–743）描写刻布里翁（Cebrion）被帕特罗克洛斯（Patroclus）的石头击中和《奥德赛》（12. 413–414）描写奥德修斯的舵手被倒下的桅杆击中头部时出现了一模一样的表述。动词"跌倒"（καταπίπτω）是动词 piptein 的复合词形式，常用来描述跳海的画面，兼具跌落和飞翔之意。士兵临死前的身体动作表示灵魂进入了来世，物质的"身体"和非物质的"灵魂"两个词的区别强调了这一点。

用来把士兵比作跳水者的是一个极少见的词"翻筋斗"（ἀρνευτήρ）。欧斯塔修斯（Eustathius）给《伊利亚特》做注时这么解释《伊利亚特》（12. 385–386）描述厄庇克勒斯之死时"翻筋斗"一词的含义：

> 他称跳水者就像表演翻筋斗，大概是拿小羊羔作比。

小羊羔走路时总是跳来跳去，就像表演翻筋斗。
也有人说海豚像表演翻筋斗，
因为雄性(arrên)海豚在平静的海面上跳跃时，
总是头部先出水。

(Eust. 3. 409. 1–3 Van der Valk)

欧斯塔修斯解释说，荷马写厄庇克勒斯临死前的样子像海豚也像翻筋斗是因为厄庇克勒斯是头先落地死的。关于海豚的比喻在死亡场景描写中尤为重要，因为我们在第四章已经看到海豚是一种灵魂性的动物，能把灵魂带往冥府安息。海豚也是拯救落水者的动物。柏拉图的《理想国》(453d)里苏格拉底提示说，众所周知，海豚带着阿里翁穿过死亡回到人间(Hdt. 1. 24 参见第四章)。因此，厄庇克勒斯的身体像海豚那样呈弧形头朝下从高墙上落下，就像飞身跳进冥府一样。[23]

“翻筋斗”在荷马史诗中只用于描述士兵从高处跌落而死的场景。[24]除荷马史诗外，这个词极少见，但在类似的语境中也会用到。[25]天文学中用这个词描述仙后星群的高速运动(Eudoxus fr. 90, 14 Lasserre = Aratus *Phaenomena* 1. 656)：“但她双膝分开，头朝下，翻筋斗一样跳了下去。”这一句的描述暗示天体的运动和跳水动作一样，其中“翻筋斗”这个动词由于荷马史诗中的特定用法而让人联想到死亡。不过，与莱夫卡斯跳海一样，星群每天都会在大洋河沉落又升起，[26]正如那个著名的双耳喷口杯上的日月星辰画表现的那样。[27]画中的赫里阿斯驾着太阳车升入天空，塞勒涅正在隐退，青年人模样的星星从岩石上跳进大洋河。这幅日夜更替图用岩石上的纵身一跳来表示星星的运转——也许那个岩石就是冥府门口的白岩。希腊文化就这样把每天天体的消失和人类的死亡直接关联起来，[28]生命在结束时坠入大洋河就是死亡。

与跳海相关的宇宙学和末世学的一些概念在关于北方乐土人的死亡的文学传统中得到了进一步说明。普林尼(4.89)和梅拉(3.31-33)都记载了餍足的北方乐土人会给自己戴上花冠，然后从某个岩石上跳入大海；[29]还明确指出，北方乐土位于地球的最北端，那里是群星轨道的最远点(“在星星的尽头”“世界的尽头和星星轨道的最远点”)。因此，可以把北方乐土人的跳海视作去往来世，在那里，人类跨越物质的界限和存在的边界，这个边界把世界划分成地球、天空和海洋。考虑到这个北方乐土位于地球的尽头，他们的跳海点很可能就是位于冥界入口的白岩。

北方乐土的人站在这块岩石上跳海后直接进了冥府，[30]梅拉(3.33)称之为“绝佳的葬礼仪式”，普林尼(4.89)说“这是最有福的埋葬方式”。“葬礼”和“埋葬”这样的字眼表示北方乐土人在跳海时沿着地表飞行，入水后穿过海洋，最后进入地下世界，完成了一个圆形轨迹。这个概念最早出现在《奥德赛》(20.61-65)，珀涅罗珀希望一阵风把自己刮进大洋河。[31]该章后来(80-81)还描述珀涅罗珀想象着来到地府的情景。由此看来，跳海就像是穿过大地、天空和海洋，从地上世界直接到达地下世界。

北方乐土的人跳海后可以径直到达来世，这就解释了为什么普林尼和梅拉都称之为“最好的葬礼”。事实上，从冥府的边界直接进入来世的死亡方式远远胜过了任何一种葬礼。所谓葬礼，就是为了安抚死者的灵魂，把死者留下的脏污处理干净，疏导家人的伤悲，让死者最终能进入冥府。而普林尼和梅拉以及许多其他作者都表示，北方乐土之人从来不知疾病痛苦，他们一生应有尽有，快活似神仙。[32]他们会在完全心满意足时赴死，还非常欢迎死亡的来临。[33]正因如此，北方乐土之人不需要安抚灵魂，跳海而死不会留下尸体，因此也没有什么脏污要处理，[34]也丝毫不会觉得悲伤，更不会遭受恐惧的折磨。梅拉说他们头戴花环开心地跳海赴死，这种完美人生的理想结局反衬了普通凡人的生与死。正如我们所看到的，凡人跳海总是因为痛苦、疯狂或精神错乱的缘故。对凡人而言，跳海的冲动透露了人死时的恐惧和混乱，因为跳海之后前路茫茫。[35]

欲望、跳海和死亡

希腊化时期以及之后的诗人都延续了这一文学传统，用跳海来表达爱情失败时的情绪波动、死亡和劫后余生等主题。

例如，为了摆脱特剌柏洛斯（Trambelus）的追求，阿普里亚忒（Apriate）跳海后死于浅滩。[36]阿波罗追求亚该亚的少女玻利涅（Boline），少女纵身跳了海，因神的恩典而变成了神。[37]还有那个克里特的布里托玛耳提斯（Britomartis）要逃离为爱疯狂的米诺斯（Call. *Hymn to Artemis* 189，“为爱而发了狂”），[38]经过9个月的奔逃，精疲力尽，走投无路而跳了海，落到渔网上，变成了狄克廷娜（Dictynna，意为“网上夫人”）。帕萨尼亚斯笔下的布里托玛耳提斯被阿耳忒弥斯变成了女神阿菲娅，在克里特岛和埃伊纳岛受到崇拜。

在以上这些故事中，追求者的强烈欲望和被追者的强烈抗拒最终都以跳海告终，跳海行为显示了爱情双方都已疯狂的心理状态。跳海把欲望的对象放置在永远够不着的地方，从而缓解了痛苦，解决了矛盾。布里托玛耳提斯的跳海让她结束了凡人生活，却继续生活在神的不可见世界，她的新名字“阿菲娅”（意思是“突然消失”）清楚地表现了这一转变。她经历了一场意识上的改变，成了凡人看不见的神。同样，玻利涅也在跳海后成了神；阿普里亚忒死后被人铭记，这也是一种形式的不朽。值得注意的是，这些女孩都没有留下自己的肉身，这样干干净净的死亡使她们倏忽之间彻底离开这个世界，故而有可能以一种不同的存在状态继续活下去。

但是，爱的追逐到底代表了什么？为什么大多以跳海告终？索维诺尔-英伍德（Sourvinou-Inwood）和道登（Dowden）已经证实在希腊神话中爱的追逐就是求婚，有时还是几对新人的婚姻，比如普罗提得斯姊妹的例子。[39]此外，索维诺尔-英伍德还强调了成年男性与狩猎和赛跑的关系以及未婚女子好比野兽的比喻：结婚就是抓住并驯服一个野兽一样的年轻女孩，然后把她变成新娘。[40]道登在评论少女逃避爱情的神话尤其是达弗涅的神话时指出，这些神话中的少女拒绝性行为，拒绝婚姻，因此也是自绝于人群。[41]达弗涅变成一棵月桂树逃避阿波罗锲而不舍的追求，就是一种典型的拒绝。如果我们把道登的结论应用到上述失败的求爱故事中，我们就会明白，跳海实际上把女孩子从社会中清除，切断她们与社会的所有联系。[42]因此，跳海就像一把双刃剑，虽然能让女孩子逃脱追求者，但她们永远是处女，永远不会像已婚女子那样融入社会。[43]如此一来就不难理解阿菲娅与阿耳忒弥斯的关联了，因为阿耳忒弥斯就是一个总是关注婚姻大事的永远的处女。[44]

我们研究的这些神话故事中的大海是少女为了抗拒婚姻而在自己和追求者之间设置的一道无法逾越的屏障，这与那些沉浸在爱河的情色故事中的大海截然不同。我们在达那厄的故事中已经看到，水，尤其是地下淡水，可以是生育和婚前沐浴的象征（见第三章）。[45]道登也注意到普罗提得斯神话中水的作用。[46]他把墨兰波斯（Melampus）用溪水给普罗提得斯姊妹净身看成是婚礼沐浴仪式，少女们准备好迎接丈夫并变成女人。淡水与海水相对立，前者促进生育，后者则让终身不嫁的处女永远不育。[47]

莫斯霍斯(fr. 3 Gow)利用海水和淡水的这种对立关系来改写传统的求爱主题，他这样描述阿尔甫斯和阿瑞图萨(Arethusa)因跳海而结合：

> 阿尔甫斯从比萨跳进大海后奋力向前冲，一路奔涌的河水滋养着野橄榄，
>
> 他用橄榄的花叶和圣土做成漂亮的结婚礼物捧在手里，来到阿瑞图萨泉。
>
> 他在深海里奔走，却不让海水与他的淡水相混，大海哪里知道有一条河流正从海里穿越而过。
>
> 是厄洛斯这个诡计多端的男孩，恶作剧大师，施咒语教一条河跳进大海的。

在这首诗中，仙女阿瑞图萨在阿耳忒弥斯的帮助下逃脱了一路追赶她的阿尔甫斯。[48]但是阿尔甫斯毫不气馁，跳进大海还能不与海水混合。莫斯霍斯含蓄地表明阿尔甫斯肥沃的淡水穿海而过到达阿瑞图萨泉而最终抓住了她。“结婚礼物”暗示阿尔甫斯与阿瑞图萨最终的结合。另外，传说中伯罗奔尼撒半岛上的阿尔甫斯河与西西里的阿瑞图萨泉水之间有地下通道相连接，这个传说也暗示了二者的结合。[49]这些联系象征了二人事实上的婚姻。诗歌结尾以典型的希腊风格把厄洛斯描写成一个淘气的男孩，善于使用爱的魔法。最后一句用“跳进大海”突出阿尔甫斯和阿瑞图萨各自跳海后意想不到地

结合了。

阿尔甫斯跳海后成功地追到了心上人，而可怜的波吕斐摩斯(Polyphemus)却没能抓住机灵敏捷的伽拉忒亚(Galatea)。波斯迪普斯(Posidippus)①(fr. 19.7-8 Austin-Bastianini)写道：

> 那个患了相思病的牧羊人，
>
> 那个为了伽拉忒亚跳海的波吕斐摩斯是不可能举得起来的。
>
> (Hunter 译自希腊文)

笨拙的独眼巨人试图跳水游泳的形象描摹了他能毁灭一切的欲望，他的追求注定不会成功。与波斯迪普斯几乎同时代的忒奥克里托斯(Theocritus)在他的《田园诗》(*Idyll* 11.10-11)里用"疯狂"来形容波吕斐摩斯的爱情："他表达爱情不是用苹果、玫瑰或发辫，而是用彻头彻尾的疯狂。"[50]波吕斐摩斯跳海是精神错乱的表现，因为海上仙女伽拉忒亚注定是独眼巨人无法企及的。尽管如此，波吕斐摩斯拼命恳求她从海里出来到他的山洞里陪他："离开那波涛汹涌的大海，和我一起在我的山洞里你会度过愉快的夜晚。"(Theoc. 11.44-45)一方面，忒奥克里托斯明确指出大海是爱情不可逾越的屏障。

① 公元前3世纪古希腊讽刺诗人。

另一方面，他又强调波吕斐摩斯的地下洞穴很适合性活动（参见第三章，达那厄的地下囚室变成了她的婚房）。牢固的地面为稳定的婚姻助力，辽阔动荡的大海却不利于社会和婚姻。[51]

因为大海是婚姻的障碍，未婚跳海表示年轻女性未实现的性潜能，比如帕耳忒诺斯（Parthenos，希腊语中意思是“处女”）和摩尔帕狄亚。她们是斯塔费洛斯的女儿、罗伊欧的姐妹（参见第三章），[52]在守卫父亲的葡萄酒时睡着了，猪进来打破了酒坛子。她们发现闯了祸，想到父亲要发怒，她们害怕极了，就跑到海边跳了崖。出于对罗伊欧的尊重，阿波罗把她们带上了受人崇拜的神坛。[53]帕耳忒诺斯在刻松的布巴斯提斯（Boubastos）受到崇拜，而摩尔帕狄亚以赫弥忒亚（Hemi-thea，希腊语中意思是“半人半神的女性”）之名在卡斯塔布斯（Kastabos）受到崇拜。[54]赫弥忒亚因为热心助人而闻名于世：她治愈病人，还帮助减轻妇女的劳动。帕耳忒诺斯和赫弥忒亚像阿菲娅一样，还没成年就从世界上消失了。与阿菲娅的守护神阿耳忒弥斯一样，她们虽然永是处女，却总是关注女人的问题。她们也像阿菲娅一样过早地跳海结束了生命，却因此进入了神的世界，因此被称作赫弥忒亚（“半人半神”）。她们跳海导致身心的巨变，获得永生。

根据希腊社会习俗，斯塔费洛斯本应为女儿张罗婚事，最后却导致女儿人间蒸发。作为酒神狄俄尼索斯的儿子，斯塔费洛斯身上明显体现了酒神的两个特征。[55]其一，他无法控制的火暴脾气使得女儿跳海自杀，这显然很像狄俄尼索斯［狄俄尼索斯自己曾因惧怕来库古（Lycurgus）的暴力而跳海，参见 *Il.* 6.123-143］。其二，他发明了葡萄栽培技术和酿酒技术，[56]和酒神一样经常喝得酩酊大醉。醉酒是巴耳德尼阿斯（Parthenius）[①]的《恋爱故事》（*Love Stories* 1）里一个重要环节，其中一篇讲到在尼西亚（Nicaenetus）有一个名叫吕耳科斯（Lyrcus）的人，因膝下无子，就往狄底玛圣地（Didyma，著名的阿波罗神庙）去问神。神谕告诉他，在他回家的路上遇到的第一个女人会为他生一个孩子。回程途中他去斯塔费洛斯家做客。斯塔费洛斯知道神谕的内容，也很想要个孙子，就把吕耳科斯灌醉，然后让他跟女儿赫弥忒亚睡。吕耳科斯得知真相后非常生气，但还是把腰带给了赫弥忒亚作为将来与孩子相认的信物。几年后，赫弥忒亚的儿子巴西琉斯（Basilus）去尼西亚，成为他父亲王国的统治者。该版本中斯塔费洛斯的某些性格令人不安，他灌醉客人，欺骗客人，还破坏了女儿的婚姻。

这两个版本中，赫弥忒亚终身未婚。她跟达那厄一样，因为父亲的干预而未能嫁人；虽然做了未婚妈妈，却始终是处女（参见第三章）。这两位父亲未能把女儿嫁出去的原因都是继承权问题。赫弥忒亚和达那厄都没有兄弟姐妹，家族香火无以为继。阿克里西俄斯试图阻止达那厄结婚，从而保住

① 公元前1世纪希腊语法学家，诗人，维吉尔的希腊文老师，现存的唯一作品是《恋爱故事》。

父系家族的遗产。斯塔费洛斯则强迫未婚的女儿怀上一个私生子。和达那厄一样，赫弥忒亚没能活成一个完整的女人，她终身未婚，无法像正常的女人一样融入社会。

变成水鸟

男大当婚，女大当嫁，婚姻失败的单身男女在希腊理想的社会结构里没有容身之地。我们已经看到，跳海意味着从社会上消失：跳海的人消失得无影无踪，人们相信他们继续生活在某个中间地带，他们没有死，但已在人间绝迹。这种存在状态常被描述成化身为海鸟，因为海鸟确确实实就生活在地球、天空和海洋的中间。

星夜女神阿斯忒里亚（Asteria）就是这样。她是天空女神，是科俄斯（Coeos）与福柏（Phoebe）的女儿，也就是勒托的姊妹。被宙斯穷追不舍，只好变成鹌鹑跳进大海，[57]最后放弃了鸟的外形，化身成为神圣的提洛岛。她从天体变成飞鸟，最后又变成一块漂浮在海上的陆地（在勒托来之前，提洛岛是一座漂浮的岛屿），[58]这种不确定的状态反映了阿斯忒里亚对性的拒绝。她处于社会的边缘，因此没有固定的位置。即使变作鹌鹑，她的存在状态也是短暂的：这些鸟儿每年从非洲迁徙到欧洲，人们经常看到它们在过往的船只上歇脚。[59]这样，每到秋天，鹌鹑就在空中消失了，来年春天才又在海上露面。星夜女神拒绝了性而变成鹌鹑。鹌鹑经常出现在与女人有关的家庭场景里,[60]是一种常见的示爱礼物。[61]公元前6世纪著名的米利都的科瑞(Kore)把一只鹌鹑抱在怀里当宠物,这也是她美丽多姿的象征。[62]

阿尔库俄涅(Alcyone)和刻宇克斯(Ceyx)跨界变鸟证明了他们之间的爱情。刻宇克斯遭遇海难,这对夫妻的幸福生活戛然而止。[63]孤苦伶仃的阿尔库俄涅绝望之下投海自尽,两人变成一对神翠鸟(halcyon)。神翠鸟也叫翡翠鸟,是一种海鸟,与翠鸟(kingfisher)同宗。由于翠鸟是出了名的一夫一妻制,所以非常适合用来形容这对恩爱的夫妻。[64]根据古人的经验,冬至前后十几天里翠鸟在浮巢里养育幼鸟,那段时间波平浪静,因而被称作"翠鸟时光"。[65]浮巢暗示阿尔库俄涅和刻宇克斯的处境:他们夫妻立足于社会的日子已经结束,因此没有固定的家,只能生活在地球、天空和海洋之间,这也是星体的特点。刻宇克斯是晨星之子,[66]阿尔库俄涅是昴宿星之一。[67]在古代,昴宿星的升起和落下标志着冬天的开始和结束。[68]因此,这对夫妻代表了昼夜交替、四季更迭和生死轮回。他们离开人世,不再悲伤。阿尔克曼(Alcman)①和西摩尼得斯都说神翠鸟是神圣的鸟,啼声优美动听,无忧无虑。[69]大自然赋予它们风平浪静的幸福时光抚养幼崽,意味着它们从险境中得到片刻的解脱,这是阿尔库俄涅和刻宇克斯用死

---

① 公元前7世纪斯巴达抒情诗人。

亡换来的暂时的歇息。

单相思是埃萨科斯（Aesacus）变成鸭子的原因。他是普里阿摩斯（Priam）与阿勒克西罗厄（Alexirrhoe）之子，爱上了仙女赫斯佩里亚（Hesperia）。[70]他的热烈追逐吓得仙女在逃跑中踩到一条蛇，不久身亡。[71]绝望的埃萨科斯从一块陡峭的岩石上跳海自杀。特提斯同情他，把他变成鸭子，但他还是不停地想跳海自杀。现在的秋沙鸭中有一种因有潜水的习性而得名“潜水鸭”，大概就是埃萨科斯变的。[72]这个故事中的跳海还与宇宙的循环运动有关。埃萨科斯的心上人是西天仙女“夕阳女神”。正如我们在第一章所见，西方与日落和死亡有关。白岩和冥府都在西大洋，还有不朽的金苹果园也在西方。埃萨科斯为了西天仙女而跳海，等于跳进了夕阳，跳进了死亡和来世。化身为鸭子表示他身体上和心理上都发生了转变。

这种转变正是水鸟的本质属性决定的：水鸟有两栖的生活习性，又有迁徙的特点，每年都会消失又出现。因此，水鸟在不同空间之间的转换贴切地反映了心理上的转变。此外，飞行的状态轻若无物，又能跨越宇宙的边界，赫耳墨斯穿着飞行鞋在人、神、鬼三界穿梭即是如此。[73]柏拉图在《斐德罗篇》（246d-e）里说，人类的灵魂是带翅膀的。翅膀是凡人身上的神性部分，能把灵魂带到天上，享受神的风景。因此，跳海者体验到的短暂飞翔可视作灵魂的运动，灵魂跃上天空，然后扎进大海。用化身为水鸟比喻这个过程就等于说这是灵魂之旅。

事实上，水鸟经常出现在殡葬图案中，象征灵魂去了来世。[74]狄甫隆(Dipylon，雅典最大的城门，狄甫隆陶瓶因在该门附近出土而得名)的大肚陶罐上有水鸟站在棺材下面；[75]雅典一只双耳喷口杯上画的送葬队伍中的殡车上有鸟儿出现；[76]雅典出土的相当大一组白陶细颈瓶上画有鸭子和鸟作祭品，还有死者手捧鸟儿登上卡戎渡船的画面；[77]许多花瓶上也画着墓碑前的哀悼者头顶有仙鹤和苍鹭在飞。[78]希腊神话中，阿喀琉斯、[79]狄俄墨得斯(Diomedes)[80]和门农的那些死去的同伴都变成了水鸟，[81]永远守护着统帅的安息之所。狄俄墨得斯坟前鸟儿的哀嚎声为它们赢得了“该死的灵魂”的称号，[82]门农坟前的鸟儿被称为“折价换灵魂”。[83]三座坟墓都在偏远的海岛，远离人世。[84]狄俄墨得斯之墓在靠近阿普利亚(Apulia)海岸的一个荒岛上，门农之墓在达达尼尔海峡岸边，阿喀琉斯之墓在黑海入海口的白岛上，[85]白岛似乎就是冥府东门口的白岩。阿喀琉斯、帕特罗克洛斯、埃阿斯、安提洛科斯(Antilochus)、美狄亚、海伦和伊菲革涅亚的魂魄都住在那里。[86]经过白岛的水手白天能听到武器的碰撞声，晚上能听到欢乐的宴会声。[87]水鸟出现在这样一个幽灵岛上，表示它们确实能在生死之间、可见世界与不可见世界的中间地带生存。[88]

水鸟除了意味着葬礼和来世以外，还与女性和色情有关，这就是为什么在女性的爱情故事中总会出现水鸟的缘故。[89]道登研究指出，绘画艺术经常在家庭生活场景和情色场景中加入仙鹤和苍鹭之类的长腿水鸟以及强壮的鸭子和鹌鹑之类的元素。这些动物要么是女人膝头上的宠物，要么是情人送的礼物。[90]在研究阿卡狄亚神话传说中被赫拉克勒斯杀死的斯廷法罗湖的怪鸟（Stymphalian birds）时，道登注意到在斯廷法罗湖阿耳忒弥斯圣殿后面有一些长着鸟腿的少女雕像。[91]神话中说，斯廷法罗湖的怪鸟被一群狼赶出森林，来到一湖泊附近的阿耳忒弥斯圣殿栖息。道登知道，在阿卡狄亚神话和仪式中，狼象征着正在进行成年仪式的年轻男子，因此他认为这个神话与普罗提得斯姊妹的神话一样，讲的是少女逃离年轻男子的故事。这一神话故事发生在阿卡狄亚荒野，靠近处女神阿耳忒弥斯的圣殿，因此更突出了少女的野性和她们对性的拒绝这一层含义。贝文（Bevan）收集到的有关希腊圣殿中献祭鸟的数据支持了道登的这一观点。贝文论证说，尽管鸟的雕像有献给男神的也有献给女神的，但更多是献给处女神的，比如雅典娜、阿菲娅和阿耳忒弥斯等。[92]其他动物比如马的雕像就绝少出现在处女神的圣殿里，但在专为男神设立的圣殿里，马的雕像远远多于鸟的雕像。[93]

道登接着指出，珀涅罗珀的名字其实源自一种野鸭或野鹅，[94]因为当她的父母把她扔到海里为帕拉墨得斯（Palamedes）报仇时，[95]这只鸟救了她。这个后来被求婚者纠缠的女人就被看成是一只水鸟，她也确实长得像水鸟一样美。然而，珀涅罗珀拒绝与任何追求者发生性关系。她甚至梦见她养的鹅被那个名叫奥德修斯的老鹰（*Od.* 535－570）糟蹋，这表示尽管珀涅罗珀引起了他人的欲望，但她不会与他人有性行为。珀涅罗珀的名字暗含她自身的吸引力以及追求者的欲望和死亡。所有这些与其他关于水鸟的爱情故事完全一致。此外，珀涅罗珀的名字还突出了她独守空房不确定的婚姻状况。奥德修斯迷失在深海不知处，不死不活；珀涅罗珀也迷失在伊萨卡的社会结构中，似婚未婚。就像其他变成水鸟的人一样，珀涅罗珀的鸭子名字突出了她陷在死亡与欲望、已婚女子与少女身份的矛盾旋涡中。

海鸥女神伊诺－琉喀忒亚

不确定的婚姻状况使伊诺－琉喀忒亚（Ino-Leucothea）变成了海鸥①。[96]伊诺是阿塔玛斯的第二任妻子，是阿塔玛斯与第一任妻子涅斐勒的孩子佛里克索斯和赫勒（Helle）的继母。作为一个典型的希腊继母，伊诺想杀死佛里克索斯和赫勒好独宠自己的孩子。[97]也有资料说伊诺因为爱上了佛里克索斯，所以要杀了他。[98]不管是哪一种版本，伊诺都是这个小家庭的不安定因素。为了达到目的，她说服忒拜的妇女们把留下当种子的粮食烤干。这样的种子当然长不出庄稼，于是她背地里

① 此处原文为 shearwater，意思是“剪水鹱”。这是一种海鸥类飞鸟，形状像鸭子，体型较大，常沿海浪波谷滑翔。为方便叙述和读者的理解，翻译成“海鸥”。

让派往德尔斐的使者假传神谕说要拿佛里克索斯献祭才能挽救危局。[99]涅斐勒派一只金毛公羊到忒拜去搭救佛里克索斯和赫勒。两个孩子坐在金毛公羊的背上飞往科尔喀斯，赫勒在途中掉到海里，后来那片海就以她的名字命名为赫勒斯滂（Hellespont）①。佛里克索斯紧紧抓住公羊一路到达科尔喀斯，得到埃厄忒斯的奖赏。埃厄忒斯把女儿许配给他，佛里克索斯把金毛公羊献给了宙斯。伊诺见自己的计划失败，跳海自杀，变成了琉喀忒亚女神。

无论对于家庭还是社会来说，伊诺都是一个危险的敌人。她烤干谷种，图谋杀死王室血脉，威胁到大自然的循环和人类的繁衍。她跳海自杀为忒拜人消了灾，就如同莱夫卡斯岛和希腊其他地方将替罪羊扔进大海消灾一样。第一章我们已经讨论过，替罪羊仪式上把象征贫瘠不育的不受欢迎之人扫地出门，目的是让土地变得肥沃多产。[100]替罪羊被人世抛弃，扔到贫瘠的大海里。与此同理，伊诺跳海标志着忒拜大地结束了贫瘠荒芜，重回繁荣昌盛。王室的血脉得以保留，佛里克索斯与埃厄忒斯的女儿结了婚。有些资料说佛里克索斯的儿子们回到维奥蒂亚夺回了他们失去的王国，这表示被伊诺破坏了的社会秩序得到恢复。[101]

伊诺死在大海里，永远离开了人间。也许早在公元前6世纪就有为她唱的挽歌和举行的祭祀活动。[102]不过，伊诺的

① 即今达达尼尔海峡。

生命并没有结束，她成了不朽的女神琉喀忒亚，在奥德修斯差点淹死时救了他的命（*Od.* 5.333–355）。[103]化身为海鸥的琉喀忒亚从海里飞出来，把自己的面纱给奥德修斯戴上。这是一件神奇的面纱，可以让奥德修斯安全到达淮阿喀亚人的地盘。[104]奥德修斯的经历影射了伊诺自己的经历。和她一样，他也是因死得救才逃脱了煎熬。[105]琉喀忒亚的鸭子形象表示她已穿过死亡，超越了生死。也许正因如此，卡利马科斯（Callimachus）①的警句 58（Pfeiffer）和《希腊诗文选》里的三首诗都提到了海鸥是水手溺水而死的最后目击者。[106]水鸟象征死亡，但也象征超越死亡，进入来世，甚至获得永生。

伊诺变神后性情大变，成了一个慈爱的神，对苦难中的凡人极具同情心。《奥德赛》里的伊诺–琉喀忒亚因为奥德修斯落入大海受难而对他心生同情（*Od.* 5.336）。水手们出航前或遇到风暴时总会向琉喀忒亚祈祷。[107]雅典剧院的铭文上称伊诺为大救星、庇护神。[108]在萨摩色雷斯秘密祭典上，伊诺的面纱是救赎的象征。[109]跳海后的伊诺穿越死亡进入神的领域，彻底重生，恶棍变成了救世主。

伊诺神话的另一个版本也突出了死亡和重生的主题。在这个版本中，伊诺在姐姐塞墨勒死后负责抚养小狄俄尼索斯。[110]这个版本与前一个版本在孩子和家庭问题上有许多

① 公元前 3 世纪古希腊著名诗人，著有哀歌体的《起源》等。

共同之处。伊诺抚养宙斯的私生子，等于破坏了神的家庭关系，招致了天后赫拉的愤怒。赫拉把疯魔送给伊诺和阿塔玛斯以示惩罚。结果，阿塔玛斯把长子勒阿耳科斯(Learchus)误当成鹿一箭射死了，伊诺抱着二儿子墨利刻耳忒斯跳了海。[111]好几种资料都说得了疯魔的伊诺杀死了墨利刻耳忒斯，也有的资料说她用一口沸腾的大锅先把勒阿耳科斯煮了，然后带着墨利刻耳忒斯跳了海。[112]结果她变成琉喀忒亚女神，成了海中神女的一员，墨利刻耳忒斯则在伊斯特摩斯受到崇拜(见第四章)。[113]在这个版本中，人和神的家庭都因伊诺而陷入混乱。两个版本的共同之处是伊诺对无辜孩童犯下滔天罪行后跳海自杀，才终于终止了这种混乱。

伊诺杀子与科尔喀斯的女巫美狄亚如出一辙。美狄亚因为嫉妒丈夫的新妇而把自己的孩子全部杀死。在欧里庇得斯的悲剧《美狄亚》(1282-1291)里，美狄亚自比为伊诺，哀叹道："女人的床啊全是痛苦，给人带来了多少不幸啊!"欧里庇得斯明确指出，伊诺和美狄亚的床——即她们的婚姻——是她们犯罪的根源。欧里庇得斯采用的是第二个版本的伊诺神话，所以他的意思可能是塞墨勒与宙斯私通最终导致了伊诺的犯罪。亚里士多德也将伊诺与美狄亚相提并论，在《修辞学》里，他举伊诺为例谈到一个话题，紧接着又举美狄亚为例谈到另一个话题，很可能亚里士多德的思路是跟着欧里庇得斯的悲剧走的。最后，菲洛斯特拉托斯的《英雄论》

(*Heroicus* 740. 17 参见 Olearius)指出，为安抚伊诺之子墨利刻耳忒斯的灵魂而举行的仪式与为美狄亚之子举行的仪式是一样的。总的来说，伊诺和美狄亚罪行相同，不仅因为受害者都是孩子，还因为犯罪动机也一模一样。这两宗由混乱的家庭关系引发的谋杀案骇人听闻地颠覆了母亲的形象，[114]最后都以犯罪者从社会中清除收场。美狄亚乘着龙车消失在空中，伊诺跳了海。[115]这两个严重危害社会的女人无论如何也不能留在人间，因此没有留下尸体，也就没有留下任何邪恶女人的踪迹。

然而，杀子凶手伊诺同时也是小狄俄尼索斯的奶妈和保护者，因此被誉为儿童保护神，守护着年轻人长大成人。米利都有为纪念她而举办的青年体育比赛，[116]科林斯的钱币上经常刻有她和儿子墨利刻耳忒斯的肖像，[117]在色萨利她作为酒神的奶妈受到人们的崇拜，[118]帕萨尼亚斯(3. 24. 4)记载过拉科尼亚的普拉西厄人带领游客到伊诺曾经藏过小狄俄尼索斯的那个石窟参观的情景。

伊诺的疯魔和她与儿童的矛盾关系使她成了典型的酒神女祭司迈那得斯。[119]"迈那得斯"这个名字其实源自动词"发疯"。据说，这些狂热的酒神女祭司会赤手空拳把小动物撕成碎片，有时被撕碎的不是动物，而是这些疯女人自己的孩子，比如欧里庇得斯《酒神的伴侣》(*Bacchae*)中阿高厄(Agave)的儿子彭透斯(Pentheus)。根据希吉努斯的记载，欧里庇得斯失传的悲剧《伊诺》就把伊诺描写成一个迈那得斯。[120]在这部悲剧中，伊诺离开忒拜去帕尔纳索斯山（Mt. Parnassus）参加酒神节活动，去了很久都没回来，因此阿塔玛斯相信她已经死了，就娶了忒弥斯托（Themisto），还生了孩子。继母忒弥斯托想杀掉伊诺的孩子，就让在此期间已经回来并乔装成仆人的伊诺给伊诺的孩子们穿上黑色的衣服，而给自己的孩子们穿上白色的衣服。伊诺偷偷调了包，结果忒弥斯托杀死了自己的孩子。知道真相后，忒弥斯托自杀了。因为害怕阿塔玛斯的报复，伊诺带着墨利刻耳忒斯跳了海。迈那得斯伊诺导致忒弥斯托像酒神的女祭司那样杀了自己的孩子，“伸张了正义”，也毁灭了她。伊诺跳海具有明显的酒神疯狂性，表示她与社会的彻底决裂，这是她崇拜酒神的必然结果。[121]

人们通常认为迈那得斯具有预知未来的能力，说伊诺也有这种能力大概是因为她与狄俄尼索斯的关系。[122]在迈安德（Maeander）的马格尼西亚（Magnesia），伊诺-琉喀忒亚与狄俄尼索斯和迈那得斯相当，人们把她当作神的预言者来崇拜。[123]在埃皮扎夫罗斯（Epidauros），伊诺-琉喀忒亚还有一个圣湖，她在那里发布神谕。[124]拉森（Larson）说，人们可能觉得这个湖是与阴间相通的，[125]因此，成神后的伊诺似乎和狄俄尼索斯一样可以进入冥府。[126]事实上，伊诺和狄俄尼索斯都是肉身凡胎，都经历过死亡（类似的例子还有死在孕期的塞墨涅、被提坦诸神毁尸后又被众神放在坩埚里复活的狄俄尼索斯/扎格柔斯等），都复活成了神。或许因为这个原因，在黑海潘提卡派翁(Panticapea)①发现的一块咒符板上，有“阴间的琉喀忒亚”(Leucothea Chthonia)和赫耳墨斯、赫卡忒(Hekate)、普鲁托(Pluto)②以及普西芬尼的名字。[127]考虑到在地中海东部有许多琉喀忒亚崇拜，目前尚不清楚这个琉喀忒亚是否就是指伊诺。不过，与赫耳墨斯的关联加上与阴间势力的关联，似乎都指向伊诺自己跨越冥府后涅槃为神的事实，这可能就是她拥有神谕能力的原因(类似的例子还有凡人安菲阿刺俄斯和特洛福尼俄斯都在死后得到预言能力)。[128]而且，伊诺跳海后与涅柔斯、普洛透斯和忒提斯等海洋诸神一样具有神谕的能力，因为能够得到隐藏在大海深处的古老知识(见第一章)。第一章里我们还看到另一个跳海后变神的凡人格劳科斯，他在海里摆脱了必死的命运，成为海洋老人之一，也获得了神谕的能力。[129]

死亡和新生是罗马时期伊诺-琉喀忒亚崇拜的重要内容，在酒神节版本的神话中，伊诺用来煮死孩子的大锅演变成了转世的象征，甚至代表永生之路。[130]里巴尼乌斯(Libanius, *Or.* 14. 65)③曾经提到，活跃在他那个时代的伊诺神秘崇拜与卡比里(Cabiri)和得墨忒耳的神秘崇拜有关。有两块碑文也证明了对伊诺用过的大锅的神化。[131]尽管缺乏更详细的资料，我们可以肯定这些神秘崇拜中的大锅表示死亡和新生。

① 古代黑海北岸希腊殖民城邦，今克里米亚的刻赤。
② 罗马神话中的冥神，对应希腊神话中的冥王哈得斯。
③ 公元4世纪希腊修辞学家，著有《演说集》。

狄俄尼索斯/扎格柔斯被提坦诸神毁尸后在大锅里得到重生，[132]美狄亚在大锅里复活了埃宋。[133]酒神狄俄尼索斯/扎格柔斯和美狄亚都与伊诺有着密切的联系。这三个人的组合相当令人不安，因为他们就是生与死的对立、保护儿童与杀害儿童的对立、生命的狂喜与生命被狂野地撕碎的对立。伊诺投海自尽，摒弃旧我，获得新生，因此解决了所有这些对立。她在海里丢掉了凡人属性，性情巨变，到神的世界得到了永生。[134]

小　结

跳海使人与社会隔绝，为进入来世或神的世界做准备。这不仅限于神话故事，在狂热崇拜中也有体现，比如厄琉西斯的秘密祭典。每年的阿提卡历 3 月（Boedromion）①16 日，刚成年的人们在典礼前跳进海里给自己和祭品（小猪仔）净身。[135]他们一起冲进大海一边喊着："入海吧，新人们！"他们挥别过往，准备好与厄琉西斯的众神相遇。典礼中的一个休息环节象征要成年的人们正处于人生的过渡时期。[136]入海净身后，他们必须待在家里休息两天，等到典礼仪式的最后一晚就会得到神的启示，[137]从此以后变成被神选中的一员。他们亲

① 古希腊阿提卡历的 3 月相当于公历 8、9 月份。

眼见证了秘密的仪式，因而与神有了特殊的关系。[138]他们冲进大海就好像拼命逃离人世，快速干净地死在水里，从此开启成年的大门，获得新的身份，获得对世界更高的认识。长大成人是一种不可逆的转变，[139]得墨忒耳和普西芬尼这两位厄琉西斯的女神特别适合监督这种转变，因为死生循环之事正是由她们负责的。[140]

第六章　酒神与大海

慕尼黑国家博物馆陈列有一只埃克塞基亚斯(Exekias)①的陶杯，那是武尔奇(Vulci)②出土的公元前6世纪晚期雅典的一只黑绘双柄浅口杯。杯中画着酒神狄俄尼索斯倚在一艘船的桅杆上饮酒，桅杆上长着一棵葡萄树，树枝上挂着串串葡萄。[1]船的周围有七只黑海豚游来游去，而船本身是海豚形状，船头和船尾分别是海豚的头和尾，上面各装饰有一只白色的小海豚。一般认为这幅画表现的是第勒尼安海盗的故事。在《荷马赞美诗·致酒神》中，第勒尼安海盗袭击了酒神，结果被当场变身成海豚。[2]然而，德斯库德雷(Descoeudres)认为陶杯上没有任何东西能肯定画的就是这个神话，[3]没有任何迹象表明狄俄尼索斯受到攻击，也没有迹象表现神在发威时的连续变形，唯一与那首赞美诗有联系的只有海豚和酒神狄俄尼索斯本人。德斯库德雷进一步指出，很多代表酒神的器具上都有海豚，例如宴会上的花瓶、伊特鲁里亚的丧葬壁画以及镜子等，却没有哪一个是确定无疑与第勒尼安海盗有关的。那么，酒神和海豚之间

---

① 公元前6世纪前后古希腊阿提卡最优秀的黑绘陶瓶画师。

② 是一座伊特鲁里亚城市的遗迹，位于意大利中部维泰博省，罗马北郊。

究竟有什么关联呢？保佑农业丰收的酒神又是如何与海洋发生联系的呢？

酒神、海洋与生死转换

前几章里我们已经讨论过，海洋是人界和神界的交汇点，是阿波罗[4]、波塞冬[5]、阿芙洛狄忒[6]等诸神显露真身的场所。对于人类来说，海上航行既是身体的旅行，也是心理的旅行。在古代，海上旅行是常有的事。海上的航程往往象征往生之旅，有时也象征变身为神(参见第五章)。狄俄尼索斯对这个中间地带尤为熟悉，因为他既是人又是神，既有凡人的属性又有神的特质。事实上，狄俄尼索斯是唯一一位凡人所生的奥林匹斯神，他的同父异母兄弟赫拉克勒斯也处于这种中间地带。与赫拉克勒斯一样，狄俄尼索斯甚至一出生就面临着死亡的威胁，因为塞墨勒坚持要宙斯明圣示现，结果被雷神之火烧死，狄俄尼索斯的胚胎在父亲的身体里继续孕育到足月。还有一个神话故事说，狄俄尼索斯是被提坦神杀死的。[7]虽然他身上的神性使他死而复生，但正如亨里希斯(Henrichs)所言，狄俄尼索斯的神性"隐约透出死亡的迹象"。[8]

狄俄尼索斯身上生与死的张力特别像希腊人概念中的海洋。事实上，有两个神话故事都提到酒神是在大海里渡过生死劫的。第一个故事不太流行，很可能出现得比较晚，讲的是狄俄尼索斯诞生之初的事。塞墨勒和儿子狄俄尼索斯像达那厄与珀尔修斯一样被锁在一个箱子里扔进大海，[9]箱子漂到普拉蒂亚岸边时，塞墨勒死了，儿子还活着。从中可以看出狄俄尼索斯与母亲本质上的不同，也能看到酒神从生命之初就遭到生死危机。故事发生在海上，暗示生死劫难，因为海上漂流于塞墨勒而言是赴死之旅，于狄俄尼索斯而言则是变神的过程。

第二个故事载于《伊利亚特》(6. 123-143)。[10]狄俄尼索斯逃脱了来库古的疯狂杀戮，跳进大海得到忒提斯的安慰。跳海虽有溺死的危险，但也能避免更血腥的死亡。在古希腊神话的大背景下，狄俄尼索斯竟然会害怕一个凡人，这的确让人惊讶——这大概只有在描写人神大战的《伊利亚特》里才得一见——也说明在此情况下狄俄尼索斯的行为与凡人一样，狄俄尼索斯的恐惧的确与我们在第五章研究的人类跳海时的恐惧一样。我们也知道，跳海是精神错乱所致，它是痛苦绝望下的行为。狄俄尼索斯跳海与伊诺和阿里翁特别相像，都是跳海以后变成了神。酒神的奶妈伊诺也是酒神的第一位女祭司，因杀了自己的孩子而悔惧致狂，跳海而死——还有人为她唱挽歌，[11]最后却变成了琉喀忒亚女神获得永生。阿里翁面对海盗的威逼跳海自杀，他确信自己会死在海里(很多资料说，他死前为自己唱了挽歌)，却被一只海豚救了，他认为这是天神显灵。[12]由此而论，狄俄尼索斯因害怕来库古而跳海突出了他的人性和神性，因为跳海之后本该死亡的他却变成了神，显示了他的神性。因此，狄俄尼索斯和海洋一样聚生、死和神于一身。

第勒尼安海盗的生与死

大海具有媒介特性，狄俄尼索斯具有驾驭生死的能力，这二者之间的相互关系鲜明地体现在第勒尼安海盗的故事中。[13]故事开头很经典地呈现了酒神降临后遭受拒斥的情景。年轻的狄俄尼索斯在海边显露真身（“他在荒凉的海岸边现身”，*Hymn. Hom. Bacch.* 2），被毫无戒心的海盗抓获，想从他的家人那里勒索一大笔赎金。[14]这种对神的冒犯——以及海盗的侵略本性——反映了反酒神的经典主题和大反转结局。海盗们从一开始就注定要失败。残酷的命运让海盗们试图把狄俄尼索斯捆绑起来（“命运阴险地引导着他们”，*Hymn. Hom. Bacch.* 8）。酒神显露出神力，绳索自动松开，酒在船上流淌，桅杆和船帆上长出葡萄树和常春藤，还用魔法变出一头熊，自己变成咆哮的狮子。当狮子形态的狄俄尼索斯正要杀死船长时，惊恐万状的海盗们跳进了海里。和其他跳海者一样，也与狄俄尼索斯一样，海盗们因为怕死而冲动地跳海（*Hymn. Hom. Bacch.* 48：“他们落荒而逃”；*Hymn. Hom. Bacch.* 51-52：“他们为了躲避残酷的命运而跳了海”）。[15]海盗们跳海标志着被制服，不再反抗神。

狄俄尼索斯打败海盗的故事栩栩如生地雕刻在李西克拉特(Lysicrates)纪念碑(又称雅典奖杯亭)上。这座纪念碑是为了纪念公元前335/334年的一次合唱比赛获奖而建的。纪念碑的雕饰带上刻着发生在陆地上的战斗。萨堤尔用手中的酒神杖——酒神的追随者手持的顶端装饰有松果的棍子——追打海盗。[16]一个萨堤尔举起棍子要打一个倒在他脚下的海盗,[17]一个萨堤尔要打一个举手求饶的海盗，还有一个萨堤尔正在追一个惊恐逃跑的海盗，其他的萨堤尔手持火把用两个巨大的杯子喝酒。狄俄尼索斯和他的宠物黑豹站在一起。还有几个海盗已经被变成了海豚，虽然长着海豚的头和鳍，却仍然可以看到他们的腿保持着屈膝跳海时的姿态。在岸上被打败的海盗变成了海洋动物，表示他们到了海里就彻底离开了人世。这种形体上的改变相应地也改变了他们的本质，与我们前几章讨论过的其他跳海后的变故一样(比如格劳科斯的变形)，意味着随之而来的心理上的变化。

后来的作家塞涅卡在他的悲剧《俄狄浦斯》(*Oedipus* 450-454)里，还有诺努斯(Nonnus)①在他的史诗《狄奥尼西卡》(*Dionysiaca* 45.95-168)中，都以微妙而明确的笔触赋予了这个场景丧葬的含义。在这些文本中，常春藤和葡萄树长在海盗船上，幻觉将海水变成了草地。[18]诺努斯笔下的狄俄尼索斯还把海盗船的桅杆变成了柏树。[19]柏树和草地都意味着死亡。

① 公元4—5世纪希腊诗人，代表作有晚期希腊史诗《狄奥尼西卡》(共48卷)。

柏树是一个众所周知的丧葬符号，常用来纪念冥王哈得斯和普西芬尼等神灵。柏树生长在坟墓附近，表示哀悼。[20]至于草地，莫特(Motte)解释说，草地既代表生也代表死，草地是安乐之所，因为它既能维持生命，又代表死人在冥界草地上漫步的来世之美。[21]草地还与性和酒神崇拜有关，比如欧里庇得斯的《酒神的伴侣》(*Bacchae*，1043－1052)描写草地是田园诗般的酒神崇拜场所，又比如普西芬尼在一片开满鲜花的草地上被哈得斯绑架(*Hymn. Hom. Dem.* 7)。“草地”一词在欧里庇得斯的《独眼巨人》(171)里甚至表示女性的私处。然而，草地常常掩盖着通往冥府的地下通道。[22]普西芬尼采花的草地为死神敞开大门，索福克勒斯的悲剧中俄狄浦斯(Soph. *OC* 1590－1591)和埃阿斯(Soph. *Ajax* 654－660)要死在草地上。科尔(Cole)指出，酒神节的草地虽然如《酒神的伴侣》所描述的那样颇具吸引力，却暗藏着死亡，因为它最终成了彭透斯被撕碎的场所。[23]塞涅卡和诺努斯都认为，将海盗们的死亡安排在一片草地上，暗示他们正处于生死之间的不确定状态。

就我们的研究而言，颇为有趣的一点是草地的淡水能使地面凉爽、肥沃和宜人，却又是通往阴间的通道。[24]狄奥多罗斯(5. 4. 2)说普西芬尼被哈得斯绑架后消失在库阿涅泉。据说安菲阿刺俄斯变成神以后从一眼泉水中复活(Paus. 1. 34. 4)。塞涅卡的《俄狄浦斯》描述了第勒尼安海盗的幻象草地(452)，接着在不到100行的地方，克瑞翁描述了死人从一片草地上现身的情景，草地有黑暗的泉水浇灌（*tristis umor*, 545-546），有柏树遮阴。由此观之，在诺努斯和塞涅卡的第勒尼安海盗故事里，泉水貌似被海水取而代之。众所周知，海水是无生命的象征（参见第一章）。因此，这里等于在说这眼泉水就是通往地狱的暗渠。当海盗们争先恐后地在绿油油的草地上欢欣跳跃时，其实已经处于生死之间。虚幻的泉水不是生命活力之源泉，而是阴间的死水或者说是无生命的海水。此外，坚固的大地在幻象中被动荡的大海代替，这是典型的酒神节场景。最后，这种幻象也呼应了"颗粒无收的大海"一说，突出了富饶的陆地和无生命的大海之间的反差。

第勒尼安海盗故事中，海盗们的生死含糊不清，这进一步突出了生与死的相互性。第勒尼安海盗因其阴森恐怖的酷刑而臭名昭著，他们会把活人和死人捆绑在一起。[25]诺努斯的《狄奥尼西卡》（45.110）分析说，这表示海盗把半死不活的囚犯扔进了大海。雅典奖杯亭上有个萨堤尔棒打一个双手被捆的海盗的画面，海盗身上还爬着一条蛇，这也许暗示了狄俄尼索斯的随从在用同样的酷刑报复这些海盗，所以这个活着的海盗无助地看着死难临头。总的来说，海盗含混地处理生命，他们自己的生命也被同样含混地处理，即使是在大海这个生与死的中间地带。狄俄尼索斯只是以其人之道还治其人之身罢了。

海豚与酒神崇拜

然而，海盗们遇到狄俄尼索斯后并没有走到生命的尽头，而是在进入生死之间的状态时变成了海豚，这种变形暗示它们实际上变成了酒神在海里的崇拜者。海豚是常见的宴饮意象，它们往往出现在酒具的把手下面，特别是双柄酒杯和深酒杯上，勾画出宴会或者其他酒神节的场景，无论该场景是在陆地上还是在海上，都会画有海豚。[26]宴会上的海豚有时和大家一起饮酒狂欢，[27]有时陪着狄俄尼索斯，[28]有时充当赴宴者的坐骑，[29]与全副武装的步兵相映成趣。[30]甚至有许多宴饮者也像海盗一样变身，有的瓶画上能看出他们正在变成海豚。[31]德斯库德雷认为这表示狄俄尼索斯在酒宴中把人变成了海豚，说明海盗被变成海豚并非孤例。[32]变成海豚的第勒尼安海盗加入了酒神的狂欢队伍。结合第四章讨论的海豚的媒介作用，海盗们处于生死之间时看到海豚就不足为奇了。

海豚与酒神崇拜者的变形是如此紧密相关，以至于在描绘酒宴的图像中，海豚身体的形状也被用来突出醉酒狂欢者的疯狂。伊斯勒(Isler)描述了两个古典时期酒宴上使用的无柄碗状大酒杯，酒杯上画的海豚上下跳跃时彼此的身体曲线是平行的。[33]杯底的大同心圆画出了海豚欢跳产生的旋转效果，也表示醉酒者的头晕目眩。无独有偶，希腊古风晚期著名的瓶画师奥尔托斯(Oltos)的一只凉酒钵上画着四个重装步兵骑着海豚沿着钵体做圆周运动,[34]海豚的眼睛画成了同心圆，表示晕眩和醉酒状态,[35]步兵们手持的盾牌上交替画着盛酒的器皿——一只双耳细颈瓶、一只细脚大肚陶罐、一只双柄浅口杯——和旋转的三脚陀螺、四只旋转的海豚、由三只翅膀叠加形成的一个奇怪的旋转符号，外加一个长着马头、孔雀头和蛇头的三头怪物。[36]让这个凉酒钵坐在一个双耳广口杯中，再把两个碗状大酒杯倒满时，旋转的海豚看起来就好像在酒杯里上下跳跃。[37]这幅画滑稽地表现了宴会上的人就像海豚欢快地跳进酒水里一样急切地渴望饮酒的情景。此外，萨珀(Csapo)认为海豚的圆周运动就好像酒神颂歌中唱诗班特意为酒神表演的舞蹈动作。[38]在色彩缤纷的宴会场景中，海豚代表酒神与其信徒之间的联系，宴饮者允许自己忘形地陶醉在美酒和歌舞当中，就像第勒尼安海盗们被狄俄尼索斯的神力改变了形态一样，抑或海豚暗指希腊人眼里大海与美酒之间的关系(*Il*. 2. 613 有“酒黑色的大海”一说)，美酒代表大海，海豚在杯中跳跃就是在大海里欢跳。

我们后来关于第勒尼安海盗故事的许多文本都支持这一说法，表明酒神的狂欢实际上是在将海盗们变身。阿波罗多罗斯说(3. 37)，狄俄尼索斯把海盗船的桅杆和桨变成了蛇，让常春藤到处蔓延，让笛声充斥海盗的耳朵。[39]在令人恍惚的竖笛声中,[40]海盗们像喝醉酒了一样纷纷跳入大海,[41]然后变成了海豚。[42]海盗变成海洋动物的过程形象地说明了人们用舞蹈和音乐来敬拜狄俄尼索斯时所发生的心理变化。阿波罗多罗斯评论说："于是人们认出他(狄俄尼索斯)是神，就来崇拜他。"这么说的话，狄俄尼索斯展示自己的威力不仅暴露了他是神的身份，还迫使海盗崇拜他。

同样，在阿伽索斯忒涅斯(Aglaosthenes)的《纳克索斯志》(*Naxiaca*)中(*FGrH* 499F3 = Hyg. *Poet. astr*. 2. 17. 2)，狄俄尼索斯和他所有的随从都被俘虏了。当狄俄尼索斯开始怀疑海盗的意图时，他让随从们欢唱起来。和阿波罗多罗斯写的一样，海盗们被音乐迷住了。他们开始跳舞，一跳起舞就被一种欲望攫住，想把自己扔进海里，然后他们就跳海变成了海豚。在这里，酒神的歌舞激起了海盗跳海的欲望，最后使他们变成酒神的崇拜者。诺努斯的诠释也一脉相承。《狄奥尼西卡》(45. 95–168)里，忒雷西阿斯用第勒尼安海盗的故事劝告彭透斯要敬酒神，从而把海盗的故事与欧里庇得斯的《酒神的伴侣》相对照，后者是关于酒神现身最著名的例子。诺努斯笔下，海盗们上岸攻击狄俄尼索斯，狄俄尼索斯怒吼着把船的索具变成了蛇，把桅杆变成爬满常春藤的柏树，又让桨孔里长出葡萄树，让甲板上汩汩地冒出酒来，还念咒变出公牛和狮子等野兽。海盗们看到这些奇观吓疯了："第勒尼安人哇哇乱叫，发了疯一样四散逃窜。"(*Dionysiaca* 45. 152–153)然后，如上所述，狄俄尼索斯使大海幻变成一片草地，牧羊人在上面吹笛子。海盗们立即为这些幻象和音乐发了狂："他们迷醉地跳进大海，变成了海豚在平静的海水里嬉戏。"

这些疯狂的海盗跳进海里，狂热地舞蹈，仿佛在庆祝酒神的节日，又仿佛已到来世。[43]在这里，酒神节的狂欢既是海盗变形的工具，也是海盗变形的结果，他们最终变成大海里的海豚证明了这一点。

最后，小菲洛斯特拉托斯的《画记》(1.19)写海盗们上了自己的船(海盗船)，狄俄尼索斯则指挥另一艘“用于神圣使命的船”。[44]狄俄尼索斯及随从们其实在完成一项宗教使命：让海盗服从神。为了达到这个目的，狄俄尼索斯和同伴们表演狂欢的歌舞，他们的激情使大海回荡着喧闹的音乐。发了狂的海盗们忘记了划桨，然后就变成了海豚。面对狄俄尼索斯的神力，海盗们忘记了最初的企图，忘记了自己的身份，接受了狄俄尼索斯。正如菲洛斯特拉托斯所言，狄俄尼索斯的神力将海盗变成了海豚，也改变了他们的生活方式(“他们从坏人变成了好人”)。[45]

狄俄尼索斯就这样把海盗变成海豚，对他们进行了彻底的改造。变形的不只是海盗，还有那些赴宴者，他们忘记了之前的忧虑和敌意，在宴会上开怀畅饮，恣意舞蹈。海洋是狄俄尼索斯的地盘，葡萄酒、音乐和舞蹈的作用力驱使海盗和赴宴者接纳酒神而加入狂欢者行列。海盗跳海表明他们作为狄俄尼索斯的座上客和仆人从此进入酒神的世界。我们发现，众神通常都会确保那些精神错乱或以其他形式与神交流后跳海的凡人能平安越过人神之间的中间地带，比如伊诺、阿里翁、第勒尼安海盗和格劳科斯。[46]跳海及其结果是与神接触后所产生的不可逆的心理变化的外在表现。

失 控

大海是酒神与他的崇拜者相遇的舞台，酒神在海上现身，同时也通过幻觉抓住崇拜者的感官。因此，海洋是可见世界和不可见世界之间，或者说是清晰可见的东西和疯狂头脑想象出来的东西之间的一个交汇点。亨里希斯指出，狄俄尼索斯现身特别具有视觉冲击力。[47]《荷马赞美诗·致酒神》写第勒尼安海盗遇到酒神（“他出现在荒芜的海岸边”，2），他们看到了他（8），决定绑架他。狄俄尼索斯开始报复时奇迹出现了（“他们看到了令人惊异的事情”，34）。海盗们目瞪口呆，命令舵手赶紧靠岸，却为时已晚。狄俄尼索斯变成一头狮子，同时幻化出一只熊出现在船上。狮子目不转睛地盯着海盗们。看到狮子去咬船长的喉咙，海盗们蜂拥跳海逃亡。这个故事及其后来的版本中，狄俄尼索斯使海洋幻变成陆地，海洋空间是他的画布，通过直接的视觉和幻觉来呈现他自己。海盗们直接看到狄俄尼索斯以及所产生的后果是用不定过去时①来叙述的。奥维德在翻译狄俄尼索斯向海盗现身时说，“没

① 古希腊语的一种动词时态，表示动作在过去发生，但不明确动作是瞬时性的还是延续性的。

有哪个神比他更真真切切地存在。”(*Met.* 3.658-659)狄俄尼索斯通过显露真身掌控了现实与幻觉之间的互动，并以此来指挥人类在清醒与疯狂之间转换。幻觉导致的失控表明了一种心理变化，一旦人类屈服于崇拜狄俄尼索斯的冲动，这种心理变化就会发生。

作为酒神显露真身之地，大海是人们容易冲动地崇拜酒神的地方。我们从第勒尼安海盗的故事中看到这种冲动来得突然、激烈，能立即引发巨大的转变——他们跳入大海，变成了海豚。这种身体上的行动反映了心理上的剧变，因为狄俄尼索斯改变了他们的秉性。品达(fr. 166 Snell-Maehler)也用跳海意象来衬托葡萄酒的效用：“斐瑞斯(Pheres)感受到蜂蜜甜酒的劲爆，狂暴地扔掉桌上的白牛奶，不等邀请就拿起银角杯痛饮，接着就开始头脑发昏。”这段文字描述拉庇泰人(Lapiths)与马人(Centaurs)如何起了争执。葡萄酒的威力势不可挡，让人不顾一切往前冲。美酒的刺激让马人粗暴地拒绝了不含酒精的饮料，[48]恨不得把自己扔进酒缸里。欧里庇得斯的《独眼巨人》(164-174)也用动词“扔”描写西勒诺斯跳海的情景(“把自己扔进海里”)。这样的文字也出现在阿那克里翁对“莱夫卡斯跳海”的描述(fr. 31 Page)：一个迷狂的宴饮者在美酒和性欲的刺激下把自己扔进了大海里(见第一章)。还有第勒尼安海盗们受酒神的操纵纵身跳海的文字。所有这些跳海的举动最后都导致了心理失控——海盗们疯狂痛饮，西勒诺斯忘记了痛苦，马人头脑不清。饮酒、跳舞和乱性表达了对狄俄尼索斯的崇拜，也刺激了身体和精神上的不顾一切，从而导致意识失控的状态。

永远动荡不息的大海就好像宴饮者头脑不清、东倒西歪的醉态。此起彼伏的海浪形成的旋涡形象地映衬了酒神崇拜者的兴奋和冲动，他们因为醉酒和狂躁而无法自控。正如斯莱特(Slater)和戴维斯(Davies)所言，把宴会比作海上的航船是司空见惯的写法。[49]欧里庇得斯的《阿尔刻斯提斯》(*Alcestis* 798)里，赫拉克勒斯建议一个仆人喝点酒找点乐子时说："在酒杯中划桨会让你轻松地走过一程又一程。"狄奥尼西乌斯(Dionysius Chalcus)①(fr. 5，West)也提到"宴会上的水手和杯中的划桨手"。在卢浮宫的一个红绘陶杯上，萨堤尔骑着酒罐在海上玩闹，简直就是宴会-船这一比喻的注脚，[50]甚至也可以说，狄俄尼索斯把第勒尼安海盗们的船变成了一艘宴会船。如此说来，埃克塞基亚斯的陶杯上可能是也可能不是第勒尼安海盗的故事，也可能既是海盗的故事又是宴饮的故事，因为海盗的故事充满了宴会-船的比喻。鉴于宴会在公共事务和政治上的重要性，把宴会比作船也可以看作是"国家之船"比喻的有趣补充。"国家之船"意味着国家政治好比海上行船，时刻会有风暴侵袭，但最终可能到达一个安全的港湾。[51]宴会之船载着它的水手们经历波折起伏，直到夜晚的尽头。只不过海盗们的航船甚至走得更远，带着他们一直到了生命的尽头，

① 古希腊诗人、演说家，约活动于公元前5世纪前后。他为宴饮所做的诗篇现仅存有残篇。

开启新的存在。

戴维斯承认没有证据能够证明，但他认为宴会通常在日落时分向太阳神赫里阿斯行礼后才正式开宴的习俗使宴饮者和太阳神的活动看起来非常相似——参加宴饮的人将在宴会-船上过夜，赫里阿斯则每晚乘着酒杯从西向东旅行。[52]我觉得戴维斯的直觉是对的，因为有些酒具上画有赫里阿斯在酒神节氛围下夜行的图案。例如，在一只雅典黑绘深酒杯上，赫里阿斯驾驭一辆带翼战车走向赫拉克勒斯，好像他正要把车借给他。[53]画面的背景装饰着常春藤的枝叶，特别是在人物头顶附近，一串常春藤饰带装饰着杯口，两只白海豚在水里游来游去。在维也纳艺术博物馆陈列的一只双耳大肚陶罐上，赫里阿斯驾着一辆双轮马车，马身有翼，常春藤的枝杈像皇冠一样围着太阳神的头，看上去就像是从他的肩膀上长出来的。也许赫里阿斯在这里代表的是一个正走到白昼黑夜交界处的赴宴者？[54]

不管画中的赫里阿斯是哪种情况，赴宴者无忧无虑的旅行——至少从比喻的角度来看——都超出了日常经验的范畴。酒神崇拜者的这种精神自由为酒神赢得“解放者”的绰号。精神自由加上身体自由，表现出来就是狂欢歌舞和性放纵。雅科泰特(Jaccottet)认为酒神崇拜者的自由甚至扩展到没有身体限制和军事压迫的程度。[55]她指出，在欧里庇得斯的《酒神的伴侣》中，神的追随者们(447-448)和他本人(576-641)都奇迹般地挣脱了锁住他们的镣铐。在《荷马赞美诗·致酒神》

开头，海盗们徒劳地试图把狄俄尼索斯捆绑起来(12–14)。帕萨尼亚斯(9.16.6)描写酒神释放了被色雷斯人俘虏的忒拜人，还让那些色雷斯人睡着了。雅科泰特还分析了埃雷特里亚(Eretria)(*IG* XII 9，192，公元前4世纪末)的一项法令，该法令要求酒神节大游行那天给全城人发放常春藤皇冠，以纪念在大游行期间突然撤离的一支外国驻军。所有这些例子都显示酒神无须对抗就能解决身体上的限制，神的力量能使人从精神或肉体的囚禁中瞬间解放出来。与酒神一起航行，或跳海变形，酒神崇拜者就能从日常的忧虑和约束中解脱出来，甚至能彻底摆脱过去，就像第勒尼安海盗那样，成为酒神宴会上的嘉宾。

永远的盛宴

这样一来，酒神的宴会就成了日常生活和神的生活之间的桥梁，它将宴会者从日常活动中带出，进入神和来世的永恒领域。这一主题在吸收和改编了希腊元素的伊特鲁里亚丧葬画中得到了充分的表现。[56]事实上，前文讨论过的许多描绘酒神节狂热画面的陶瓶都来自或广泛流传于伊特鲁里亚。[57]在伊特鲁里亚，酒神节和末世论之间有着重要的关联，海洋意象就是这种关联的核心。在塔尔奎尼亚(Tarquinia)一座大约公元前520年左右的母狮墓中，[58]两只黑豹(典型的酒神兽)面对面站在三角墙上。三角墙下面是一个非常显眼的大型宴会，内有舞者，躺倒的饮酒者，还有一个花环装饰在墙的上半部分。墙的下半部分用一条花饰隔开，海豚跳入黑暗的波浪中，五彩缤纷的鸭子飞了起来。塔尔奎尼亚还有一座公元前6世纪末的渔猎墓，[59]该墓的内室的整面三角墙上都画着宴会的场景。墙面的下半部分装饰着精心绘制的海洋图案，海豚和海鸟栩栩如生。[60]后墙上画着一个捕鸟人正用投石器瞄准一群飞鸟，还有几个人乘着一艘小船捕鱼。左面墙壁上，一个人正从岩石上纵身跃入大海，还有一个稍矮的人正往岩石上爬。

德斯库德雷认为，这两个坟墓中同时出现宴会和海洋画面表现了生死之间的转变。[61]由于坟墓本身代表生死之间的交接点，是短暂与永恒之间的交换场所，因此可以说壁画中的海洋场景表现了死者从人世到极乐岛的旅程。[62]由此观之，宴会场景意义复杂，既表示死者生前举行过的宴会，又表示为纪念死者而举行的丧葬宴会，还表示来世永恒的宴会。[63]宴会总是那个宴会，固定不变的意象却穿越了几种不同的现实层面，从生到死，从有形到无形，所有这一切都统一在酒神的神力之下。[64]

意大利帕埃斯图姆(Paestum)一个大约公元前475年的石棺墓有力地证明了这个概念。该石棺墓是一个跳海者之墓，墓碑上刻着一个人从一座白色建筑上跳入大海，墓壁上装饰着精心绘制的宴会场景。前面已经讨论过，在酒神的支配下跳海意味着不可避免地由生到死的过渡。本例中的壁画图说明死亡对于凡人来说是不可避免的，跳海的结果要么是变成神，要么到阴间。[65]宴会大多呈现出喜悦的场景，大概是今生曾经享受过的，希望在来世也能拥有。宴会突出了从生到死的过渡，在陆地上举办宴会和跳进海里两者间的对比更加突出了过渡到不同空间的概念，也就是过渡到不同的存在空间。

陆地和海洋的对比在伊特鲁里亚许多没有任何酒神符号的坟墓中也能看到。意大利马利亚诺公元前 600 年的浮雕墓[66]、意大利博马尔佐公元前 4 世纪末的彩绘石窟[67]、意大利波普洛尼亚公元前 3 世纪中期的海豚墓[68]以及意大利武尔奇公元前 280 年以后的海豚墓[69]，所有这些墓壁上都有海豚跳跃的画面，有的三角墙上绘有海豚和马头鱼尾怪，有些墓中与葬礼符号一起出现的只有海豚这一种动物，例如公元前 2 世纪上半叶的布鲁斯基墓（the Bruschi Tomb），[70]三面墓墙上描绘的都是送葬的队伍，墙的下半部则画满了海豚和层层海浪。墓室的壁柱上画着手执锤子的卡闰（Charun）①和一个披着裹布的女人，这更突出了整个墓室的阴森装饰，从而更让人注意到突兀的海洋画面。塔尔奎尼亚还有一座公元前 2 世纪中期的堤丰（Typhon）墓[71]，墓壁的上半部画满了海浪，红蓝相间的海豚在海浪间跳跃；右边墓壁的下半部画着送葬队伍和引灵鬼，其中一个引灵鬼手里拿着大锤。这些墓室壁画把海

① 伊特鲁里亚神话中的亡灵导神，类似于希腊神话中的冥府渡神卡戎。

洋和阴间主题直接放在一起形成了鲜明的对比，表现了生与死之间的相互作用，这正是坟墓的意义所在。

小　结

在酒神语境中，海是酒神显现的场所，也是酒神崇拜者从正常意识过渡到疯狂、从生过渡到死的空间。海洋的媒介性质反映了狄俄尼索斯自身的矛盾性，因为他把死亡和永生、暴力对抗和欢乐群宴、可见世界和不可见世界合并在一起。由此可见，大海是狄俄尼索斯实施他的消解术——把他的崇拜者从压迫中解放出来——的完美场域。正如普鲁塔克的《道德论集》(*Moralia*，611d–e)所言，酒神的消解术把人的灵魂从死亡的身体中解放出来，这也是新成人者不惧怕死亡的原因。第勒尼安海盗的故事很好地诠释了这一点。海盗们的身体被改变，从卑劣的生活模式中解脱出来，进入新生活，变成了在宴会上崇拜狄俄尼索斯的仁慈海豚。

结　论

我们在引言中提到了学者们在解读希腊神话中的跨海航行及航行结果的差异性时所遇到的重重困难。许多学者认为要想全面而综合地分类研究同时又不曲解已有的资料是不可能的事情。[1]关键问题是这样的分类研究往往不关注发生海上变形的原因而只关注其结果，这必然导致类型学研究难以解释为什么不同的神话人物的跨海航行或跳海行为产生的结果相同或相反。

本书呈现的六种案例研究表明，尽管神话故事中跨海航行和跳海的情况千差万别，但故事背后的概念是一致的。在希腊人的世界观里，海洋不仅是国与国之间、陆地与陆地之间的中介空间，同时还是凡界、冥界和神界之间的边界。换句话说，海洋是可见世界和不可见世界的分水岭。正因如此，海上发生的外形变化反映的是心理变化。因此，以大海为背景可以恰当地表现出男女长大成人、遇见神、发疯以及死亡等形形色色的心理变化。

作为一个媒介空间，海洋集人、神、冥三界的特性于一体，因而充满了矛盾性。海洋是生命和食物之源，却又与荒芜和死亡紧密相连。大海虽是交通要道，却又标志着无法逾越的疆界。海洋在空间概念上模糊不清，因为海平面也可能导向地狱深渊。在希腊想象中，在大海最遥远的地方，在地平线上，大洋河向下联结着塔耳塔罗斯的无底深渊，向上联结着天空的穹顶。如此说来，海洋不仅是世界不同地区之间的联结点，还是现实的不同层面之间的交汇点。这一概念清楚地体现在对大洋河的描述当中。许多资料都多次显示大洋河为陆地、天空和海洋的交汇点，不同的空间在大洋河并置体现了不同的世界在大洋河毗邻相连的概念。

与此相应，希腊人常常把发生在海上的自然现象看成是另一个世界的信号。把天地搅成一片混沌让水手辨不清方向而遭难的海上风暴，对奥德修斯而言却是神圣启示的时刻。奥德修斯快要淹死时，琉喀忒亚女神现身救了他，让他安全到达了淮阿喀亚人的土地（*Od.* 5.282-338）。希腊人还把海上的风看成是把人带到来世的力量。《奥德赛》（20.61-66）里的珀涅罗珀希望大风把自己吹到大洋河了此一生。殡葬图像中的风常被描绘成亡灵导神，把死者带到大洋河象征的来世。[2]希腊人还把光的强弱变化和雾看成是人界、冥界和神界交汇的符号。光明和黑暗的交替标志着永生与永死两极之间的过渡，而凡人每天都能看到这种渐变过程。另外，希腊人认为雾是一个模糊的边界，雾里藏着不可见的现实，却能让人像透过面纱一样朦胧地瞥到一点。希腊人用这样的方式表现人类的局限性。凡人没有永生之福，终究得死。然而，在某些特殊情况下，地平线会揭示冥界和神界的秘密。

生活在海洋中的生物也反映了海洋的媒介功能。人们怀疑海里的鱼儿既为人类所食，也可能会分食死人。海豹、鲸、章鱼和其他海洋动物都是怪物，只有神能控制得了。[3]美丽的海中神女居住在大海里，但一旦她们真的露面，只会把凡人吓死。[4]除了海中神女，希腊想象中还有许多杂交生物生活在大海里，例如人鱼特里同、鸡马怪、女妖斯库拉和海妖塞壬等。[5]这些生物杂合了各种各样的动物身体，代表了各种各样心理性情的杂合，说明这些生物也是介于生与死之间、死亡和永生之间。的确，鱼人常作为亡灵导神出现在墓碑上，特别是在希腊化时期和罗马帝国时期。[6]塞壬的歌声很动听，却致命。斯库拉本是一个可爱的女孩，却变成了一个吃人的怪物。格劳科斯杂合了人和鱼的外形表示他从死亡到不朽的转变。[7]还有那些杂合海豚反映了酒神崇拜者与神接触时的迷狂状态。[8]水鸟以其能飞、能潜、能浮、能生活在陆地上的能力，恰如其分地表现了人在海上发生的转变。因此，希腊人常用水鸟来表示人的灵魂。[9]在希腊想象中，海豚既有人类的智慧和情感，又有神的尊严，还有对安葬死者的特殊关切。因此，海豚最能表现海洋的转变功能。

海水与转变

那么，希腊想象中的大海究竟是如何实现这种心理上的转变的？我们已经看到，神话中的水文体系里，大海的咸水处于两个淡水体——大洋河和地球上的江河湖泉——之间。淡水既能维持世上的生命，也能维持大洋河上众神的永生，而咸水是不能维持生命的。此外，虽然淡水和咸水都被认为是纯洁的，但咸水是因为消除生命而能促成纯洁，因此，希腊神话中的海水与死亡的关系特别密切。在海上航行或沉浸在海里都会把人带到真实的或是象征性的死亡边缘，与死亡近距离接触的结果可能是涤罪、神启和/或生存状态的改变。无论是哪一种，发生的变化都是不可逆转的。

这种能动性在达那厄、奥革和罗伊欧的故事中表现明显。这几个女孩子无助地在大海上漂浮，等于漂在生死之间。事实上，达那厄被囚于漂流箱与她被囚在地下室一样，两次她都做好死的打算而不用父亲脏了手。同样地，奥革在被锁进箱子扔进大海之前是禁锢在神庙里的（也有资料说她被抛弃在荒野），对她的家人来说，她等于已经死了，虽然她的父亲没有杀她。罗伊欧的情况也是一样，她被发现怀孕后立即被装进箱子扔进大海，虽然没有谁因杀她而脏了手。这三个女孩子靠岸获救意味着婚姻在望，海上漂流最终解决了她们作为女性继承人和未婚母亲暧昧不明的身份问题。她们的海上之路象征她们彻底离开家人，这种象征性的死亡让她们得以嫁人重生。另外，正如布尔克特所言，这些女孩子的象征性牺牲和死亡促成了她们的女性身份。普洛尼玛和伊菲革涅亚的故事特别明显地表现了这一点。她们两人本来要被杀死的——伊菲革涅亚要被送上祭坛——但最终在渡海以后嫁人开始了新生活。牺牲是把活人献给神，这正是达那厄、奥革、罗伊欧等人所经历的。她们被家人抛弃在大海里，从此命运交到神的手里。希腊神话中总有神拯救无依无靠的人，但每一种情况和结局都有独特的意义。

相比之下，罗伊欧的姊妹摩尔帕狄亚和帕耳忒诺斯也被交给了神，但那是她们自愿的。姐妹两个因为父亲的酒坛被猪打破而吓得跳海，宁愿死在大海里也不愿面对斯塔费洛斯的怒火。结果，阿波罗把她们变成了神，标志是摩尔帕狄亚接受了赫弥忒亚——“半人半神”——的名字。姐妹俩都在沿海城市受到崇拜，而且像帕耳忒诺斯的名字那样——永远都是处女身。姐妹俩没有经历罗伊欧和奥革那样的身份转变，而是永远离开了人间，归属到一个不同的现实层面。她们跳海结束了凡人生活，却在“另一边”获得重生。她们没有到达海洋彼岸过渡到新的生活阶段，而是把自己丢进大海，完全转变到一种新的生活。

珀尔修斯和伊阿宋始终在海面上活动，与死神擦肩而过，都看到了神的不可见世界和大洋河外(大多数阿耳戈船英雄神话中都说是黑海外)的死者世界，回来后在社会中获得新地位。至于忒修斯，他冒着死亡的危险跳入波涛汹涌的大海，沉到了海底，船上的同伴开始为他哀悼。然而，忒修斯并没有沉溺水底消失不见，友好的海豚把他带到波塞冬的宫殿，在那里他确认了自己神的身份，看到了海中神女和安菲特里特，并得到了奇妙的礼物，证明了他的特殊身份。忒修斯回到海面时，巴克基利得斯特别提到他的衣服一点也没有打湿："他从水里出来，身上一点都没有打湿，所有人都觉得不可思议。"（*Ode* 17.122–123）这个细节突出了忒修斯作为波塞冬之子在无底深渊里超越死亡的特殊性。因此，忒修斯不再是一个身份不明的男孩，而是神的儿子，一位新的政治首领。忒修斯跳海后与死神擦肩而过，完成了他向成人身份的转变。

阿里翁的海上历险也是如此。海盗们要杀他，他决定跳海自杀。眼看就要沉下去了，突然一只海豚救了他，把他安全地带到岸边。我们知道，海豚把阿里翁带到了著名的冥府入口泰纳龙角，因此可以说阿里翁象征性地死了一次，不过只是掠过海面，与死亡擦肩而过。阿里翁回到人间，提高了对神的认识，坚定了对神的信念。同样地，安提克利德斯笔下，莱斯沃斯岛的英雄厄那洛斯跳进海里去救他那要被献祭给安菲特里特的心上人，结果没死，到海里"给波塞冬喂马"了（Anticlid. *FGrH* 140F4 = Ath. 11.15, 466c–d），他的女友则变成了海中神女之一。在普鲁塔克笔下，厄那洛斯和女友被海豚带回莱斯沃斯岛，女孩后来的命运如何我们不得而知，但厄那洛斯受到海神波塞冬的宠爱，总有一大群章鱼簇拥，还移开了威胁该岛的潮汐波。就这样，厄那洛斯跳海后也成功地以一种特殊的身份回到了人世间。厄那洛斯与阿里翁和忒修斯一样，放弃活命跳了海，却得到了海豚的指引。而他的女友，至少在安提克利德斯的叙事中，被扔进大海后就从人间消失了。她到了“世界的另一边”，加入了海中神女的行列。

人类要穿过模糊不定的海洋空间必须有神的介入。然而，有幸得到神助的人千差万别，不一而足，尤其是在性别方面差异巨大。像达那厄、奥革和罗伊欧这样的女子，神使她们怀孕导致她们被驱逐，后来却完全从她们的生命中消失，任她们在海上听天由命。尽管神可能会出手保护被弃海上无依无靠的女子，比如帕耳忒诺斯、摩尔帕狄亚和某些版本中的奥革，但是对于故事中的女子而言，在海上的过渡时光是完全彻底的孤苦无助。相比之下，像珀尔修斯、忒修斯、伊阿宋以及许多其他男子，都是神主动引导他们顺利完成海上航行的。虽然有些神不怀好意，比如波塞冬对奥德修斯，却总有善意的神来纠正，比如雅典娜对奥德修斯的帮助。故事主角与神之间的不同关系彰显了希腊社会男女角色的巨大差异，女性在海上——在生活中也一样——被动地受苦，而男性积极主动地寻求挑战，神也会主动来帮忙。

神的保佑使那些投海的人即便死了也不会尸骨无存。墨利刻耳忒斯和赫西奥德就是这样的例子，他们死后都沉到了海里。伊诺用大锅把墨利刻耳忒斯煮了之后，抱着他跳了海。赫西奥德被杀后，尸体也被扔进了海里。海豚把他们的尸体带到岸边，使他们在那里受到英雄崇拜。神不愿意让喜欢的人沉尸大海，海豚好比神的使者把尸体救起。墨利刻耳忒斯成了伊斯特摩斯竞技会的守护神，受到人们的敬拜。赫西奥德的尸骨被埋在俄耳科墨诺斯城的市场里，还治愈了一场瘟疫。

总而言之，海洋将个体置于生死之间，实现了不同生命阶段之间、不同的存在状态之间的转变。正如弗斯内尔所解释的那样，那些牺牲自我或跳海而听天由命的人，都不再是活人，[10]它们到了一个中间地带——大海是这个中间地带的象征——随时准备去往这个地带的另一边，或者回到活人的世界。

奥德修斯的例子显示了神话中海上穿越可能出现的两种结果。尽管奥德修斯是一个能干的水手，在整部《奥德赛》中却也无助地在海上颠簸，最后连船都没了，差点淹死在海里，在琉喀忒亚女神的帮助下才终于上了岸，但他的身上“脏污不堪，全是盐渍，看上去很吓人”（*Od.* 6.137），那是他艰难航程的印记。奥德修斯的外表几乎和格劳科斯一样可怕，身体被盐水折磨得难以辨认，还沾满了贝壳。我们知道，格劳科斯的变形是他从人到神的转变的标志。格劳科斯甚至获得了预言的能力，证明他获得了神的知识。同样地，奥德修斯粗糙的外表反映了他与死神擦肩而过以及在海上得到的神启。此外，奥德修斯被琉喀忒亚搭救之后，雅典娜让他比凡人更高大漂亮（*Od.* 6.229–235），这样他就可以得到淮阿喀亚人的帮助，最终回到伊萨卡。这段经历让奥德修斯连续发生身体上的变形，反映了他在海上发生的变化以及神的护佑。奥德修斯从加里普索那里几乎得到了永生，他拜访了冥府的亡灵，差点死在水里。在许多学者看来，奥德修斯的经历和他对来世的特殊了解使他真正成长了。[11]

厄琉西斯秘仪中，刚成年的人们经历的就是类似于奥德修斯的成长。当他们跑进大海大喊着“入海吧，新人们”的时候，等于象征性地把自己扔给了大海。事实上，埃斯基涅斯（Aeschines 3. 130）①的注释提到公元前339年的厄琉西斯仪式中的新人死亡事件，该段注释特别说明这个新人（可能是两个）在仪式中被一种海里的生物吃掉了。注释者称此生物为“海怪”，大概是类似于鲨鱼的食肉动物。虽然这些戏剧性的事件看起来只是个例，或者根本没有发生过，仪式的目的却非常明确。这是一个净化仪式，[12]参与者的整个身体都浸在海水里，他们献祭的仔猪也要浸在海水里，准备迎接神秘的启示。新成年的人们以一种象征性的死亡来净化他们和祭品，准备好迎接改变人生的启示。[13]这再次表明在海里遇见死亡是为重生做准备，不同的是，此处的重生是指接触神以后达到意识的新高度。

海上诸神

一提到大海，我们想到的第一个神当然是波塞冬。波塞冬在航海和渔业方面特别受到崇拜，许多波塞冬圣殿都在海

① 公元前4世纪雅典政治家、演说家。

边。[14]在苏尼翁(Sounion)和翁奇斯达斯(Onchestus)，人们把马扔进海里纪念波塞冬。[15]神话里的波塞冬是奥德修斯最强大的敌人之一。本研究中泰纳龙的圣殿和阿里翁的祭品显示波塞冬参与了阿里翁的故事。[16]波塞冬是忒修斯的父亲，为了得到父亲的认可，忒修斯去了他的水下宫殿。波塞冬还是许多可怕的海上生物之父，包括独眼巨人波吕斐摩斯、飞马珀伽索斯(Pegasus)、勇士克律萨俄耳(Chrysaor)等，后两个是在珀尔修斯斩首墨杜萨期间诞生的。[17]作为能撼动地球的人，波塞冬统治着海底世界，我们看到他为儿子普洛透斯开了一条地下隧道，让他借道冥界到达埃及。然而，尽管波塞冬与冥界近在咫尺——泰纳龙波塞冬圣殿和雅典的波塞冬圣殿都是通往冥界的入口——他却不统治冥界，也与下地狱的环节无关。[18]但是波塞冬代表海洋和地壳的核心力量，不过他的力量往往混乱无序，因此常在智力竞赛中输给雅典娜和阿波罗等其他的神。[19]但总体来说，波塞冬在本研究中占据重要地位，因为他代表了大海和地球深处无穷的力量，这一点从他可怕的后代身上可见一斑。[20]不过，正因为波塞冬代表的是亘古不变的力量，所以我们没有看到他主导的海上蜕变的情形。在社会层面上，波塞冬代表成年男子，是男子团体和政治联盟的保护神。[21]也许正因如此，波塞冬没有出现在巴克基利得斯关于忒修斯认亲和成长的神话中。忒修斯在海底遇到了波塞冬的妻子安菲特里特，而非波塞冬本人。安菲特里特在这里似乎是作为一种生育女神出现的，波塞冬则置身事外。

与此相反，雅典娜对男人一生中的社会变化特别感兴趣，例如长大成人、成为统帅等。本研究中总能看到雅典娜作为帮手出现在奥德修斯、珀尔修斯、赫拉克勒斯等英雄的故事里。《奥德赛》里的雅典娜引导奥德修斯回到伊萨卡成为领袖，她也是忒勒马科斯成长路上的领路人。她帮助珀尔修斯完成壮举，获得政治声望。雅典娜在阿耳戈船英雄神话中也扮演着重要角色，她指导建造了阿耳戈号船。[22]雅典娜精通制造工艺，阿耳戈号船跨越了不可逾越的海洋屏障，使伊阿宋完成了社会地位的转变。我们还在葬礼图像中看到雅典娜携着死去的勇士飞越大洋河，显示她战神的本质和荣耀。对于女人方面，我们已经看到雅典娜在奥革的故事中短暂但重要的存在。为了保持贞洁，奥革成了雅典娜的女祭司，却被赫拉克勒斯强奸致孕。在另一个版本中，奥革把孩子藏在忒革亚的雅典娜圣殿，引发了瘟疫。布鲁莱(Brûlé)指出，这个神话突出了雅典娜在女子成人仪式中的重要性，特别是完全由女性主持的仪式中，比如祭坛清洗仪式(Plynteria)①和侍女换届仪式(Arrhephoria)②。[23]永葆童贞的女神与换届即可结婚生子的侍女形成鲜明对比。

本研究中还有许多其他的神与海上变形有关。赫耳墨斯、阿波罗、阿芙洛狄忒、厄洛斯和狄俄尼索斯等，都在海上变

① 古希腊每年阿提卡历5月25日给雅典卫城的雅典娜木塑像脱衣，清洗，晾干，换新衣的仪式。

② 雅典卫城的雅典娜祭坛侍女换届时举行的神秘仪式。

形事件中扮演重要角色，因为这些神的性格刚好与海洋的极端性格和紧张气质相吻合。作为往来于三界的神，赫耳墨斯显然是监督凡人在海上转变的不二人选。阿波罗通过神启的形式与人类交流，出现在阿里翁的故事、伊卡狄俄斯的故事以及《荷马赞美诗·阿波罗》中，用海豚为媒介向人类传达神的旨意。事实上，《荷马赞美诗·阿波罗》关于德尔斐建立的叙事中，阿波罗自己化身为海豚宣布他的命令。阿芙洛狄忒和厄洛斯掌管爱情，爱情是一种精神和肉体上的失控，希腊人常常把这种失控与跳海自杀联系在一起。因此，“莱夫卡斯跳海”既可以表达坠入爱河的感觉，也可以表达爱的治愈。赫罗(Hero)与勒安得耳(Leander)、阿尔库俄涅与刻宇克斯、埃萨科斯、波吕斐摩斯、阿尔甫斯，还有许多其他的恋人，都在激情的狂乱中跳海。把自己抛弃到大海深处的感觉与强烈的爱情所带来的失控感是一样的。出于同样的原因，酒神的崇拜者常被描绘成海豚以示与神的接触，随之带来的精神上的失控则体现在浩渺动荡瞬息万变的海洋空间上。海上的旋涡就像醉酒者的头晕目眩，而酒黑色的大海就像他们最喜欢的饮品。

总的来说，海洋是神现身和启示的空间，海洋老人涅柔斯、福尔库斯和普洛透斯就是在大海上向人传递信息的。这些神，还有忒提斯、格赖埃三姐妹和提坦神俄刻阿诺斯等，都体现了海上变幻莫测的景象。大海随着天气情况不停地变换颜色和形状，有时平静如镜，有时风暴肆虐。海洋老人能够随心所欲地变换模样，失去方向的水手在动荡不停的大海里找不到出路，必须紧紧盯牢神的变形，才能获得启示找到回家的路。神的启示不仅仅是指引通往城镇或沿海居住区的路线，海洋老人还指明了超越死亡边界的路。墨涅拉俄斯不仅从普洛透斯那里知道了通往斯巴达的道路，还知道他死后会到极乐岛（*Od.* 4.333–570）。同样地，赫拉克勒斯知道了通往金苹果园之路，珀尔修斯知道了通往冥河仙女洞穴之路（Apollod. 2.37）。金苹果园在大洋河外神的领域，冥河在阴间，都是凡人不可企及处。格劳科斯（有人说他也是海洋老人之一）甚至向赫拉克勒斯透露了天机——他并非命中注定要帮阿耳戈船英雄们完成使命，但这么做会让他不朽。[24]

这些神话中，在海上寻找出路其实就是在不同的存在状态中寻找出路。希腊想象中的大洋河是大海在地平线尽头的延续，是通往哈得斯和奥林匹斯山的门户。处于中间地带的大洋河既涵盖天堂之地，又容纳地狱之地，如金苹果园、极乐岛、戈耳工三姐妹岛等。同样地，现实中的大海既是一个积极的空间，也是一个消极的空间，人们能在大海里体验好运和成功，也可能葬身大海，尸骨无存。因此，无论是现实中还是在想象中，大海都是交流的途径，它为人们提供了旅行和商品、信息交换的机会。从宗教的角度来说，大海是神启示的空间，众神在这里现身，传达神的意志，宣布人类的命运。因此，海上航行绝非小事，不仅有人身安全的风险，而且可能越过人类的界限，到达外面未知的空间。

注　释

引　言

1. Wachsmuth 1967；Alvar and Romero 2005.

2. 见 Somville 2003.

3. 见 Gallini 1963.

4. *Il.* 14. 200–201，244–246，301–302. 参见 Thales，DK 11，A1；11A，12–13；*Orph. Fr.* 15，16，25，107（Kern）. 见 Dietz 1997.

5. 例如 *Od.* 14. 135–136. 见 Sacks 1989；Savoldi 1996.

6. 关于希腊人对阴曹地府的概念，请参阅 Cousin 2012.

7. Taenarum：Hecat. *FGrH* 1F27. Heracleia：Xen. *An.* 6. 2. 2.；Ov. *Met.* 7. 406–419；Mela 1. 92. 见 Ogden 2001：169；Ogden 2004.

8. 例如 Heracles：*Theog.* 292；Jason：Pind. *Pyth.* 4. 251.

9. *Theog.* 736–739.

10. 这类观念只出现在罗马时期，例如 Plut. *De Fac.* 941a–f 讲了一个大洋河彼岸大陆来的人的故事。

11. Pind. *Ol.* 3. 43 – 45；*Nem.* 3. 20 – 23；*Isthm.* 4. 29 – 31；Eur. *Hipp.* 742–50.

12. 见 Pocock 1962.

13. *Hymn. Hom. Ap.* 493 – 496；Servius to Verg. *Aen.* 3. 332；Testament of Epicteta：*IG* XII 3，330. *Etym. Magn.* s. v. Eikadios.

14. Plut. *Conv.* 162a–b. Cf. Hdt. 1. 23–24.

15. Hdt. 2. 23，4. 8.

16. Str. 2. 5. 15, 2. 5. 30, 3. 2. 9, 3. 5. 11.

17. Nesselrath 2005: 159. 不过，Roller 2006: 57-58 认为希腊人当时没有越过赫拉克勒斯之柱航行是因为对以前的大洋河航行史缺乏了解。

18. Avien. *Ora Maritima* 414; Plin. *HN* 2. 169.

19. Plin. *HN* 2. 169; Avien. *Ora Maritima* 117, 383, 412.

20. 见 Roller 2006: 29-43.

21. *Mir. Ausc.* 836b30-837a7. See Roller 2006: 45-46.

22. Diod. Sic. 5. 19-20 = Timaeus *FGrH* 566F164.

23. *Op.* 167-173. 见 *Od.* 4. 563; Pind. *Ol.* 2. 68.

24. Romm 1992: 126-127.

25. Roller 2006: 57-91.

26. 西西里岛南岸杰拉古城出土的古典时期的细颈有柄长油瓶，信息源自法国古典考古学家 Jourdain-Annequin 1989 年的研究成果第 539 页和 Brommer 1942 年的研究(1942b)章节 1a. Lekythos, Paestum, ca. 350 BC, Naples, Museo Nazionale 81847 = *LIMC* s. v. Hesperides no. 36.

27. = Gem. *Caelest.* 6. 8-6. 9; Cosm. Indic. *Top.* 2. 80-6. 9.

28. Cunliff e 2001: 26.

29. Hdt. 4. 13, 32-36. 见 Romm 1989 and Romm 1992: 98.

30. Bremmer 1999 [1994]: 1-10; Parker 2011: 1-39.

31. Allen 1976.

32. West 1997: 137-144.

33. West 1997: 145; Harwood 2006: 11.

34. West 1997: 148. Rebuttal in Kelly 2007.

35. 见 Roguin 2005.

36. West 1997: 152-155.

37. 例如 Aesch. *Ag.* 1160；Pind. *Pyth.* 11.21；Ar. *Ran.* 181-183.

38. West 1997：406-412. 有关奥德修斯和吉尔伽美什的相似之处，请参阅 Burgess 1999.

39. Job 33：18，28（MSS）. 见 West 1997：156.

40. West 1997：156.

41. Dundes 1988；West 1997：489-494；Chen 2013.

42. Epicharmus fr. 113-120 *PCG*；Pind. *Ol.* 9.41-56；Apollod. 1.46-48.

43. Ov. *Met.* 1.253-415.

44. Pl. *Criti.* 110d-112a；Ti. 25c-d.

45. West 1997：493.

46. Paulian 1975；Evans 2005.

47. 见 Evans 2005：109. 参见 Berlan Bajard 1998.

48. Verg. *G.* 1.25-31. 见 Romm 1992：158-171. 亚历山大诗歌中也用到大洋河的意象来比较史诗和短诗，请参阅 Harrison 2007.

49. Cic. *Fin.* 5.53.

50. Plut. *De Fac.* 26；Avien. *Ora Mar.* 164-165.

51. 见 McGinn 1994；Kraus 2003；Schmidt 2006.

52. 见 Tracy 1996.

53. Pind. *Ol.* 2.68；Plin. *HN* 6.37；Mela 3.102.

54. 关于阿瓦隆和古代传统之间的联系，请参阅 Ahl 1982.

55. Westrem 2001：no. 987，p. 389；Kline 2001. 关于赫里福德地图对恺撒的描绘，请参阅 Wiseman 1987.

56. Kugler 2007：map 59/10. 参见 Honoré of Autun's *Imago Mundi* I.35；*Lucidarius* 1.61；Gervase of Tillbury，*Otia Imperialia* 2.11；Map of Angelino Dulcert（fl. 1339）in Harley and Woodward 1987：378 and 410.

57. Vieray Clavijo 1991 [1772]: 45-46.

58. Vieray Clavijo 1991 [1772]: 45-46.

59. 参见 Ninck 1921. 有关希腊文化中水的一般概况，请参阅 Houlle 2010.

60. Gallini 1963: 62.

61. 参见 Radermacher 1949.

62. 1950 年 Starr 对 Lesky 提出了这样的批评，可参阅 Raubitschek 1950.

63. Burkert 1979: 6-7，见 critique in Neumann 2010。

64. Buxton 1980: 26.

第一章

1. 约公元前 510 年至公元前 500 年的雅典红绘双耳浅陶杯，波士顿美术馆，编号 01. 8024. Vermeule 1979: 180 fig. 1.

2. Chantraine 1999 [1974], s. v. Hals: "vieux nom-racine du sel." 见 Sorba 2008.

3. Chantraine 1999 [1974], s. v. Pelagos: "haute mer, le large"; "sert de terme géographique"; "s'emploie au figuré pour exprimer une grande quantité."

4. Chantraine 1968, s. v. Thalassa: "terme à la fois le plus usuel et le plus obscur."

5. Romm 1992: 10-11. 关于更多这种描述，尤其是在基督教文学中，请参阅 Schmidt 2006.

6. 参阅 Plut. *De Fac.* 934f.

7. 例如 *Od.* 2. 370, 13. 417-419; *Il.* 9. 4-8; Solon 13. 43-45 (West). 罗马文学中的描述请参阅 Evans 2005.

8. Εὐρέα: *Op.* 507, 650; ἀπείριτος: *Theog.* 109; ἀπείρων: *Theog.* 678.

9. ἀτρύγετος：*Theog.* 241，696，737.

10. ἁλμυρός：*Theog.* 107，965.

11. *Theog.* 131–132：κυμαίνοντος：*Op.* 390；πολυκλύστῳ：*Theog.* 189.

12. *Theog.* 252，873；*Op.* 620.

13. *Theog.* 233–239. See also Hyg. *Fab.* pr. 7；Apollod. 1. 10；schol. Ap. Rhod. *Arg.* 1. 1165.

14. Heracles：Apollod. 2. 114；Menelaus：*Od.* 4. 333–570. See Détienne 1996 [1967]：53–67.

15. Chantraine 1968 s. v. Pontus；also Watkins 1985 s. v. * pent-.

16. House holder and Nagy 1972：767–768. Summary in Sacks 1989：45–47.

17. 参见 *Il.* 7. 97–89，赫克托耳想象把他杀死的人埋在海边一个显眼的地方有助于传播他的美名，因为人们会讲赫克托耳是如何杀死埋在这里的勇士的。

18. 见 Nesselrath 2005：156–157.

19. 参见 Diod. Sic. 4. 18. 5. See Davies 1992.

20. Anticlid. *FGrH* 140F4 = Ath. 11. 15，466 c–d. 参见 Plut. *Conv.* 163a–d；Myrsil. *FGrH* 477F14 = Plut. *Soll.* An. 984e.

21. 见 Baslez 2003.

22. 海神普洛透斯：*Od.* 4. 349–570；Verg. *G.* 4. 387–395 and 429–529；Ov. *Met.* 2. 9 and 8. 730–735；Luc. *Dial. Mar.* 4；*Orph. Argon.* 339. 埃及王普洛透斯：Stesich. fr. 16（Page）；Hdt. 2. 112–120；Eur. *Hel.* 4–67；Serv. *Aen.* 1. 61；Diod. Sic. 1. 62. 1–4；Conon *FGrH* 26F1. 32. See O'Nolan 1960.

23. Apollod. 2. 105；Tzetz. ad Lyc. *Al.* 124. 最终赫拉克勒斯打败了普洛透斯的儿子们。

24. Mylonopoulos 2003：399 观察发现波塞冬有权控制深海和大地，却无法控制阴间地府。

25. Pl. *Grg.* 493b；Cra. 403a. Helmet of Hades：*Il.* 5. 845；*Scut.* 227.

26. 参阅色诺芬《回忆苏格拉底》(*Memorabilia*)中有趣的悖论，3. 8. 10. 苏格拉底说寺庙和祭坛最理想的位置是在最显眼和最人迹罕至的地方"ναοῖς γε μὴν καὶ βωμοῖς χώραν ἔφη εἶναι πρεπωδεστάτην ἥτις ἐμφανεστάτη οὖσα ἀστιβεστάτη εἴη ."色诺芬连用两个最高级形式意在强调他描述的位置的高能见度和"人迹罕至"的隐形性的反差。

27. Soph. *OC* 167，675；Porph. *Abst.* 4. 11；Pl. *La.* 183b；*Phdr.* 245a；Arist. *Pr.* 924a5.

28. *Il.* 5. 448；Hdt. 5. 72；Pind. *Ol.* 7. 32；*Pyth.* 11. 4；Pl. *Tht.* 162a；Str. 14. 1. 44.

29. *Anth. Pal.* 6. 51.

30. 见 Grégoire 1949：89–90 and rebuttal in Edelstein 1954.

31. 对吕哥弗隆文字的解释请参阅 Tzetz. ad Lyc. *Al.* 115 and 116.

32. Bonnechere 2003：265–69.

33. 见 Sophocles*OC* 1590–94. 关于波塞冬神殿和通往地狱的入口，请参阅 Kokkinou 2014：62.

34. 例如 Pl. *Phdr.* 111d–112a 描述了水流是如何在地球上以多种方向运行的，有的从地表流入地下，有的从地下流出地表(比如喷泉)，有的流向大海和大洋河，最终大洋河的水通过冥河流到地下世界。

35. 这些联系清晰地呈现在 Ps. -Plut. *De Fluv.* 1157e（13. 2）：Scamander 河里生长着一种名叫 seistros 的神奇植物，能让人看到鬼神时不会害怕。

36. Ogden 2001；Ogden 2004.

37. Ogden 2001 and 2004.

38. Paus. 1. 34. 2–4.

39. Diod. Sic. 5. 4. 2. 见 Jourdain-Annequin 1989：520–38.

40. Diod. Sic. 4. 25. 4；Paus. 2. 37. 5–6；Tzetz. ad Lyc. *Al.* 212；Hyg. *Poet. astr.* 2. 5；Paus. 2. 31. 2，2. 37. 5；Plut. *Is. et Os.* 364e–f；*Ser. Num. Vind.* 566A；Poll. 4. 86–87. 见 Bonnechere 1994：203 and notes.

41. Paus. 9. 20. 4.

42. Lucian *Nec.* passim，esp. 7 and 22. 同样地，Tyana 的哲学家 Apollonius 从莱瓦贾的 Trophonios 的密室进入冥界旅行，7 天后从 Aulis 出来了：Philostr. *VA* 8. 19.

43. 荷马笔下关于水、大地、夜晚和葬礼主题之间的联系，请参阅 Arnould 1994.

44. 见 Davies 2004：254.

45. Vermeule 1979：179–209.

46. 见 Georgoudi 1988.

47. Aesch. *Pers.* 578；Eur. *IT* 1193. 见 Alvar and Romero 2005.

48. *IG* XII 5. 593 = *LSCG* 97 A 14–17. 见 Parker 1983：38.

49. Paus. 1. 24. 4，1. 28. 11；Porph. *De Abst.* 2. 29–31；Theoph. *De Piet.* 18. 39（Pötscher）；Ael. *VH* 8. 3；*IG* I2 839；Ar. *Nub.* 984–985；Photius and Suda，s. v. *peripsema*. 见 Burkert 1983［1972］：136–149；Bremmer 1983；Piettre 2005：87.

50. Str. 10. 2. 9. 目前并不清楚这个活动早前就有还是罗马时期才有。

51. Parker 1983：226–27.

52. Ginouvès 1962：239–242；Parker 1983：32–48.

53. Marchetti and Kolokotsas 1995：236–237. 新娘沉到 Scamander 河里把童贞献给神：Ps. -Aeschin. *Ep.* 10. 3–8. 见 Gallini 1963：81.

54. Ginouvès 1962：265–82.

55. 参见 *Od.* 24. 291. 关于荷马对航海恐惧的描述，请参阅 Sacks 1989：33-62. 为了避免这种命运，在开始海上旅行之前，人们会进行一系列复杂的祭祀和宗教活动。具体请参阅 Wachsmuth 1967 and Corvisier 2008：344-350. 这种情绪充斥整个希腊文学，特别是警句里。参阅 Radermacher 1949；Vermeule 1979：179-190；Pearce 1983；Georgoudi 1988；Goyens-Slezakowa 1990-1991；Serghidou 1991. 希腊化时期对海洋的消极观念请参阅 Poliakoff 1980.

56. 见 Vermeule 1979：184 with bibliography.

57. 约公元前 740 年至公元前 720 年的晚期几何体大酒壶。慕尼黑博物馆，编号：8696。

58. *Od.* 23. 347；Mimn. 11. 4（West2）；*Hymn. Hom. Sel.* 7-8；*Hymn. Hom. Merc.* 68-69；*Hymn. Hom. Hel.* 15-16；Stesich. 8. 1-3（Page）；*Op.* 566；*Il.* 18. 486-89.

59. Ginouvès 1962：283-298；Kahil 1994. 更多关于在大洋河给众神沐浴的讨论可参阅 Rudhardt 1971：83-87。

60. 极乐岛：*Od.* 4. 563-570，15. 403-414；*Op.* 167-175. 参见 Pind. *Ol.* 2. 68-77；Pl. *Phdr.* 249a；Eur. *Hel.* 1676，*Bacch.* 1739. 金苹果园：*Theog.* 215 以及 Eur. *Hipp.* 742.

61. 公元 2 世纪费城一篇丧葬铭文对这些鸽子的暗示见于 Gatier and Vérilhac 1989. 神的食物与俄刻阿诺斯的关联见于 Rudhardt 1971：84 and 95-97.

62. 见 Cook 1940：980；Bijovsky 2005.

63. 关于海水的矛盾性以及它在成人仪式中的作用，请参阅 Duchêne 1992.

64. Luce 1922 在研究赫拉克勒斯大战海怪的表现（该神话并没有文学记

载)时指出，特里同其实就是涅柔斯，二者只是“海洋老人”的两种表现形式而已。Ahlberg-Cornell 1984，esp. 102–103 也赞成这个结论，还进行了更详细的分析。关于东方神话中的“海洋老人”以及一般的海怪，可参阅 Shepard 1940.

65. 例如 Proclus on Pl. *Resp*. 1，p. 112（Kroll）；*Orph*. *Hymn*. 25（Quandt）. 见 Rudhardt 1971：23. Briquel 1985：145–146 否认“海洋老人”与宇宙的起源有任何关联，普洛透斯名字的起源也不确定，参阅 Chantraine 1999［1974］s. v. πρωτος. 更多讨论参阅 Fuhrer 2004.

66. Apollod. 3. 174；Ov. *Met*. 11. 218–264. Athanassakis 2002 讨论了普洛透斯变形能力的萨满教特点。另外可参阅 Forbes Irving 1992 and Buxton 2009：168–174.

67. *Theog*. 233–236. 见 Détienne 1996［1967］：53–67.

68. Bloch 1985：127.

69. Stesich. fr. 184a.

70. *Theog*. 240–244；*Il*. 1. 358，18. 36，24. 60；Pind. *Pyth*. 3. 92；Apollod. 1. 11.

71. Pind. *Nem*. 4. 62–65；Apollod. 3. 168–170. 这一主题在古典艺术中尤其流行：见 *LIMC* s. v. Thetis（Vollkommer）.

72. Heraclit. *All*. 64–67；见 Rudhart 1971：21–23.

73. Doerig 1983：147.

74. Rudhardt 1971：70–72.

75. 见 Aston 2011.

76. *LIMC* s. v. Okeanos nos. 4–7（Cahn）. 参见 Eur. Or. 1377–1378：Ὠκεανὸς ταυρόκρανος. 对俄刻阿诺斯的肖像研究可参阅 Rudhart 1971：77；Foucher 1975；Paulian 1975；Tölle–Kastenbein 1992：447–454；Dietz 1997：35–43.

77. *LIMC* s. v. Okeanos nos. 1-3 (Cahn).

78. 见 Brommer 1971; Foucher 1975.

79. 事实上，如果没有铭文标注，是很难区分这些神的。请参阅 *LIMC* s. v. Proteus, Okeanos p. 33, Acheloos nos. 268-281. 阿刻洛俄斯(Acheloos)大多以公牛或头上长角的老人形象出现，具体可参阅 Isler 1970（附综合目录）。Doerig 1983 相信鸡马怪就是俄刻阿诺斯。

80. *Theog* 238; Apollod. 2. 27. In Palaephatus 31 格赖埃和戈耳工合并成了此前的戈耳工三姐妹，现在指格赖埃三姐妹，即 Stheno, Euryale, and Medusa. In schol. Ap. Rhod. *Arg*. 4. 1399 认为福尔库斯和刻托的女儿不是格赖埃三姐妹而是守护金苹果园的仙女。Pindar 在 fr. 70a (Snell-Maehler)称呼格赖埃三姐妹是福尔库斯的女儿。

81. *Theog* 270-276; Pherecydes *FGrH* 3F11; Aesch. *PV* 792-797; *Phorcides* fr. 261 (Radt); Eratosth. *Cat*. 22; Palaeph. 31; Lyc. *Al*. 846; Apollod. 2. 37-38; Hyg. *Fab*. *Praef*. 9; *Poet*. *astr*. 2. 12. 珀尔修斯拜访格赖埃三姐妹的图像请参阅 Oakley 1988. In addition, Aesch. *PV* 794-797 指出，格赖埃三姐妹形似天鹅是指她们白发飘飘垂垂老矣。另外，以天鹅作比也强调了她们与世界尽头和死亡的联系，因为天鹅每年都会飞到北方乐土打听她们自己的死期，当然就成了亡灵的象征。天鹅、死亡、亡灵以及北方乐土之间的关联，请参阅 Thévenaz 2004; Bonnechere 2003: 301; Ahl 1982; Arnott 1977.

82. Buxton 1980, updated in Buxton 2013. In*PV* 790-809, 埃斯库罗斯说独眼国的人也居住在大洋河附近，与格赖埃三姐妹在同一个地方。Hdt. 4. 13 也说独眼国的人只有一只眼，但生活在伊塞顿以北，北方乐土以南地区。

83. *Theog* 270-276. 参见 *Cypria* fr. 30 (West); Pherecydes *FGrH* 3F11; Palaeph. 31; Suda s. v. Sarpedionia. 在埃斯库罗斯的 *Phorcides* fr. 261 Radt，格赖埃三姐妹实际上把守的是蛇发女怪的洞口，但是在 *PV* 790-809，埃斯库罗

斯说她们住在戈耳工姐妹附近，在 Erastosthenes' *Catasterismi* 22，她们也把守通往蛇发女怪住所的通道。

84. 黑暗与死亡之间的关系见于 Létoublon 2010：168. 格赖埃三姐妹与福尔库斯和刻托的孩子们之关联，请参阅 Vernant 1991：122–125.

85. Apollod. 2.37. 珀尔修斯拜访格赖埃三姐妹的图像请参阅 Oakley 1988.

86. *Shield* 216–220 and 226–227; Apollod. 2.37; Hyg. *Fab*. 64. Cursaru 2013 有对该神话的详细分析。*LIMC* s. v. Perseus 87–99 (Jones-Roccos) 描绘了珀尔修斯从仙女那里拿到装备的场景。

87. Pötscher 1998.

88. Pind. fr. 263 (Snell-Maehler); Aesch. *Glaucus Pontius* fr. 25a–31 (Radt); Pl. R. 10.611e–612a with schol.; Eur. *Or*. 362–364 with schol.; Ar. fr. 468–476 (*PCG*); Eub. fr. 18–19 (Kock); Antiph. fr. 76 (*PCG* II); Anaxil. fr. 7 (*PCG* II); Palaeph. 27; Ap. Rhod. *Arg*. 1.1310–1329, 2.767; Diod. Sic. 4.486; Ov. *Met*. 7.232–233, 13.898–968, 14.1–74; Paus. 9.22.6–7; Plut. *Cic*. 3; Heraclitus *De incr*. 10; Verg. *Aen*. 6.36; Philostr. *Imag*. 2.5; Macrob. *Sat*. 6.5 and 13; Claudian 10.158; Tzetz. ad Lyc. *Al*. 754; Ath. 7.296a–297c; Nonnus *Dion*. 5.356, 43.75 and 115; *Etym. Magn*. s. v. Ποτνιάδες θεαὶ. 见 Paladino 1978; Deforge 1983; Corsano 1992; Piettre 2002; Beaulieu 2013.

89. Aesch. *Glaucus Pontius* fr. 25a (Radt); Ov. *Met*. 13.949–955.

90. Schol. Ap. Rhod. *Arg*. 2.767. 参见 schol. Eur. *Or*. 364; Tzetz. ad Lyc. *Al*. 754; Nic. in Ath. 7.296f; *Anth. Pal*. 6.164 (Lucillius).

91. Ps.-Arist. *Const. Delos* (p. 465 Rose) = Ath. 7.296c; Verg. *Aen*. 6.36; Paus. 9.22.6–7; Heraclitus *De incr*. 10.

92. 参见 Eur. *Or*. 362–365; Ap. Rhod. *Arg*. 2.767 and Diod. Sic. 4.486.

93. According to Ath. 7.48，格劳科斯吃的不死草本来是生长在地球上献给极乐岛上的赫里阿斯的，赫里阿斯的马吃了这些草就能不知疲倦地在天空奔走。格劳科斯吃了这种草就跨越死亡成了神。

94. *Il*. 18.607–608；*Scut*. 314；Aesch. *PV* 136–143；fr. 74，3（Radt）；A-pollod. 1.2；Diod. Sic. 5.66. 遗憾的是，Ὠκεανός 这个词的词源不清，无法帮助我们了解他在希腊神话中的地位。见 Chantraine 1999［1974］s. v. Oceanus. 这个词好像不是希腊词汇，古风时期的人们关于阿刻洛俄斯与俄刻阿诺斯究竟谁是环绕地球的河流有许多争论，后来阿刻洛俄斯渐落下风，只作为一个受到崇拜的神存在，尤其是在多多那（Dodona）一带。见 D'Alessio 2004；Isler 1970：109–120.

95. Constantinidou 2010.

96. *Od*. 11.639，24.11；*Theog* 215，275，518；Apollod. 2.113.

96. *Theog*. 274–279.

97. 雾霭与黑暗密切相关，比如 Hesychius，s. v. ἠεροειδέα: μέλανα. ἢἀναπεπταμένον. Σκοτεινόν. 古诗和前苏格拉底哲学对雾的描述可参阅 Kingsley 1995：15–35，123–125.

98. 参见 *Od*. 2.263.

99. West 1997：159 注释说ζόφος是个闪族外来词，源自 *s. bi*，表示日落。

100. 例如 *Od*. 11.57；*Hymn. Hom. Dem*. 337.

101. 例如 *Il*. 8.13.

102. *Theog* 757.

103. 例如 *Od*. 12.80.

104. 例如 *Il*. 5.696.

105. *Op*. 125 and 255.

106. 见 Kingsley 1995：123–125；Cauderlier 2000–2001；Perceau 2014.

107. 例如 *Il.* 20. 321：波塞冬用雾迷住阿喀琉斯的双眼，把埃涅阿斯从战场救起。

108. 见 Marinatos 2010.

109. *Od.* 23. 347；Mimn. 11. 4（West^2）；*Hymn. Hom. Sel.* 7－8；*Hymn. Hom. Merc.* 68－69；*Hymn. Hom. Hel.* 15－16；Stesich. 8. 1－3（Page）；*Op.* 566；*Il.* 18. 486－489.

110. 约公元前 500 年的雅典黑绘细颈长瓶。纽约大都会艺术博物馆，编号 41. 162. 29。瓶画罕见地表现出雾的透明感，根据 Ferrari and Ridgway 1981：143，最接近这种技术的是晚期黑绘瓶画对大海的透明感的处理。

111. Ferrari and Ridgway 1981.

112. 参阅公元前 525 年至公元前 475 年的雅典黑绘细颈长瓶，雅典，国家考古博物馆（图片来源：Alexandri 1968：47）。这只花瓶上的赫里阿斯站在他的太阳车里，头上的光轮驱散了上方黑色波浪线的浓雾。

113. 见 Segal 1965：133.

114. 见 Nesselrath 2005. Roller 2006：44－56 讨论古代地理中的赫拉克勒斯之柱。

115. 参见 Pind. *Nem.* 3. 20－23 and *Isthm.* 4. 29－31.

116. 见 Romm 1992：17－18.

117. 有关人死以后经大洋河往生的讨论可参阅 Wagenvoort 1971；Baslez 2003.

118. 雅典娜：公元前 6 世纪的雅典黑绘酒罐，巴黎，国家博物馆，纪念章陈列馆，inv. 260. Photograph in Vermeule 1979：176 fig. 28. 厄俄斯：公元前 5 世纪的雅典红绘角状杯，列宁格勒 682. Photograph in Vermeule 1979：166 fig. 17. 哈耳庇厄：公元前 5 世纪的吕喀亚大理石雕像，伦敦大英博物馆，编号 B287. Photograph in Vermeule 1979：170 fig. 21.

119. Apollod. 2. 37；Hyg. *Fab*. 64.

120. Pind. *Pyth*. 4. 250-252. 关于大洋河在阿耳戈船神话中的最早记载可参阅 West 2005 但是，in Apollonius Rhodius's *Argonautica* 4. 637-644，赫拉禁止阿耳戈船英雄们进入大洋河。Romm 1992：194-195 观察发现，这大概是 Apollonius 本人的杜撰，意在有别于《奥德赛》，同时又能参与围绕荷马诗歌的亚历山大辩论。

121. *Od*. 12. 70；Eur. *Med*. 3；Apollod. 1. 110；Pherecydes *FGrH* F106；Diod. Sic. 4. 41. 3.

122. Simon. fr. 546（Page）；Pind. *Pyth*. 4. 208-211；Eur. *IT* 422；Ap. Rhod. 2. 596.

123. Apollod. 1. 125；Ap. Rhod. 2. 317-344，2. 549-606；Val. Fl. 4. 637-710.

124. 撞岩通往地狱入口的描述可参阅 Davies 1992：220.

125. Haag-Wackernagel 1998：64.

126. 把赫拉和雅典娜比作鸽子飞翔：*Il*. 5. 778；Iris：Ar. *Av*. 575；Iris and Eileithyia：*Hymn. Hom. Ap*. 114. On the inco 关于众神非物质的身体可参阅 Vernant 1991：27-49.

127. Ctesylla 死于难产；在葬礼上她的身体突然消失，同时有只鸽子飞走了：Ant. Lib. *Met*. 1（citing Nicander）；Ov. *Met*. 7. 370.

128. 据说从埃及底比斯飞来的两只鸽子分别在多多那和利比亚宣布了宙斯神谕的诞生：Hdt. 2. 55；Paus. 7. 21. 1，10. 12. 5；schol. *Il*. 16. 233；Soph. *Trach*. 171.

129. Haag-Wackernagel 1998：65-73. On doves，see Thompson 1895，s. v. πέλεια.

130. Paus. 3. 19. 11；Apollod. *Epit*. 5，5a；Ant. Lib. 27. 4；Eust. *Dion*.

Per. 306. 19, 541. 13; schol. Eur. *Andr*. 1262; schol. Pind. *Nem*. 4. 79a-b.

131. Apollod. 2. 74-126; Diod. Sic. 4. 11-18; Hyg. *Fab*. 30; *Tab*. *Alb*. *FGrH* 1. 40; Auson. *Ecl*. 24; Serv. *Aen*. 8. 299; Planud. *Anth*. 92.

132. 关于赫拉克勒斯的抉择请参阅 Rochette 1998.

133. 埃雷特里亚公元前 5 世纪的雅典黑绘细颈长瓶，雅典，国家考古博物馆，编号 1132 = *LIMC* s. v. Atlas 7. 另请参阅奥林匹亚博物馆的宙斯神庙的墙面，*LIMC* s. v. Atlas 9 (cf. Paus. 5. 10. 9)，公元前 5 世纪的坎帕尼亚颈瓶，伦敦大英博物馆 F148 = *LIMC* s. v. Atlas 13，波士顿美术馆公元前 450 年至公元前 430 年的缠丝玛瑙金甲虫 98. 736 = *LIMC* s. v. Atlas 17.

134. 关于赫拉克勒斯之柱是来世的大门参看 Davies 1992。

135. Daughters of Atlas: Diod. 4. 27; Serv. on Verg. *Aen*. 4. 484. Daughters of the Night: *Theog*. 215; schol. Eur. *Hipp*. 742. Daughters of Hesperus (the Eve ning): Serv. on Verg. *Aen*. 4. 484. Daughters of Oceanus: Ap. Rhod. *Arg*. 4. 138，见 Korenjak 2000.

136. Stesich. S 8 (Page); *Theog*. 275, 518; Mimn. fr. 12 (West); Eur. *Hipp*. 742.

137. Mela 3. 31; Plin. *HN* 4. 89.

138. Gela 的古典细颈长瓶 drawing in Jourdain-Annequin 1989: 539 and Brommer 1942b: 1a. 参看约公元前 350 年帕埃斯图姆的细颈长瓶，那不勒斯国家博物馆，编号 81847 = *LIMC* s. v. Hesperides no. 36.

139. Díez de Velasco 2000 认为该事件也画进了瓶画里，画中金苹果园的那棵大树就是宇宙的轴心，也是通往众神之国的门户。赫拉克勒斯在金苹果园的图像可参阅 Brommer 1942b.

140. Jourdain-Annequin 1989: 520-537, 561-566. 参见 Jourdain-Annequin 1998.

141. Erytheia: Hes. fr. 360 (Merkelbach-West); Erytheis: Ap. Rhod. *Arg.* 4.1427.

142. Str. 3.2.11.

143. 厄律忒亚岛的具体位置可以参阅 Apollod. 2.106; Str. 3.2.11.

144. Jourdain-Annequin 1989: 520–38. 关于赫拉克勒斯寻得冥府看门狗而越过生死界的讨论可参阅 Chazalon 1995.

145. Pherecydes *FGrH* F18a = Ath. 11.470c–d; Stesich. fr. 185 (Page); Aesch. *Herakleidai* fr. 74 *TrGF*; Apollod. 2.107. 形象的表现: 公元前 510 年至公元前 500 年的南部意大利大酒罐, 波士顿美术馆, 编号 03.783 = *LIMC* s. v. Herakles 2550; 约公元前 500 年的伊阿利索斯酒杯, (希腊)罗得岛考古博物馆 = *LIMC* s. v. Herakles 2551; 公元前 490 年至公元前 480 年的武尔奇酒杯, 梵蒂冈博物馆, 编号 16563 = *LIMC* s. v. Herakles 2552.

146. 公元前 510 年至公元前 500 年的埃雷特里亚细颈长瓶, 雅典, 国家考古博物馆, 编号 513 = *LIMC* s. v. Herakles 2545; 公元前 500 年至公元前 475 年他林敦的深酒杯, 塔兰托, 国家博物馆, 编号 7029 = *LIMC* s. v. Herakles 2546; 公元前 500 年至公元前 475 年的细颈长瓶, 牛津阿什莫林博物馆, 编号 1934.371 = *LIMC* s. v. Herakles 2549.

147. *LIMC* s. v. Geras (Shapiro). 革剌斯作为衰老的化身与“海洋老人”相对比, 可参阅 Détienne 1996 [1967]: 59.

148. 古代文艺中对赫拉克勒斯的崇拜可参阅 Holt 1992; Winiarczyk 2000. 赫拉克勒斯与青春女神赫柏的婚礼图像可参阅 Laurens 1996.

149. 参看 Mela 3.31; Plin. HN 4.89: 北方乐土的人生活在“世界的边缘”。

150. 例如 Soph. *Trach.*; *Cic. Tusc.* 2.20.

151. Marinatos 2001.

152. Constantinidou 2010: 93.

153. 奥德修斯从地狱返回的情节可参阅 Breed 1999.

154. 奥德修斯一系列的伪装可以参阅 Galhac 2006.

155.《奥德赛》表现奥德修斯的顿悟可参阅 Bierl 2004.

156. 奥德修斯海上航行象征成长之旅可参阅 Scarpi 1988; Duchêne 1992: 120; Moreau 1994b; Dowden 1999.

157. Nesselrath 2005: 164.

第二章

1. 关于品达诗歌传统性质的经典研究是 Bundy 1962. 关于品达颂歌的传统形式研究可参阅 Hamilton 1974; Greengard 1980. 关于品达颂歌的统一性问题可参阅 Gantz 1970; Carne-Ross 1975; Barkhuizen 1976; Schein 1987. 关于品达批评史研究可参阅 Heath 1986. 关于品达的神话叙事可参阅 Duchemin 1955 and 1967; Köhnken 1971; Rose 1974; Slater 1977 and 1983; Cummins 1993. On Bacchylides, 见 Pearcy 1976; Burnett 1985; Segal 1998; Fearn 2007.

2. Kurke 1991.

3. Rose 1974: 175.

4. 见 Puech 1951: 141-145.

5. 见 Dillon 1989: 25. 根据 Gantz 1993: 311 的研究，珀尔修斯乃厄勒克特律翁之父，后者乃阿尔克墨涅之父的事实最早出现在赫西奥德的《妇女目录》(*Catalogue of Women*) 里，fr. 135 and 193 (Merkelbach-West). See also Apollodorus 2. 49.

6. 见 Hamilton 1985 ad loc. See also Pind. *Nem.* 1. 28, 3. 40, etc.

7. 类似的比喻见于 *Isthm.* 6. 12 - 13: ἐσχατιαῖς ἤδη πρὸς ὄλβου βάλλετ' ἄγκυραν θεότιμος ἐών.

8. *Ol.* 3. 43; *Nem.* 3. 20-23, 4. 69; *Isthm.* 4. 29-31; fr. 256 (Snell-Maehler).

9. 见 Duchemin 1955：112 n. 2.

10. Kirkwood 1982：241.

11. Köhnken 1971：186–187. Radt 1974：119 指出，虽然品达诗歌中（以及《特奥格尼斯诗集》等古风时期的诗歌中）常见“歌声的翅膀”一类的比喻，却没有出现在《皮托凯歌 10》里，所以这里的这层意思并不能确定。这首颂歌用的是船来打比方（第 79 行至第 81 行）。不过，Radt 的个人观点“ναυσὶδ’ οὔτε πεζὸς 表示 auf keine Weise”又太局限，尤其是在上下文“πλόον 和 ὁδόν”中。同样地，Burton 1962：7 把这个短语解释为“不依靠任何交通工具”却又暗示 ναυσὶ 决定了 πλόον 造成文字上的转变，使第一个意象决定第二个意象。

12. Burton 1962：8；Brown 1992：95；cf. Kirkwood 1982：242. 不过，Brown 过度解读了对品达的 *Ol.* 3. 28a 3 的注释，他说色萨利人和北方乐土人在古时是一回事，而该注释表明北方乐土人这一名字来源有争议，有人说指雅典人，有人说是色萨利人或佩拉斯吉人，更有人说北方乐土人来自于提坦神家族。

13. Burton 1962：7.

14. Strabo（15. 57）说他们活了 1000 年。

15. Pliny *HN* 4. 89；Pomponius Mela 3. 32.

16. Köhnken 1971：177–178，参照 Wilamowitz，把珀尔修斯到北方乐土的神话故事看成对他功绩的犒赏，因此肯定他的北方乐土之行是发生在回到塞里福斯岛以后。尽管品达的描述模棱两可（也可能是有意为之，参阅 Van den Berge 2007），Slater 1983：128–29 已经清楚地阐明珀尔修斯去了北方乐土之后才回到塞里福斯岛。Slater 研究了这个神话的循环叙事结构后还指出，在保留下来的珀尔修斯的全部传说中，塞里福斯岛是他历险的终点。所以北方乐土之旅如果发生在他回塞里福斯岛以后就太出人意料了（尽管也不是不可能）。另见 Hamilton 1974：62；Kirkwood 1982：243.

17. 珀尔修斯穿上飞行鞋一事最早出现在 Hesiodic *Shield* 216–234，最早描述他穿飞行鞋或是飞行帽的文字可以追溯到公元前 7 世纪：见 *LIMC* s. v. Perseus，esp. p. 345（Jones-Roccos）. 赫耳墨斯和珀尔修斯飞行鞋的重要性可参阅 Cursaru 2012 and 2013。

18. 这一传说大概就是 Heraclitus 理性化的起源（Incred. 9），暗示了珀尔修斯其实没有飞行鞋，但真的跑得飞快。见 Dillon 1989：25 with nn. 121 and 122.

19. 见 Duchemin 1955：255–257. 参看 Pindar fr. 70d（Snell-Maehler），那是一段酒神颂歌（?）的残篇，显然讲述了珀尔修斯在赫耳墨斯和雅典娜的帮助下斩首墨杜萨，报复塞里福斯人的故事。

20. Apollod. 2. 48.

21. Ogden 2008：21–22.

22. Δαίμονος ὀρνύντος（line 10），κατ' αἶσαν（line 26）.

23. 这一奇怪而大胆的回答大概与费雷西底描述伊阿宋的身份探寻一样。In schol. Pind. *Pyth.* 4. 133 = Pher. *FGrH* 3F105，珀利阿斯注意到伊阿宋只穿了一只鞋子后，就问这个年轻人如果换做是他他会怎么做，伊阿宋回答说他会让他去埃厄忒斯的王国去取金羊毛。

24. 见 Frazer 1921：xviii–xix.

25. 参看 Pind. *Pyth.* 12. 14：λυγρόν ἔρανον .

26. 这个祭坛还出现在 Theon 对品达 Pindar's Pythian 12 的注释里：Pap. Oxy. 31. 2536（Turner）.

27. 参看 Paus. 2. 18. 1：描述雅典有供奉狄克堤斯和海中神女克吕墨涅的祭坛，这两人被称做珀尔修斯的救命恩人。Karamanou 2006：n. 238 继 Frazer 1898：1. 572 之后也认为这个祭坛设在塞里福斯岛而不是雅典。

28. Ogden 2008：27. 参见 Vernant 1991：135；Gantz 1993：303；Wilk 2000：243 n. 1.

29. Hyg. *Fab.* 64 没有记载贵族竞赛的事情。希吉努斯只写了波吕得克忒斯惧怕珀尔修斯的勇猛，就在他带着安德洛墨达回到塞里福斯后设计陷害他，却被珀尔修斯识破，还被他用墨杜萨的头变成了石头。

30. 参看 *Anth. Pal.* 3. 11.

31. 见 Köhnken 1971：178–179 and Slater 1983：131.

32. 例如 Kirkwood 1982：242.

33. 见 Dillon 1989：27.

34. Apollodorus 2. 37 中，珀尔修斯因为杀了阿克里西俄斯而羞于继承他的王位，就与表兄墨伽彭忒斯交换，做了梯林斯的国王，同时也加强了 Mideia 和迈锡尼的军事防御。参见 Paus. 2. 16. 2. In Hyginus 275. 5 and 275. 7，都提到珀尔修斯是 Perseis 和迈锡尼的创建者。另有传说他的王位争夺还包括与酒神狄俄尼索斯交战，参阅 Dillon 1989：161–200 and Ogden 2008：28–32.

35. Apollodorus 2. 49 说珀尔修斯和安德洛墨达生了儿子珀耳塞斯(后来波斯人的祖先)和另外 6 个孩子，包括赫拉克勒斯的外祖父厄勒克特律翁。参见 Hdt. 7. 61 and 150；Hellan. *FGrH* 4F60；schol. Dion. Per. 1053.

36. Kirkwood 1982：243.

37. 参看 Ov. *Met.* 4. 697–705 on Perseus and Andromeda.

38. 见 Maehler 2004：172–173. Schmidt 1990 对两种可能性都进行了论证，最终指出该首诗歌可能是合唱颂歌。

39. Maehler 2004：172–175.

40. Fearn 2007：242 with bibliography. Schmidt 1990：30–31 指出《颂歌 17》和埃斯库罗斯的《波斯人》在语言上有相似之处，可能意味着巴克基利得斯模仿了后者。Schmidt 觉得巴克基利得斯不可能见过 469 年在雅典上演的那部剧，但可能见过 469 年在锡拉库萨的演出，随后就创作了《颂歌 17》。

41. Maehler 2004：174.

42. *LIMC* s. v. Theseus 219-227 (Neils).

43. Fearn 2007: 242-256. 参见 Scodel 1984: 137 with earlier bibliography.

44. 然而，见 Schmidt 1990: 29-30，他坚持忒修斯传说在整个伊奥尼亚地区的重要性，还指出早在雅典的忒修斯神话之前，其他伊奥尼亚城邦就已经有很多关于忒修斯的神话的各种传说了。

45. Fearn 2007: 247.

46. 见 Scodel 1984: 142.

47. Segal 1979: 36-37.

48. 在 3. 216 章节，阿波罗多罗斯只把埃勾斯列为忒修斯的父亲。

49. 见 Chapter 3.

50. 见 Dillon 1989: 12-13 with bibliography.

51. Bonnechere 2007.

52. Paus. 2. 30. 3，3. 14. 2，8. 2. 4，9. 40. 3. Hesych. s. v. Aphaia; Ant. Lib. 40; Diod. Sic. 5. 76. 3-4. On Aphaia，见 Chapter 5.

53. 见，例如，Ps. -Plut. *De Fluv.* 1157E. 关于顿悟时的恐惧，见 Richardson 1979 [1974]: 208-209，252.

54. Bonnechere 2007.

55. 见 Sophocles *OC* 1590-1594; Bonnechere 2007: 23 n. 49.

56. Ap. Rhod. *Arg.* 1. 101-104. 见 Bonnechere 2007: 25.

57. Maehler 2004: 183.

58. Segal 1979: 34.

59. 参看厄那洛斯的故事（Chapter 4）年轻的厄那洛斯跳进海里去救心上人，二人消失不见踪影，后来厄那洛斯手拿金杯浮出水面（Ath. 466 c-d, Plut. *Conv.* 163c）.

60. 例如 Segal 1979: 31-31; Brown 1992.

61. Scodel 1984：141.

62. Danek 2008.

63. Segal 1979：23.

64. 见 Segal 1979 with bibliography.

65. *LIMC* s. v. Th eseus 219–227（Neils）.

66. Hyg. *Astr.* 2. 5："quo tempore Liber ad Minoa venit, cogitans Ariadnen comprimere, hanc coronam ei muneri dedit; qua delectata, non recusavit condicionem." Many of the manuscripts read "condicionem stupri." Cf. schol. Verg. *G.* 222：花冠是阿里阿德涅的童贞的代价。

67. 参见 Paus. 1. 17. 2.

68. 希吉努斯援引 *Cretica* 以及 *Argolica* 来解释他对星座起源的第二种和第四种说法。According to Le Boeuffle 1983：158 nn. 4 and 6, the *Cretica* 可能就是埃拉托色尼在 *Cat.* 27 里赞扬的那个作品．*Argolica* 的作者和出书年代不详，但 Le Boeuffle 认为希吉努斯这里可能是指 Istros。

69. Paus. 1. 17. 3.

70. Scodel 1984.

71. 跳海和性的关系可参阅 Segal 1979：34；Nagy 1990：223–262.

72. 见 Janko 1980 for Poseidon Hippios.

73. Ar. *Ran.* 1317–1319 with schol.

74. Pind. fr. 125, 69–71（Bowie）; Ar. *Ran.* 1345; Eratosth. *Catast.* 1. 31, 21; *Anth. Pal.* 7. 214, 3; Plut. *Conv.* 162f; *Soll. An.* 984b; Ael. *NA* 12. 45; Solin. 12. 6.

75. 见 Calame 1996：229–230.

76. 见 Graf 1979.

77. Braswell 1988：6.

78. 参见 Segal 1986：9.

79. 见 Segal 1986：12-14.

80. Braswell 1988：3-5.

81. Braswell 1988：1-6；Gerber 1989：182.

82. 品达之前的阿耳戈船英雄传说请参阅 Braswell 1988：6-23；Gantz 1993：340-373. 早期阿耳戈船英雄传说与《奥德赛》之间的关系请参阅 West 2005.

83. 品达在 *Pythians* 5 and 9 里叙述了昔兰尼建国传说的不同版本，可参阅 Calame 2003：35-66 以比较这些版本。

84. Segal 1986：57 指出，伊阿宋的长发和豹皮以及在野外接收喀戎的教导都突出了英雄成年的过程。

85. 见 Segal 1986：66-67. 提堤俄斯的故事也照应了巴克基利得斯《颂歌》17 关于性节制的主题。

86. 见 Brown 1992：333.

87. 关于成长过程中单只鞋的主题可参阅 Brelich 1955-1957；Dillon 1989：68；Cursaru 2012.

88. Scodel 1984：140-141.

89. 关于这段话，见 Dodd 1999：74.

90. Mackie 2001 认为，伊阿宋的名字意思是“治愈者”，他在早期神话中也被塑造成一名英雄的医治者。因此，他坚持在品达的叙述中把伊阿宋解读为治愈者，并认为用伊阿宋神话类比阿克西劳斯很合适，他可以解决得摩菲洛斯和昔兰尼所有的问题。For Jason as healer in Pythian 4，参见 Segal 1986：159-61；Braswell 1988：370-372.

91. Segal 1986：53-54 指出，在英雄成年的上下文中英勇与情爱交织在一起。

92. Segal 1986：56–57.

93. Sullivan 1991：176 指出，在这种情况下把佛里克索斯的灵魂带回来意味着把他的尸骨带回来埋葬在他的家乡，而这个行动也会在某种程度上把他的影子带回来，让它安息。Burkert 1998：68 and 205 n. 42 从中看到萨满主义元素。

94. *Od.* 12.62；Moero fr. 1（Powell）= Ath. 410e，491b–c.

95. 该岛于阿喀琉斯而言是神圣的：Eur. *Andr.* 1262 with schol.；Scyl. 68.14；Ptol. *Geog.* 3.10.9；Paus. 3.19.11；Procl. *Chr.* 200；St. Byz. *Ethn.* 152.10；Tzetzes *Chil.* 11.396.

96. Antig. *Mir.* 122.1；Arr. *Peripl.* M. Eux. 21.1–4；Eur. *IT* 434–438；*Et. Gen.* s.v. Leukê；*Etym. Magn.* s.v. Leukê；Tzetzes ad Lyc. *Al.* 186；schol. Pind. *Nem.* 4.79a–b.

97. Helen，Ajax，Antilochus，and Patroclus：Paus. 3.19.11；Medea：Apollod. *Epit.* 5，5a；Iphigeneia：Ant. Lib. 27.4；Eust. *Dion. Per.* 306.19，541.13；schol. Eur. *Andr.* 1262；schol. Pind. *Nem.* 4.79a–b. Cf. Pind. *Nem.* 4.49；Eur. *Andr.* 1260–1262.

98. Philostr. *Her.* 746.10.

99. 阿喀琉斯作为鬼魂出现：schol. Pind. *Nem.* 4.79a–b.

100. Mackie 2001（with earlier bibliography）.

101. 参看 *Theog* 352.

102. Segal 1986：78.

103. Segal 1986：84.

104. Graf 2009：104.

105. *Anth. Pal.* 6.278.

106. 见 Redfi eld 2003.

107. 见 Lincoln 2003；Graf 2003. 参看 in Pind. *Ol.* 1.71，佩洛普斯(Pelops)来到海边，请求波塞冬同意他与希波达弥亚的婚事。In Pind. *Ol.* 6.58，伊阿摩斯(Iamus)来到阿尔菲奥斯河(Alpheius)去请求祖父波塞冬的认可，阿波罗给了他预言的天赋。

108. 参见罗马人的“春祭”习俗，年轻人被流放出去建立新的殖民地相当于是被牺牲。See Versnel 1980：149–150.

109. 见 Foley 2001.

110. Ferrari 2002：200–201.

第三章

1. *Il.* 14.319 and schol.；Pherecydes *FGrH* 3F10 = schol. Ap. Rhod. 4.1091；Apollod. 2.34–35；Hyg. *Fab.* 63，155，224；Zenob. *Cent.* 1.41；schol. Luc. Gall. 13 (Rabe)；Myth. Vat. 1.154.2.133；schol. Lyc. *Al.* 838.

2. Eur. *Archelaus* fr. 228b.7 (Kannicht)；Paus. 2.23.7，10.5.11；Dio Chrys. *Or.* 77–78.31；Prop. 2.31.29；Luc. *Men.* 2；*Salt.* 44；Ael. *NA* 12.21；Lib. *Or.* 34.29；*Prog.* 2.41；Nonnus *Dion.* 47.543；Ov. *Am.* 3.4.21；Hor. *Carm.* 3.16.1；奥维德笔下的达那厄是被锁在塔里：*ArsAm.* 3.416；*Am.* 2.19.27. Karamanou 2006：10–11 讨论了达那厄房间的青铜装饰。

3. 见 Bremmer 1983.

4. Schol. *Il.* 14.319（认为神话的另一个版本出自品达之手）. Apollod. 2.34 报道了这两种版本。

5. 见 Karamanou 2006：8；Ogden 2008：23.

6. 欧里庇得斯的《达那厄》和《狄克堤斯》中的许多片段以及索福克勒斯的《达那厄》的一个片段都证明，家庭成员之间的爱和信任以及世代之间的和平继承是神话中最重要的主题，正如5世纪悲剧作家所诠释的那样：Soph. *Danae*，

fr. 165（Radt）；Eur. *Danae*，fr. 317，318，323（Nauck）；*Dictys*，fr. 332，333，336，338，345，346（Nauck）. 见 Dillon 1989：28.

7. 阿克里西俄斯在这一点上也拒绝相信达那厄，见 schol. *Il.* 14. 319 and Apollod. 2. 35. In Ov. *Met.* 4. 612-618，珀尔修斯拿到戈耳工的头颅后阿克里西俄斯就后悔没有相信达那厄。

8. Karamanou 2006：4.

9. Lucas 1993：43 提到一个 5 世纪的白底细颈有柄长瓶（*LIMC* s. v. Acrisios，10，Jean-Jacques Maffre）上面画着一国王坐在一（identifi ed by an inscription）纪念碑上默哀，铭文显示那是珀尔修斯的墓碑。花瓶上画的可能是一个失传的悲剧。Maffre 认为这个奇怪的纪念碑可能就是达那厄的囚禁地，但无法解释铭文中的"珀尔修斯"一说，也可能是阿克里西俄斯在他的女儿和孙子在海上被曝光后立的纪念碑。无论是哪种情况，瓶画都强调了阿克里西俄斯打算杀掉达那厄和珀尔修斯的事实。Junker 2002：18 把花瓶解释为葬礼器皿，并指出达那厄和珀尔修斯的得救给了葬礼主题一个安慰的音符。

10. 关于正义的重要性以及司法程序的故事请参阅 Cursaru 2014.

11. Sissa 1990：78.

12. Dem. *Against Neaera* 122. 见 Redfi eld 1982；Ogden 1996；Ferrari 2002：184，200-201；Mehl 2009：205.

13. Sébillotte Cuchet 2004：145-146；Hoff mann 1992：161.

14. Apollod. 2. 47.

15. Karamanou 2006：130-131 认为希吉努斯的资料来源可能是亚历山大，因为他的叙事与悲剧中的不相符。See Bremmer 1984 and Dillon 1989：14 有关寺庙和神父在青年成长过程中的作用。

16. Hyginus's *Fabulae* 63 中，珀尔修斯相当被动，他不需要证明自己的血统，也不用武力来征服自己的遗产。然而，后来在 *Fabulae* 244 中他又指出，珀尔修斯最终被墨伽彭忒斯杀死，因为他杀了他的叔叔普罗托斯（墨伽彭忒斯的父亲），后者从阿克里西俄斯手中篡夺了阿尔戈斯的王位（见 Ov. *Met.* 5. 236–239）.

17. Serv. ad Verg. *Aen.* 7. 372; Plin. *HN* 3. 9, 56; Sil. It. 1. 659; Solin. 2. 5; Lact. ad Stat. *Theb.* 2. 220.

18. Karamanou 2006: 16–17.

19. Pind. *Pyth.* 12. 17 with scholia; Aesch. *Persae* 79–80; Soph. *Ant.* 950; Eur. *Archelaus* fr. 228 (Kannicht); Isoc. *Hel. Enc.* 59; Lyc. *Al.* 838; *Anth. Pal.* 5. 64, 9. 48, 12. 20; Erat. *Cat.* 22; Ter. *Eun.* 588; Ov. *Met.* 4. 610–611, 4. 697–698, 11. 117; *Am.* 3. 12. 33; Lucan. 9. 659; Stat. *Silv.* 1. 2. 134–136; Hyg. *Fab.* 63; Dio Chrys. *Or.* 57–58. 31; Lucian. *Iupp. trag.* 2. 7; Ach. Tat. 2. 37. 2. See Karamanou 2006: 4 n. 9 for a list of additional later sources.

20. 参见 Pherecydes (*FGrH* 3F10 = schol. Ap. Rhod. 4. 1091).

21. Marchetti and Kolokotsas 1995: 241.

22. 见 Larson 2001, esp. chaps. 2 and 3.

23. Marchetti and Kolokotsas 1995: 233–242.

24. Lissarague 1996. Seaford 1987: 120 指出了希腊文学中雨水与精液之间的关联。

25. Pfisterer-Haas 2002.

26. 参见 Romano 2009 年对哈利卡纳苏斯（Halicarnassus）铭文的讨论，该铭文指出，赫耳马佛罗狄托斯（Hermaphroditus）是婚姻的发明者，萨尔玛喀斯（Salmacis）“驯服了人类的野蛮思想”。Pfisterer-Haas 2002 让我们吃惊地看到赫耳马佛罗狄托斯神话体现出的性结合地点竟然是喷泉，铭文显示婚姻制度起源于他。另外，Hecataeus of Miletus *FGrH* F29b 指出，赫拉克勒斯是在忒革亚的雅典娜神庙附近的喷泉里强暴奥革的。

27. 美狄亚或许也曾在她的内殿中受到纪念：schol. Ap. Rhod. *Arg.* 4. 1217. 见 Larson 1995：11，186 n. 82.

28. Schol. *Il.* 14. 319；Hes. fr. 135；Simon. fr. 543（*PMG*）；Ap. Rhod. *Arg.* 4. 1091；Hyg. *Fab.* 63；Luc. *Dial. Mar.* 12. 1，14. 1；Ach. Tat. 2. 36，4，37. 4；Lib. *Prog.* 2. 41；Nonnus *Dion.* 10. 113.

29. *Il.* 24. 795；Ant. Lib. 33. 3；Thuc. 2. 34；*Anth. Pal.* 7. 478，9. 278；Suda s. v. larnax；见 Glotz 1904：16. 参见 Brûlé 1987：125 for a table of all vessels used in this way.

30. Brûlé 1987：125. 参见 Lissarrague 1996：110；Moreau 1999：124–125；Cursaru 2014：367.

31. Glotz 1904 and McHardy 2008 认为锁身箱中是一种考验，目的是确定达那厄是否在她被宙斯强奸一事上撒谎，或是惩罚她失去童贞。在我们的资料中，没有任何资料表明阿克里西俄斯有这样的意图，但这段经历的结果证明达那厄是正确的，因此可能被古代听众解释为一种考验的形式。见 Cursaru 2014.

32. Garland 1985：49–50.

33. 约公元前 480 年的雅典红绘细颈长瓶，*CVA*，*LIMC* s. v. Danae，53 = 普罗维登斯，美国罗德岛美术馆设计学院，编号 25. 084。

34. 葬礼和哀悼会上有鸟儿在头顶飞翔：雅典黑绘饰板，*CVA*，蒂宾根考古研究院博物馆，2，60，pl.（2145）44. 1；雅典黑绘饰板，波士顿美术馆，编号 27. 146.

35. Vermeule 1979：8–9.

36. Junker 2002：15–19.

37. Apollod. 1. 47；Ov. *Met.* 1. 319–415. 见 Glotz 1979［1904］：24；Usener 1899.

38. Brûlé 1987：134.

39. Apollod. 1. 115; Ap. Rhod. 1. 620–623; Hyg. *Fab.* 15, 254. 见 Glotz 1904: 24 and n. 1.

40. Apollod. 3. 65; Hypoth. Pind. *Nem.* I.

41. 参见 Dillon 1989: 36 认为，托阿斯的故事完全颠倒了母子陷入漂流箱的传统模式。

42. 见 Tassignon 2001 and Chapter 6.

43. 见 Larson 2001: 223–224.

44. 参看仙女（或缪斯）送蜜蜂给小柏拉图的故事: Larson 2001: 224 and 229.

45. 见 Cursaru 2014.

46. 达那厄与波吕得克忒斯关系的相似描写可能更早出现在诗歌第 14 行至第 15 行: φ̣ύτευεν ματρί[ ].αν λέχεά τ' ἀνα[γ]κ̣αῖα δο λ̣ .

47. 参见 Apollodorus 2. 36: βασιλεύων δὲ τῆς Σερίφου Πολυδέκτης ἀδελφὸς Δίκτυος, Δανάης ἐρασθείς, καὶ ἠνδρωμένου Περσέως μὴ δυνάμενος αὐτῇ συνελθεῖν . The terms ἐρασθείς and συνελθεῖν 表示波吕得克忒斯纠缠达那厄不是为了婚姻而是为了性。艺术中对神话这方面的描述极其罕见，参阅 Oakley 1982b.

48. 对达那厄神话的其他喜剧处理包括 Sannyrion *Danae*, fr. 8 and 10 *PCG*; Eubulus *Danae* fr. 22 PCG; Apollophanes test. 1 *PCG*. 见 Karamanou 2006: 13–15.

49. Sommerstein 2008: 55 n. 8.

50. Eur. *Danae* fr. 410, 418 (Mette), *Dictys* fr. 426, 432.

51. Ruiz de Elvira 2002; Karamanou 2006: 15. 见 Prop. 2. 20. 9 – 12; 2. 32. 59–60; Ov. *Am.* 3. 8. 29–34; *Met.* 5. 11–12; Rut. Naman. 1. 360; Tiberianus 2. 7 ff. ; Servasius 2. 7; Paulus Sil. *Anth. Pal.* 5. 217.

52. Antigonus *FGrH* 816F2; Liv. 1.11.5–9; Ov. *Met.* 14.776; Ov. *Fast.* 1.261; Val. Max. 9.6.1; Plut. *Ant. Rom.* 17; Cass. Dio fr. 4.12.

53. 例如，*Danae* fr. 326 (Nauck). Jouan and Van Looy ad loc. 指出，欧里庇得斯的许多其他剧里也有这种情感，例如 *El.* 253; *Or.* 870; *Ion* 833–834, etc. 类似的反思还出现在 *Danae* fr. 325, 327, 328 (Nauck), as well as in *Dictys* 341 (Nauck).

54. Soph. *Ant.* 775–776.

55. 例如 Soph. *Ant.* 804, 815–816, etc. 关于冥王新娘主题可参阅 Bérard 1974: 124–125; Janakieva 2005; Seaford 1987; Treusch-Dieter 1997. 关于"嫁给死亡"主题的批评可参阅 Ferrari 2003.

56. 参看，例如 Soph. *Ant.* 879–880.

57. 参看 Soph. *Ant.* 940–943. 见 McDevitt 1990: 35.

58. 公元前 5 世纪的雅典罗盘座，伦敦大英博物馆，1873 年，编号 0111.7. 见 Ferrari 2002: fig. 2; Mangieri 2010: figs. 1 and 2.

59. Mangieri 2010: 432.

60. Mangieri 2010: 436. 关于毛线活儿及其对妇女的意义的图像，可参阅 Ferrari 2002: 35–60.

61. 见 Ferrari 2002: 2.

62. *Od.* 11.262; Apollod. 3.42–43; Paus. 2.6.1–4, 9.17.3–7; Hyg. *Fab.* 7 and 8; Eur. *Antiope* fr. 1–48 (Jouan and Van Looy); Ov. *Met.* 6.111.

63. *Od.* 18.83 and 116 with schol.; 21.307; Ap. Rhod. 4.1093; Eustath. ad. *Od.* vol. 2, p. 169 Stallbaum.

64. Lissarague 1996: 112.

65. 关于婚前性行为和婚姻，见 Dowden 1989: 71–96. 关于阿尔戈斯神话中的达那伊得斯，见 Larson 1995: 74.

66. Alcid. fr. 14－16（Radermacher）. 通常认为亚里士多德的 *Poet.* 1460a32 中那个从忒革亚到米西亚一路都默不作声的人是忒勒福斯，默不作声是因为他叔叔的谋杀而坏了名声。尚不清楚亚里士多德这段话中论述的这出戏是埃斯库罗斯还是索福克勒斯写的。

67. Dowden 1989：131–133 继 Bremmer 之后解释说这一神职是年轻人群体在成长过程中最初领袖地位的演变。然而，根据 Dowden 的说法，通过让奥革成为雅典娜的永久女祭司，阿硫斯使得她永远都是一个孩子，因为她永远无法完成向成年的过渡。

68. *Pap. Oxy.* 11. 1359 = Hes. fr. 165（Merkelbach-West）；Aesch. *Mysians*，*Telephus*（143－144，238－239 Nauck2）；Eur. *Auge*，*Telephus*（265－281，696－727 Nauck2）；Soph. *Aleads*，*Mysians*（74－96，375－391 Nauck2）；Eubulus *Auge* fr. 14 *PCG*；Apollod. 2. 146–147；Paus. 8. 4. 7，10. 28. 8；Strab. 12. 8. 2 and 4，13. 1. 69；Hyg. *Fab.* 99，100，101，162，252；Sen. *HO* 366–368；Stat. *Silv.* 3. 1. 39–42. 在公元前 4 世纪到安东尼时期的一些花瓶、浮雕、马赛克、硬币和雕像上都发现了对神话的表现，可参阅 *LIMC* s. v. Auge（Bauchhenss-Thüriedl）. 关于奥革神话与肖像之间的仪式联系可参阅 Brûlé 1996。

69. Apollod. 2. 103－104；Paus. 8. 48. 7；Diod. Sic. 4. 33，7–12；schol. Lyc. *Al.* 206.

70. Hecataeus of Miletus *FGrH* F29a–b；Strab. 13. 1，69.

71. Apollod. 2. 146－147；Paus. 8. 48. 7；Diod. Sic. 4. 33，7－12；Hyg. *Fab.* 99；schol. Lyc. *Al.* 206.

72. *Pap. Oxy.* 11. 1359 = Hes. fr. 165（Merkelbach－West）；Hyg. *Fab.* 99，100.

73. Apollod. 3. 104；Diod. Sic. 4. 33，7–12；Hyg. *Fab.* 100.

74. 见 Note 68.

75. Eur. *Danae*（Nauck 316–330）; *Dictys*; Soph. *Acrisius*; *Danae*（Nauck 168–177）; *Men of Larissa*; Aesch. *Net-Haulers*; *Polydectes*. 所有与珀尔修斯和达那厄神话有关的古代戏剧(包括罗马戏剧)的列表，见 Dillon 1989：201–243。

76. Hecataeus of Miletus *FGrH* F29a–b; Alcid. fr. 14–16（Radermacher）; Apollod. 2. 103–104; 3. 103–104; Paus. 8. 4. 7, 10. 28. 8; Strab. 13. 1, 69; Diod. Sic. 4. 33, 7–12; schol. Lyc. *Al*. 206.

77. 见 Cursaru 2014：381.

78. 高卢罗马陶土浮雕的碎片，里昂，*LIMC* s. v. Danae 59（Maffre）; 马可·奥勒留银币，埃莱阿（埃利亚帕加马港），AD 161–180, *LIMC* s. v. Auge 26（Bauchhenss-Thüriedl）.

79. 参看 Theaneira 的故事，Lyc. *Al*. 467 and schol. 467–469; Istros *FGrH* 334F57. Theaneira 是一个被俘虏的特洛伊女人，跳海逃脱了忒拉蒙的船。她在米利都着陆并嫁给了国王阿里翁，他抚养了她与忒拉蒙的儿子。

80. *Cypria*（Kinkel）, p. 29 fr. 17 = schol. Lyc. *Al*. 570; Pherecydes *FGrH* 3F140; Parth. *Erot*. 1; Diod. Sic. 5. 62. 1–2; schol. Lyc. *Al*. 580; Dion. Hal. *On Dinarchus* 11. 17. In Tzetzes *Chil*. 6. 976–982 罗伊欧是伊阿宋的三个推定的妈妈之一。

81. Schol. Lyc. *Al*. 570.

82. Schol. Lyc. *Al*. 580. Pausanias 1. 38. 4 表明 Eleusis 的希波托翁(Hippothoon)神殿附近有一个 Zarax 的神殿。他记载 Zarax 从阿波罗那里学了音乐。虽然这个细节似乎把这个 Zarax 和罗伊欧的神话联系起来，但 Pausanias 相信 Zarax 在阿提卡是一个外国人，他是一个斯巴达人，滨海城镇 Zarax 就是以他的名字命名的。

83. Schol. Lyc. *Al*. 570. 巴耳德尼阿斯的《恋爱故事 1》记录了一个完全不同的传说，吕耳科斯被斯塔费洛斯设计与赫弥忒亚发生关系，多年以后儿子巴西洛斯(Basilos)来找吕耳科斯要求继承遗产，于是成为了吕耳科斯属地的王。

84. *Cypria* (Kinkel), p. 29 fr. 17 = schol. Lyc. *Al.* 570; Pherecydes *FGrH* 3F140; Verg. *Aen.* 3.79–83 (参见 Servius *Aen.* 3.80); Ov. *Met.* 13.632–667; schol. Lyc. *Al.* 580.

85. 参看 Similar treatment in Verg. *Aen.* 3.79–83.

86. Suárez de la Torre 2013: 76.

87. Suárez de la Torre 2013.

88. Hdt. 4.154–155; Suda s.v. Battos.

89. 这段文字的史学分析见 Osborne 2002: 504–508. 还可参阅孪生兄妹滕涅斯(Tennes)和赫弥忒亚的故事，在继母诬告滕涅斯强奸了她之后，他们被父亲库克诺斯关进了一口赤陶棺。棺材漂到 Leukophrys 岛，很快滕涅斯成了岛上的王，并用自己的名字重新命名该岛为忒涅多斯岛(Tenedos): Heraclides Ponticus fr. 7 (*FHG* II.213 Müller); Conon *FGrH* 26F28; Paus. 10.14.2; schol. Lyc. *Al.* 232; Apollod. *Ep.* 3.23–25; Diod. Sic. 5.83.4–5; Plut. *Quaest. Gr.* 28, 297d–f; schol. *Il.* 1.38b; Steph. Byz. s.v. Tenedos. 见 Glotz 1904: 23.

90. 另一种情况是，埃罗佩的父亲卡特柔斯受到神谕的警告，他将死在他的一个孩子的手中。由于害怕他们的父亲，他的儿子和他的一个女儿立刻离开了克里特岛，于是卡特柔斯把他的另外两个女儿埃罗佩和克吕墨涅交给瑙普利俄斯去卖为奴隶。参阅 Soph. *Aj.* 1297 and schol.; Eur. *Or.* 16–17; *Cretans* (460–470 Nauck2); Apollod. 3.12–15; *Epit.* 2.10–11; Hyg. *Fab.* 86, 97.1, 246; Paus. 2.18.2; Ov. *Trist.* 2.391; schol. *Il.* 1.7; Serv. to Verg. *Aen.* 1.458. 克吕墨涅与瑙普利俄斯结婚并生下帕拉墨得斯的类似故事只有在 Apollod. 2.23, 3.12–15; *Epit.* 6.8 得到证实。另外可参阅阿斯提阿格斯(Astyages)的故事，讲的是阿斯提阿格斯努力阻止居鲁士(Cyrus)的出生，他先是把芒达妮(Mandane)嫁给了一个波斯人，然后命令他的一个牧人揭发她的孩子：Hdt. 1.107–113。

91. 关于这个故事在昔兰尼人自述他们城市创建中所扮演的角色，可参阅 Calame 2003：94.

92. 关于英雄们母子关系的讨论可参阅 Dowden 1989：201–202；Larson 1995：2.

93. 见 Cursaru 2014.

94. 见 Seaford 1987；Buxton 1992.

95. *Il.* 14.321–322；schol. *Il.* 6.131，12.292；Hes. fr. 140，141（Merkelbach-West）；Bacchyl. fr. 10（Snell-Maehler）；Stesich. fr. 195（Page）；Simon. fr. 562（Page）；Aesch. *Carians* fr. 99 *TrGF*；Acousilaos *FGrH* F29；Eumelus *EGF* fr. 2；schol. Eur. *Phoen.* 670；Mosch. 2（Gow）；Hor. *Car.* 3.27；Ov. *Met.* 2.846–851；Apollod. 3.1–4；Paus. 9.5.8；Luc. *Dial. Mar.* 15；Clem. Al. *Strom.* 1.24.164.

96. *LIMC* s.v. Europa（Robertson）.

97. 婚礼意象还出现在第 123 行至第 124 行（γάμιον μέλος“婚礼进行曲”）and 165（γένετ’ αὐτίκα νύμφη“她立刻成了新娘”）。

98. Burkert 1983［1972］：196.

第四章

1. 见，例如 Arist. *HA* 489a34（海豚是胎生动物）；489b2（海豚被归入鲸类）；516b11（海豚有骨头）；504b21（海豚是哺乳动物）；Opp. *Hal.* 1.660；Plin. *HN* 9.21；Ael. *NA* 10.8.

2. 海豚出现在许多迈锡尼史前器物上，如剑、珠宝和葬礼祭品上(见 Deonna 1922)。然而，由于缺乏文学证据(海豚在迈锡尼黏土碑上没有提及)，很难解释这些物品可能具有什么宗教意义。同样的情况也存在于米诺斯海豚的表征中，这些海豚被解释为早期德尔斐的阿波罗崇拜，或解释为图腾的例子。Morgan 1988：34－63 分析了米诺斯艺术中的海豚形象；Marinatos 1993：131－132 and 156－157 提出，海豚在米诺斯艺术中是权力的象征，可能与祭司和女祭司有关。

3. *Shield* 211－213 中，海豚被描述成吓跑鱼群的贪婪海怪。In *Iliad* 21. 22－26，当阿喀琉斯让大量的特洛伊战士进冥府时，他被比做在海里吃鱼的海豚。In the *Homeric Hymn to Apollo* 401，海豚外衣下的神被称作 πέλωρ μέγα τε δεινόν，“一个巨大而可怕的怪物”吓坏了克里特水手。这些诗歌把海豚称作 κῆτος“海怪”，因此与海豹和鲸同类（例如 *Od.* 12. 96－97）. 参见 Archil. fr. 122（West）；Opp. *Hal.* 2. 551. 通常都认为海豚很敏捷（Plin. *HN* 9. 20；Ael. *NA* 12. 12；Opp. *Hal.* 2. 533；Isid. *Orig.* 12. 6，11）；还有人称海豚为“大海之王”：Opp. *Hal.* 2. 539；Ael. *NA* 15. 17；*Aesopica*，fab. 251（Halm）. Pindar *Nemean* 6. 64－66 把战车司机墨勒修斯（Melesius）比做敏捷的海豚。

4. Ar. *Ran.* 1317－19，with schol. 见 Dover 1997 ad loc. 解释海豚跳跃的“预兆”。参见 Artem. 2. 16，110；Isid. *Orig.* 17. 6，11；Lucan，*BC* 5. 552.

5. Artemidorus 1. 16，110；2. 16 写道，梦见海豚游泳预示好运，梦见海豚搁浅预示不幸。了解希腊－罗马文化中海豚象征运气，可参阅 Andreae 1986. In Longus 3. 27. 4，仙女们在梦中向牧神达佛尼斯（Daphnis）指出，他将在搁浅的海豚附近发现一个钱包使他能够起诉克洛厄的手。

6. Pind. *Nem.* 6. 64；*Pyth.* 2. 51；Eur. *El.* 435；*Hel.* 1454－1456；Ael. *NA* 11. 12 and 12. 6；Plut. *Soll. An.* 977f；Ant. Car. C60；Opp. *Hal.* 2. 628；Plin. *HN* 9. 33. 海豚喜欢风笛的音乐：Pind. fr. 125，69－71（Bowie）；Ar. *Ran.* 1345；Eratosth. *Catast.* 1. 31，21；*Anth. Pal.* 7. 214，3；Plut. *Conv.* 162f；*Soll. An.* 984b；Ael. *NA* 12. 45；Solin. 12. 6. 参见 Eur. *Hel.* 1454－1456；

καλλιχόρων δελφίνων .

7. 遇到危险时，海豚会团结合作（Arist. *HA* 631a9；Plin. *HN* 9.27–33）. 海豚和人类一样关爱和保护自己的后代（Ael. *NA* 1.18, 10.8；Opp. *Hal.* 1.647, 5.526）.

8. 海豚很容易驯养：Arist. *HA* 631a8；Plin. *HN* 9.28（quoting Theophrastus）；Paus. 3.25.7. 海豚帮助渔民：Plin. *HN* 9.29；Ael. *NA* 2.8；Opp. *Hal.* 5.416.

9. Plut. *Soll. An.* 984c–d.

10. Ath. 282e；Opp. *Hal.* 5.416；Plut. *Conv.* 163a；Ael. *NA* 12.6. 只有野蛮的色雷斯人吃海豚肉，用海豚的脂肪做油。Opp. *Hal.* 5.519. Xen. *An.* 5.4.28 报道说，麦叙诺基亚人（Mossynoecians）是居住在 Euxine 南部海岸的一个部落，他们吃海豚肉，用海豚的脂肪做油，但没对这种做法发表评论。医学上对海豚的脂肪和肉有以下用途：患水肿的人用酒送服海豚油：Plin. *HN* 32.117. Plin. *HN* 32.129 建议对因子宫游离而窒息的女性进行海豚脂肪熏蒸。这种疗法毫无疑问是因为古代民间词源 δελφῖς“海豚”与 δελφύς““子宫”的关系。疟疾患者可食用海豚肝：Plin. *HN* 32.113. 海豚的骨灰可治疗麻风病和皮疹：Plin. *HN* 32.83. 烧焦的海豚牙可治疗牙疼：Plin. *HN* 32.137. 考古学家发现古典时期及后来的雅典人食用腌制的海豚肉：Pritchett and Pippin 1956：202–203 n. 192（with literary sources）；Papadopoulos and Paspalas 1999：177 n. 82；Papadopoulos and Ruscillo 2002：200 n. 48.

11. Arist. *HA* 631a；Ael. *NA* 12.6；Plin. *HN* 9.33. Plut. *Soll. An.* 985b：海豚会参加同伴的火化仪式。参见 *Anth. Pal.* 7.214（Archias），215（Anyte），216（Antipater）. 参看 *Il.* 23.70–76. 见 Vermeule 1979：2–8；Garland 1985：101–103.

12. 这些观念可能源于观察到的海豚行为：例如 *New Standard*, July 26,

1996（Associated Press，Cairo，Egypt），“海豚从鲨鱼口中救下游泳者”；CNN，March 12，2008（Associated Press，Wellington，New Zealand），“海豚拯救搁浅的鲸。”

13.《伊索寓言》里有一则故事讲的是一只遭遇船难的猴子淹死在海豚身边。另外还有一个关于柯拉鲁斯(Coeranus)的故事载于 Ath. 13. 606d-e；Ael. *NA* 8. 3；Plut. *Soll. An.* 985a-c，他从渔网中救出了海豚，遭遇船难后被海豚救起报了恩，死后一群海豚沿着海港跟随葬礼队伍为他送葬。

14. Stob. 1. 49. 44. 321（Hense-Wachsmuth）.

15. 主要来源：Hdt. 1. 24-25；Plut. *Conv.* 161b-f；Aulus Gellius 16. 19，12-13，16；Tzetz. *Chil.* 1. 17. 403. Full list of sources in Klement 1898；Bowra 1963；Giangrande 1974；Brussich 1976；Burkert 1983［1972］：196-204；Vignolo-Munson 1986；Hooker 1989；Perutelli 2003. Arion *floruit*：617 BC（Eus. Chron. *Ol.* 40）；628/5：Suda，s. v. Arion；664/1：Solin. 7. 6（Mommsen）. 阿里翁的生卒年代可参阅 Schamp 1976：104. 阿里翁的故事在许许多多古希腊、古罗马的文学作品中都有提及，比如 Cic. *Tusc.* 2. 67；Ov. *Fasti* 2. 79-118；Plin. *HN* 9. 8；Fronto 237；Ap. *Met.* 6. 29；*Anth. Pal.* 9. 88（Phil. Th ess.）；Dio Chrys. *Cor.* 37；Opp. *Hal.* 5. 448-452. 锡拉岛上一段字迹模糊的警句(Kaibel Ep. ex lap . conl. 1086）被解释为阿里翁兄弟的墓志铭：Κυκλείδας Κ]υκλῆος ἀδε[λφ]ε[ιῶιἈρίω]νι, τὸν δελφὶς [σῶσε, μνημόσυνον τέλεσεν . Kaibel 指出，没人能够颇有说服力地证明这句对联与歌手阿里翁的关联。

16. 酒神颂是阿里翁发明的：Hdt. 1. 23；choral poetry：Pind. *Ol.* 13. 18-19 with schol.；Hellanic. *FGrH* 4F86 = schol. Ar. *Av.* 1403；Arist. fr. 677（Rose）；schol. Pl. *Resp.* 394c = Procl. *Chrest.* 320a31；Dikaiarchus fr. 75 W；Tzetz. schol. Lyc. 39. The Suda，s. v. Arion，认为是他发明了悲剧风格，并说阿里翁是第一个建立合唱队，第一个唱酒神颂，第一个为合唱队所唱的东西命名，第一个让萨

堤尔用诗体说话。见 Zimmermann 2000：16.

17. In Hyg. *Fab.* 194 and *Poet. astr.* 17.3 中，阿里翁被他自己的奴隶而不是船员袭击。希吉努斯指出，他们受到了科林斯国王 Peranthus（原文如此）的严厉惩罚。In *Fab.* 194，奴隶们在海滩上的海豚纪念碑附近被钉死在十字架上，那是阿里翁在泰纳龙角上岸的海滩。这个版本可能是因为泰纳龙是奴隶的避难所。

18. Also in schol. ad Clem. Al. *Prot.* 1.3.3.11.

19. Hdt. 1.24；*Anth. Pal.* 16.276（Bianor）；Apollod. 3.25.7；Serv. to Verg. *Ecl.* 8.55；Ael. *NA* 12.45；Paus. 3.25.7；Solin. 7.

20. Versnel 1980.

21. Bianor，*Anth. Pal.* 9.308 表示阿里翁是在伊斯特摩斯上岸的。这可能是受到了墨利刻耳忒斯神话的影响。

22. Pind. *Pyth.* 4.43 with schol.；Ar. *Ran.* 187；schol. Ar. *Ach.* 509；Men. fr. 842（Kock）；Mela 2.51；Hor. *Carm.* 1.34.10 with schol.；Sen. *Tranq.* 402；Lucan *BC* 9.36；Stat. *Theb.* 1.96，2.48；Apul. *Met.* 6.18.20；*Orph. Arg.* 1369；Serv. ad Verg. *G.* 4.466；Tzetz. ad Lyc. *Al.* 90；Suda s. v. Tainaron；Solin. 7.8.

23. Eur. *Her.* 23；Paus. 3.25.5；Palaeph. *Incr.* 39；Tzetz. *Chil.* 2.36.398.

24. Ap. Rhod. *Arg.* 1.102 with schol；Hyg. *Fab.* 79；*Orph. Arg.* 41；Verg. *G.* 4.467；Ov. *Met.* 10.13；Sen. *HF* 587；*HO* 1061.

25. Mela 2.45；Strab. 8.363；Paus. 3.25.4. 见 Ogden 2001.

26. Plut. *Conv.* 161b–162b.

27. Arnott 1977；Thévenaz 2004.

28. Aesch. *PV* 794–97.

29. Pl. *Phdr.* 84e–85a.

30. Plut. *Conv.* 161e.

31. Gray 2001：17.

32. 参见 Flory 1978：411.

33. Plut. *Conv.* 162a：παντάπασιν αἰσθέσθαι θεοῦ κυβερνήσει γεγονέναι τὴν κομιδήν“他完全意识到他的获救是神的指引”；162b：ὄντως οὖν ἐοικέναι θείᾳ τύχῃ τὸ πρᾶγμα“这真像是天意使然。”

34. Plut. *Conv.* 161f.

35. 参见 Philostr. *Imag.* 1.19（与墨利刻耳忒斯的故事有更近的相似之处）。

36. 参看 Lyons 2007. Lyons 认为希罗多德的译文一语双关地引用了《荷马赞美诗·致酒神》里阿里翁的种族 μηθυμναῖος 和酒神的绰号 μεθυμναῖος“醉汉”。不过，绰号Μεθυμναῖος相对罕见，没有出现在这首赞美诗里面：见 Plut. *Quaest. Conv.* 648e；Ath. 7.64，39；Call. *Suppl. Hell.* 276，9（Lloyd-Jones）；Eust. ad *Od.* 1.134.13；schol. ad Hes. *Op.* 20；Hesych. s.v. *Mêthymnaios.*

37. Gray 2001：14. 她指出，伪阿里翁的赞美诗把拯救归功于波塞冬：Ael. *NA* 12.45. 参见 Bowra 1963：122–124.

38. 关于泰纳龙的圣殿可参阅 Cummer 1978；Günther 1988；Mylonopoulos 2003.

39. 关于奉献可参阅 Steures 1999.

40. Klement 1898：6. 参见 Rabinovitch 1947：26 n. 40.

41. Graf 1979：22.

42. 例如 *IG VII* 4240（公元前3世纪）；*Anth. Pal.* 2.12，7.52，9.24，9.64. 参见 West 1984：33–36 and Argoud 1996. On *IG VII* 4240，见 Jamot 1890：546–551；Peek 1977：173–175；Hurst 1996.

43. 这些都收集在《荷马与赫西奥德的竞赛》（*Certamen*）（以下简称《竞赛》）中，参阅 Beaulieu 2004。大多数学者都认为《竞赛》最早可追溯到安东尼统治时期，可参阅 Vogt 1959：196；West 1967：433；Chamoux 1982：14–15。不过人们也普遍认为《竞赛》至少部分与阿尔西达马斯的《学园》(Alcidamas's *Mouseion*)相呼应,《学园》最早可以追溯到公元前4世纪。《竞赛》第240行直接引用了《学园》的内容(Allen),而且这场文学比赛的传说早在公元前5世纪就为人所知了。Thuc. 3.96提到赫西奥德因错误地解读神谕而死在涅墨亚的宙斯神庙里。Ar. *Peace* 1280 and 1286–1287与《竞赛》205–212极度相似(Allen). 据说Eratosthenes (ca. 275–194 BC)写了一部名为*Anterinys*或*Hesiod*的史诗,讲述了诗人之死和对凶手的惩罚,可参阅Richardson 1981: 1.

44. Paus. 9.38.3–4; *Certamen* 224–236 (Allen); Plut. *Soll. An.* 969e, 984d; *Conv.* 162d–e; Poll. 5.42; *Suda* s.v. Hesiod 9–11; Th uc. 3.96. 1; Tzetz. *Vita Hes.* 34–40 (Merkelbach-West).

45. 见Koch-Piettre 2005.

46. Festival of Ariadne: *Certamen* 224–236; festival of Poseidon: Plut. *Conv.* 162d–e. Buried in Naupactus: Paus. 9.38.3–4; in Locrian Oinoe: *Certamen* 224–236; in Oineon near Naupactus: Thuc. 3.2.3.

47. 埋在涅墨亚附近一个秘密的地方,见Plut. *Conv.* 162e. 一些学者认为,赫西奥德可能先被埋葬在家乡阿斯克拉,但在我们的资料中没有这样的信息。参阅Scodel 1980: 303 n. 7。许多学者也猜测赫西奥德在阿斯克拉受到敬奉。

48. Poll. 5.42 andPlut. *Soll. An.* 969e, 984d.

49. 参看Plut. *Soll. An.* 969c–970b.

50. 赫西奥德的遗骨转移到俄耳科墨诺斯的日期还不清楚,我们的资料也没有说明两次埋葬之间的时间间隔,Buck 1979: 98相信那是在公元前7世纪,当时阿斯克拉人因为泰斯庇斯的入侵而逃到俄耳科墨诺斯。Wallace 1985: 167认为迁葬发生在公元前5世纪中叶,目的是为了支持俄耳科墨诺斯得到维奥蒂亚同盟的领导权。

51. Ps.-Arist. *Const. Orch.* fr. 565 (Rose) = Tzetz. *Vit. Hes.* 42–44 (Merkel-

bach-West)；*Certamen* 247-253（Allen)；*Anth. Pal.* 7.54.

52. 关于乌鸦，见 Schiller 1934：812-814.

53. Tzetzes 只表明赫西奥德被埋在市场的中央，圆形墓冢显然是弥倪阿斯创始人崇拜的中心，为纪念他而举行的运动会也在那里：Paus. 9.38.3；*POxy* 26.2451A fr. 1 col. II, 27. 遗憾的是，对圆形墓冢的考古发掘颇令人失望，只发现了一些质量低的物品。参阅 Schliemann 1881：122-163；Pelon 1976：237；Antonaccio 1995：127-130. Coldstream 1976：11 却在圆形墓冢中找到的材料中看到了"崇拜活动的大量证据"。

54. 见 Schachter 1986：143-144.

55. Paus. 9.38.4. Tzetz. *Vit. Hes.* 45-48（Merkelbach-West）= Ps.-Arist. *Const. Orch.* fr. 565（Rose)；*Certamen* 250-253（Allen)；*Anth. Pal.* 7.54（认为该警句出自公元前 3 世纪的挽歌诗人 Mnasalces 之手)。

56. Tzetz. *Vit. Hes.* 49-51（Merkelbach-West)；Ps.-Arist. *Const. Orch.* fr. 565（Rose）（without authorial attribution)；Suda s. v τό Ἡσιόδειον γῆρας.

57. Scodel 1980：302. 我们注意到χαῖρε（"永别"）这个词在古风时期表示英雄之死。见 Sourvinou-Inwood 1996：187-195.

58. McKay 1959：1-5.

59. Scodel 1980.

60. Suda τ 732.

61. Hes. fr. 276（Merkelbach-West)；Scodel 1980：318.

62. 可比较 the ring of Polycrates（Hdt. 3.41-42)，阿里翁的跳海以及巴克基利得斯《颂歌 17》中忒修斯的跳海。

63. 在后一种情况下，关于赫西奥德迁葬俄耳科墨诺斯圆形墓冢的起源传说将成为当地的传统信仰。

64. 例如 *Hymn. Hom. Merc.* 550-563（Allen)；将诗歌比喻为蜂蜜可见于

Theog. 84; Pind. *Pyth*. 10.53; Simon. fr. 88 (Page); Plat. Ion 534a-b.

65. 例如 Soph. *El*. 894（在阿伽门农墓前供奉牛奶）; Plut. *De Genio* 578E（墓前供奉牛奶）; Aesch. *Persae* 613［为死者和大流士的灵神（*daimôn*）供奉蜂蜜酒］; Paus. 2.11.4（向厄里倪厄斯供奉蜂蜜）; *Il*. 23.170-221（阿喀琉斯在帕特罗克洛斯的墓上放几罐蜂蜜和油，然后斟酒来召唤他的灵魂）。见 Graf 1980: 209-221 and Verbanck-Piérard 1998: 119-120.

66. Henrichs 1983: 87-100 明确指出，通常无法弄明白为什么有些神和英雄接受的是蜂蜜牛奶等无酒祭。根据他的说法，由于英雄崇拜是亡灵崇拜的一种延伸，它并不完全排除酒祭，因为也有用不混合蜂蜜或牛奶的酒来祭奠某些亡灵和冥神的。

67. The spiae 一铭文（*IG VII* 1785, ca. 230 BC）显示有献祭协会代表赫西奥德向缪斯献祭，参阅 Roesch 1982: 162-165; Allen 1924: 48.

68. 曾经有一种理论认为 Melicertes 这个名字与腓尼基神 Melquart 有关，现在这种理论已经被放弃了，参阅 Bonnet 1986: 59.

69. 对伊诺的更深层分析详见第 5 章。

70. Apollod. 3.4.3; Pind. fr. *Isthm*. 5-6; Arg. Pind. *Isth*. 4; Call. fr. 91 (Pfeiff er); Eur. *Med*. 1284 with schol.; Hellanic. *FGrH* 4F165; Musaios *FGrH* 455F1; Arist. fr. 637 (Rose); Hyg. *Fab*. 2.4; Ov. *Fasti* 6.485; *Met*. 4.506-542; Paus. 1.44.8-11, 2.1.3-8; Plut. *Quaest*. *Rom*. 16; *Quaest*. *Conv*. 677b; Paus. 2.1.7; Ael. Aristid. *Or*. 3.25.13, 27.29, 28.13; Luc. *D*. *Mar*. 8; schol. Ad *Od*. 5.334; schol. Ap. Rhod. 3.1240; Servius ad Verg. *Aen*. 5.241; Tzetz. ad Lyc. *Al*. 21, 107, 229.

71. Ov. *Met*. 5.416-542; Hyg. *Fab*. 2; Serv. to *Verg*. *Aen*. 5.241; *Etym*. *Magn*. s.v. *Athamantion*.

72. Pind. *Isthm*. Arg. A and D.

73. Paus. 2. 2. 1; *IG IV* 1, 203. 见 Koester 1990: 361. Paus. 2. 1. 7 还描写了波塞冬辖区一建筑的雕带上表现的是波塞冬、安菲特里特和墨利刻耳忒斯。

74. Broneer 1959: 327.

75. Gebhard and Dickie 1999; Burkert 1972 [1962]: 219-221; Musaios *FGrH* 455F1（可能写于公元前 2 世纪）写过一篇关于伊斯特摩斯竞技会的论文，在那篇论文中他区分了两个锦标赛，一个是纪念波塞冬，另一个是纪念墨利刻耳忒斯。

76. Will 1955; Hawthorne 1958; Koester 1990; Piérart 1998; Seelinger 1998. Rupp 1979: 66-67 提出，波塞冬神庙东南方向的地基是帕莱蒙领地的一部分，可以追溯到公元前 470 年至公元前 460 年早期体育场的建造和公元前 400 年至公元前 390 年一场毁灭性的大火之后圣殿的重建之间，具体参阅 Gebhard and Dickie 1999。

77. Piérart 1998: 88.

78. 见 Gebhard and Dickie 1999; Bonnechere 2007: 23.

79. Piérart 1998: 85 指出，科林斯的老居民和其他人在城市被破坏后被授权回来居住和开发这片土地，这就解释了遗弃时期出现居住和宗教崇拜的痕迹。不过在这一时期科林斯没有举行公共祭礼，因为这座城市还没有正式存在。

80. Marchetti and Kolokotsas 1995: 204 认为罗马的祭礼是开始于古典时期祭礼的延续，这一观点遭到了 Piérart 1998: 102-104 的驳斥。

81. Piérart 1998.

82. Imhoof-Blumer and Gardner 1964 [1885-1887], pl. B (Corinth 1), nos. XI, XII, XIII (silver coins of Marcus Aurelius, Lucius Verus, and Caracalla).

83. Paus. 2. 2. 1.

84. Will 1955: 172 n. 1.

85. 对其他儿童英雄的崇拜活动，例如佩洛普斯、俄斐尔忒斯以及美狄亚的孩子们等也都有这样的阴间特点。参阅 Pache 2004, esp. 135-180.

86. Ael. Aristid. *Or.* 3.25, 27.29, 28.13; Burkert 1983 [1972]: 198.

87. 见 Bollack 1958. 参见 Meurant 1998: 西西里帕利客人的神谕和宣誓仪式都是在水上进行的。

88. Piérart 1998: 101.

89. Pind. *Nem.* 6.40; Philostr. *Imag.* 2.16; Liban. *Or.* 14.5.67. 有些科林斯的硬币上有牵着公牛去帕莱蒙祭礼的图像: Imhoof-Blumer and Gardner 1964 [1885-1887]: pl. B (Corinth 1), nos. XI and XIII. 见 Burkert 1983 [1972]: 197. Ekroth 2002: 124-125 已经表明, 给帕拉蒙的祭品是有骨头可证明的为了英雄崇拜而屠杀的唯一案例。根据她的说法, 这种仪式并非古风时期的, 而是仿古的, 罗马时期这么做显得比实际上更古老。

90. Philostr. *Imag.* 2.16. *IG IV* 1, 203 提到帕莱蒙神庙里的一个祭坛。见 Ekroth 2002: 74.

91. 可参阅传说中忒涅多斯岛献祭孩子给墨利刻耳忒斯-帕莱蒙("儿童杀手")的做法: Lyc. *Al.* 229 with schol. and Call. fr. 91 Pfeiffer. 见 Bonnechere 1994: 241 n. 55. Bonnet 1986: 60 提出, 帕拉蒙的绰号 brephoktonos(活人祭?), 因为他为了平息赫拉的愤怒而牺牲了他自己。

92. 见 Seelinger 1998: 273 n. 10.

93. Philostr. *Her.* 740.17 (Olearius). 见 Bonnet 1986: 57.

94. 见 Seelinger 1998.

95. Will 1955: 179 n. 3; Amandry 1988: 63-64, 176-180, pl. XLVIII, D i-ii.

96. Dolley 1893: 109; Jeanmaire 1951: 16-17.

97. 伊斯米亚圣殿里的松树: Strab. 8.6.22; Paus. 2.1.7. 墨利刻耳忒斯祭坛附近伊斯特摩斯岸边的一棵松树: Paus. 2.1.3.

98. 钱币上的松树图案位于墨利刻耳忒斯与海豚上方: Imhoof-Blumer and

Gardner 1964［1885-1887］: pl. B（Corinth 1）, nos. I and II（silver coins of Marcus Aurelius and Commodus）; 见 Seelinger 1998: 279. Plut. Quaest. Conv. 5.3.1 解释说，松树与波塞冬和狄俄尼索斯都有关联，因为它既用于造船也用于酿酒。

99. Philostr. *Imag.* 2.16.

100. Will 1955: 217.

101. 根据 Philostratus *Her.* 740.17（Olearius），为墨利刻耳忒斯举行的仪式和为美狄亚的孩子们举行的仪式是一样的。

102. 参阅 Lucianus（PG 114: 394-415），Arrianus（PG 117: 206d），and Callistratus（AASS 7.191d）的殉教记录，他们都被抛到海里，尸体却奇迹般地回到了岸上。参阅 Hošek 1987: 112-113 and Diez 1955.

103. Eur. *Medea* 1282-1289. 参阅非洛斯特拉托斯笔下科林斯人对墨利刻耳忒斯和美狄亚的孩子的崇拜。

104. Myrsil. *FGrH* 477F14 = Plut. *Soll. An.* 984e; Anticlid. *FGrH* 140F4 = Ath. 11.15, 466c-d. Fuller account in Plut. *Conv.* 163a-d.

105. 本故事作为成长叙事可参阅 Bonnechere 1994: 128-130, 164-180.

106. Bonnechere 1994: 174.

107. Paus. 10.10.8.

108. Paus. 10.10.8-10; Diod. Sic. 8.20-21; Strab. 6.3.2-6: 皮提亚确认了法兰托斯的领导权，并指出他林敦是探险的目的地。另外可参阅 Iust. 3.4; Diod. Sic. 15.66.3; Pol. 12.6b; Dion. Hal. *Ant.* 19.1; Polyaenus 2.14.2; Aristot. fr. 611.57（Rose）; Probus ad Verg. G. 2.197; 4.125; Serv. ad Verg. *Aen.* 3.551; 6.773; Sil. *Il.* 11.16; Ps.-Acro. ad Hor. *Carm.* 2.6.12; Porph. ad Hor. *Carm.* 2.6.11-12.

109. Paus. 10.13.10.

110. Servius ad Verg. *Aen.* 3.551; ad G. 4.125; Hesych. s. v. Taras. On the Partheniae，见 Antiochus *FGrH* 55F13; Ephorus *FGrH* 70F216; Aristot. *Pol.* 5.7, 1306b29-31; Diod. Sic. 8.21; and Theopomp. *FGrH* 115F171.

111. Arist. fr. 590 (Rose). Coins: *LIMC* s. v. Phalanthus, 2-28.

112. Phalanthus: Studniczka 1890: 175. Dumont 1975: 71 把阿波罗和法兰托斯相关联，把塔拉斯和波塞冬相关联，并且说公元前 5 世纪波塞冬战胜了阿波罗。Malkin 1987: 219-220 则认为由于缺乏证据，这个问题无法回答。

113. Paus. 10.13.10.

114. *Selinon* 在希腊语中意为“西芹”。Lacroix 1954: 14-23.

115. Lacroix 1954: 20.

116. 见 Graf 1979: 5.

117. 参见 Petrisor (Cursaru) 2009: 333-436.

118. 见 Kingsley 1995: 15-35, 123-125.

119. Servius ad Verg. *Aen.* 3.332; Testament of Epicteta: *IG XII* 3, 330. *Etym. Magn.* s. v. Eikadios.

120. 参阅索忒勒斯(Soteles)和狄俄尼索斯的故事：Plut. *Soll. An.* 984a-b; *De Is. et Os.*, 361f; Tac. *Hist.* 4.83-84. Ptolemy Soter 的这些特使在试图到达 Sinope 时被吹离了航线。船头出现一只海豚——另一个神启的例子——引导他们来到德尔斐，并从神谕得知自己的使命。

121. Bourboulis 1949: 61.

122. Malkin 1987: 17-28.

123. 见 Bourboulis 1949: 13-17 and Graf 1979. 铭文证明了阿波罗·德尔斐尼乌斯的名字、节日、月份的名称以及克里特岛、锡拉岛、艾伊娜岛、斯巴达、阿提卡、哈尔基斯、德尔斐、米利都、厄律忒亚、希俄斯、拉特摩斯山上的赫剌克利亚、马赛和奥尔比亚等地神谕的名称。关于这些崇拜，见

Lifshitz 1966.

124. 在开航伊始人们为德尔斐尼乌斯设立各种各样的节日，特别是在阿提卡历 10 月 6 日的雅典，详见 Bourboulis 1949：62-69 。这个节日最初意思是忒修斯在前往克里特岛之前向德尔斐尼乌斯献上祭品（Plut. Th es. 18），不过 Graf 1979：6-7 认为这一观点有些问题，主要是与崇拜德尔斐尼乌斯的许多城市的历法方面的问题。

125. 被认为合乎情理的凶杀案都在德尔斐尼翁神庙（Delphinion）审理：Andoc. 1. 78；Dem. *Aristoc.* 74 with schol.；*Contra Boeot.* 11；Arist. *Ath. Pol.* 57. 3；Is. *Euphil.* 9；Ael. *VH* 5. 15；Phot. 2. 535. 22（Bekker）；Poll. 8. 119（Bethe）；Harpocr. s. v. Delphinion；Suda s. v. Epi Delphiniô and s. v. Ephetai；*Anecd. Graecae* I 255，19，311（Bekker）. 见 Graf 2009：103-129：关于公民身份的审判在德尔斐尼翁神庙进行。

126. 见 Graf 1979. Completecata logue of sources in Bourboulis 1949：9-18.

127. Plut. *Thes.* 14. 1.

128. Paus. 1. 28. 10；Poll. 8. 119-120（Bethe）.

129. Plut. *Thes.* 12. 6.

130. Plut. *Thes.* 18. 1；Paus. 1. 19. 1.

131. Schol. Pind. *Ol.* 13. 155；schol. *Pyth.* 8. 88.

132. Dittenberger，*Syll.* I^3，57（Miletos，450 BC）.

133. 关于这个神话的其他说法都紧随 *Homeric Hymn to Apollo*：*Etym. Magn.* s. v. Delphinius；schol. ad Arat. *Phaen.* 315；Plut. *Soll. An.* 984a；Tzetz. Ad Lyc. 208。

134. Vilatte 1988：312. 参见 Kyriazopoulos 1993：396.

135. *Hymn. Hom. Ap.* 449.

136. Arist. *HA* 631a；Plin. *HN* 9. 27；Plut. *Soll. An.* 985 a-b；Ael. *NA*

6.15；Poll. 9.84；Antig. Car. *Mir.* 55.（60）；Ath. 13.85；Tzetz. *Chil.* 4. 10–20；Solin. 12.10. 公元前280年至公元前190年间，伊阿索斯铸造了刻有赫耳弥亚斯的硬币：银币和较小的铜币上面是阿波罗的桂冠头像，反面是一个和海豚一起游泳的年轻人（BMC 1–3，6–11）。还有一种硬币上是同样的年轻人与海豚像，反面是竖琴与月桂花环，见 Lacroix 1958；Zeuner 1963：101.

137. Plin. *HN* 9.25；Ael. *NA* 6.15；Gellius 6.8；Tzetz. *Chil.* 4.23；Solin. 12.7.

138. Ael. *NA* 6.15；Tzetz. *Chil.* 4.21.

139. Plin. *HN* 9.26；Pliny the Younger 9.33（Keil）；Solin. 12.9.

140. Opp. *Hal.* 5.453–457；Tzetz. *Chil.* 4.9.

141. Ael. *NA* 2.6.

142. Plin. *HN* 9.28.

143. Philo Jud. *Alex.* *PG* Ⅱ，Ⅶ，p. 132，67.

144. Ael. *NA* 2.6；Opp. *Hal.* 5.458–518；Paus. 3.25.7；Tzetz. *Chil.* 4. 1–8.

145. Somville 1984：22；Isler 1985.

146. Higham 1960；Jacques 1965；Montgomery 1966；Miller 1966.

147. 可比较柏林国家博物馆收藏的公元前5世纪晚期维奥蒂亚细颈有柄长瓶，上面有两个带翼男孩骑在一只海豚背上，其中一个男孩弹着竖琴。这两个男孩可以看成是前往来世的灵魂（见 Vermeule 1979：1–41）或者亡灵导神厄洛忒斯（此处疑原作有误，应为厄洛斯）。厄洛斯作为亡灵引导者，可参阅公元前5世纪后半期雅典的红绘广口陶罐，伦敦大英博物馆，编号 BME395，*CVA* 1773（石碑前的厄洛斯和年轻人）；公元前5世纪中期雅典红绘白底细颈有柄长瓶，马赛博物馆，编号XXXX 14890，*CVA* 14890（墓、厄洛斯、女人）。关于厄洛斯的海豚骑士形象，可参阅 Reho-Bumbalova 1981，她强调了厄洛斯作为海豚骑士的情爱意义和葬礼意义。关于在罗马厄洛斯作为亡灵引导者，可参阅

Cumont 1942：337–350；L'Orange 1962。马焦雷门（公元 1 世纪）的地下长方形教堂的后殿显示普叙刻进入一片广阔的水域，那里至少有 12 只海豚和两只人鱼在游泳，普叙刻被一个飞翔的厄洛斯轻轻推着向前走，表现的是通往来世的旅程的画面，参阅 Curtis 1920；Hubaux 1923；Strong and Joliff e 1924；Détienne 1958；Kerenyi 1965；Pailler 1976；Cruciani 2000.

148. 公元前 5 世纪阿提卡大水罐，梵蒂冈，伊特鲁里亚博物馆，编号 16568（*LIMC* s. v. Apollon 382）.

149. 飞行，尤其是乘着天鹅一样的翅膀飞翔，象征心理之旅。关于飞行，见 Petrisor（Cursaru）2009：333–374 和 Cursaru 2012。天鹅以及大型水鸟作为人、神和死者之间的媒介的意义，参见 Bonnechere 2003：299–302。关于阿波罗的弓和海豚之间的关系，见 Monbrun 2007：216–234。

150. Petrisor（Cursaru）2009：333–374.

151. *Hom. Hymn. Ap.* 400：ἐν πόντῳδ᾽ἐπόρουσε δέμας δελφῖνι ἐοικὼς “他以海豚的样子从海里跳了出来。”

152. 例如 *LIMC* s. v. Eos 2，5 和 8，赫耳墨斯偶尔会现身：比如维奥蒂亚的红绘双耳喷口杯，雅典，国家考古博物馆，编号 1383。见 Lacroix 1974：92–106.

153. 对诱拐欧罗巴的众多描绘（*LIMC* s. v. Eu rope 1. 24，1. 57，1. 78，1. 100，1. 104 等）都有一只海豚在赫耳墨斯牵着的公牛下面游泳。海洋语境、赫耳墨斯和海豚在神话里既表现了渡海的情景，也表现了人与神的交流，见 Petrisor（Cursaru）2009：339，Lacroix 1974：58。一只阿提卡陶盘的残片（公元前 550 年至公元前 500 年，雅典，国家博物馆，卫城藏品 1. 2427，Beazley 8557，Callipolitis-Feytmans 1974：plate 36. 12）显示赫耳墨斯（或珀尔修斯）的带翼鞋正在快速移动，极有可能是在奔跑或飞翔，鞋子下面是一只海豚的头和口鼻。也许海豚暗示着神（或英雄）在两个世界之间的航行？

154. 参看 Somville 1984：7："Les dauphins ne symbolisent pas la mer, ce n'est qu'un accident, mais bien la présence divine." Steinhart 1993：211："Die Delphine des Berliner Malers wie des Athenamalers sind in ihrer Betontheit eher als Begleiter Apollons denn als einfache Meerestiere zu verstehen."

第五章

1. Versnel 1980：156.

2. Gallini 1963：esp. 88–89.

3. Gallini 1963：62.

4. 必须注意 καταποντίζω "扔进大海"、καταποντιστής "扔进大海的杀人犯和海盗" 以及 καταποντισμός "扔进海里这个动作，淹死" 等等这些词很少用来形容自愿跳海的行为。相反，这些词往往描述拒绝下沉或拒绝入海，例如被抛入大海的达那厄（Agatharchides *De Mari Erythraeo* 7.90 Müller：καταποντισθεῖσαν ὑπὸ τοῦ πατρὸς Ἀκρισίου "她的父亲阿克里西俄斯把她扔进了海里"）和奥格（Alcidamas fr. 2.79 Avezzù：τὴν παῖδα καταποντίσαι "把这姑娘扔进海里"）、失事的船只（*Aesopica* 69.2.5 Hausrath and Hunger：νηὸς καταποντίζεσθαι ἤδη μελλούσης："船要下沉了"）、海盗行为（Isocrates *Panath.* 226.8：οὐδὲν μᾶλλον ἢ τοὺς καταποντιστὰς καὶ λῃστὰς καὶ τοὺς περὶ τὰς ἄλλας ἀδικίας ὄντας "比海盗、土匪或其他非正义行为的人还多"）等，见 Koch-Piettre 2005：79–80。

5. Chantraine 1999 [1974]：975. 见 Harrell 1991.

6. Chantraine 1999 [1974]：905–906.

7. Chantraine 1999 [1974]：559. 认为这只鸭子就是水鸟，见 Thompson 1895：90–91.

8. 参阅 Polyb. 28.6.6，冒险的政治举动被比做玩杂技：τοὺς δ᾽ὑπερκυβιστῶντας καὶ διὰ τῶν κοινῶν πραγμάτων ἰδίαν χάριν ἀποτιθεμένους παρὰ Ῥωμαίοις καὶ τοῦτο πράττοντας παρὰ τοὺς νόμους καὶ παρὰ τὸ κοινῇ συμφέρον, τούτου ς ἔφασαν δεῖν

κωλύειν καὶ πρὸς τούτους ἀντοφθαλμεῖν εὐγενῶς“他们说，那些准备采取行动，试图以违背法律和违背公众利益的公共行动来迎合罗马人的人，应该有人去大胆地阻止和对抗。”(Paton 译自希腊文)见 Deonna 1953：93.

9. 关于海豚在阿里翁故事里的重要性，详见第 4 章。

10. 参阅赫罗与勒安得耳的故事：Musaeus *Hero and Leander*；Ov. *Her.* 18，19；*Tr.* 3.10.41；*Ars Am.* 2.249；Verg. *G.* 3.358；Str. 131.22；Somville 2000.

11. 参阅 *Od.* 10.50–52：当他的同伴们放松了囚禁他们的皮袋时，奥德修斯犹豫是否应该投海自尽（πεσὼν ἐκ νηὸς ἀποφθίμην ἐν ἰπόντῳ）。

12. Nagy 1990：223–224.

13. Strab. 10.2.8–9；Ael. *NA* 11.8；L. Ampel. *Mir.* 8.4；Cic. *ad Att.* 16.6.1；Phot. s.v. *Leukatês*；Ov. *Her.* 15.179–180，215–216.

14. 例如 Aesch. *PV* 589（οἰστροδινήτου κόρης“被牛虻烦扰得发狂的姑娘”）；Ov. *Met.* 1.725–727. 在慕尼黑古董博物馆编号为 3296（J810）的一只约公元前 330 年的双耳喷口杯上，牛虻（Oistros）的化身陪着美狄亚在她杀死孩子后驾车离开科林斯。参见 Elice 2004：26。在《奥德赛》22.300 中，求婚者们“像受到牛虻驱赶一样匆忙穿过宫殿”。

15. 例如 Eur. *Bacch.* 1229：εἶδον ΑὐτονόηνἸνώ θ'ἅμα ἔτ'ἀμφὶ δρυμοὺς οἰστροπλῆγας ἀθλίας“我看见奥托诺厄和伊诺还在灌木丛中疯疯癫癫，真可怜。”

16. 参阅 Plut. *Lat. Viv.* 1130c–e，描写了那些选择默默无闻地活着以便不为人知的人。

17. 人们常说浸泡在盐水或淡水里可以治愈疯病。盐水治疯病：Origen *in Matth.* 13.6；Ar. *Vesp.* 118 with scholia；Iamb. *Myst.* III 10；Ov. *Met.* 15.325. 见 Gallini 1963：74–75. In Sophocles' *Ajax* 654–656，主人公在海边沐浴，净化自己幻想中的罪行，也治愈疯病，见 Ginouvès 1962：372。淡水治疯病：Ov.

Met. 15. 317–335（列出了一张治愈或导致疯病的泉水和湖泊的清单）；Paus. 8. 19. 2–3（阿卡狄亚的阿利索斯泉可以治愈被狂犬吓疯或咬伤的人）；schol. *Od.* 3. 489；Ps. –Plut. *De Fluv.* 19. 2（据说 Alpheios 河里的水或水草可以治疗躁狂和其他精神疾患）。普罗提得斯姐妹的疯病就是用泉水浸泡治好的，见 Dowden 1989：75–86。许多历史人物，如阿尔忒弥西亚女王，都模仿萨福，从莱夫卡斯悬崖跳水治疗爱情，结果或死或伤。见 Nagy 1990：229. 关于文学中海洋的情爱主题可参阅 Murgatroyd 1995。

18. In Phot. 190 p. 153a（Bekker）.

19. Pl. *Phdr.* 276b；Theophr. *Caus. Pl.* 1. 12. 2；Men. *Sam.* 45；schol. Theocr. *Id.* 15. 112–113，133；Zenob. Ath. 2. 90 p. 367 Miller = Zenonius 1. 49；Eusth. p. 1701. 45–50. 见 Burkert 1979：99–122. 根据 Alciphr. *Epist.* 4. 14. 8，“阿多尼斯花园”里用的不是短命的花草而是珊瑚。

20. Apollod. 3. 183–185（perhaps quoting Panyassis）. 有关比喻的来源和参考书目，见 Burkert 1979：109。

21. 参阅忒修斯被扔下 Skironian Rocks（白岩）后的死亡：Paus. 1. 17. 6；schol. Ar. *Plut.* 627. Nagy 注意到忒修斯把强盗 Skiron 从 Molurian 岩石上抛下（Paus. 1. 33. 8），这块岩石正是伊诺跳海的那块岩石。人们发现 Molurian 岩顶有一个“释放者”Zeus Aphesios 的神龛，见 Nagy 1990：230–231，esp. nn. 27 and 28.

22. 见 Deonna 1953：91.

23. 同样的比喻参看斐勒克拉忒斯的 *Miners* fr. 113 = Athenaeus 268d–269c. 见过冥府盛宴的一个女人被告知，Οἴμ’ ὡς ἀπολεῖς μ’ ἐνταῦθα διατρίβουσ’ ἔτι, παρὸν κολυμβᾶν ὡς ἔχετ’ εἰς τὸν Τάρταρον“ 女人，如果你再呆下去，等你能跳进冥府的时候，你会杀了我的”（译自 Storey 的英文）。Eur. *Hel.* 1016：ὁ νοῦς τῶν κατθανόντων ζῇ μὲν οὔ, γνώμην δ’ ἔχει ἀθάνατον εἰς ἀθάνατον αἰθέρ’ ἐμπεσών

“亡者的心虽不是活着的，却有永恒的觉知，因为它进入了永恒的以太。”参看 Plut. *Lat. Viv.* 1130c－e：邪恶的人死后会被扔进张大嘴巴的无底海洋里（καταποντίζων εἰς ἄβυσσον καὶ ἀχανὲς πέλαγος）。

24. Glosses of the word 对 ἀρνευτῆρι 这个词的注释经常出现在荷马评注者和词典编纂者笔下，比如 Apollon. *Lex. Hom.* 43.17；Hesych. s. v. ἀρνευτῆρι；Sude's. v. ἀρνευτήρ.

25. 例如 Herodas *Mimiambi* 8.42 Cunningham（描述酒神节的舞蹈）；Gr. Nazian. *Carm. Mor.* 904.12（关于杂技）；Lyc. *Al.* 465（埃阿斯扑向赫克托耳的剑自杀）；Ath. 7.68. 11-13 and 7.119-121（一种叫鲯鳅的鱼翻滚跳跃就像玩跳水杂技）。

26. 参看 Nagy 1990 对“莱夫卡斯跳海”的解释，还考虑到了宇宙天体与跳水的关联。关于天体每日在大洋河沐浴的讨论，请参阅第一章。

27. 大英博物馆，E466，ca. 430 BC.

28. 也可参看动词 δύω 的使用情况，它可以描述天体的沉落，也可以描述掉进地狱：例如 *Il.* 3.322，6.19，411，7.131；*Od.* 12.383；Aesch. *Ag.* 1123. 见 Bader 1986.

29. Mela 3.32：*in pelagus*“直到大海深处”；Pliny 4.89：in mare“进入大海”。

30. 参看 Versnel 1980：154：“从岩上跳到海里或深坑中，等于直接进入地府。”

31. Nagy 1990：243-246.

32. 关于北方乐土，参看 Romm 1989；Brown 1992；Kyriazopoulos 1993.

33. Plin. *HN* 4.89：*mors non nisi satietate vitae*“死亡不会光顾他们，除非他们自己活得心满意足”；Mela 3.32：*vivendi satietas magis quam taedium*“对生活心满意足而非厌倦。”

34. 参看 *De. Leg.* 2.57 指出，如果一个人死在海里，就不会给家人带来污名，因为没有留下骨头在地上。此外，北方乐土的人永远活在纯净中：Pind.

Pyth. 10.41–44 称他们为"圣洁的人"。

35. 参看 Bonnechere 2003：139–82 描述了朝圣者在特洛福尼俄斯神谕处进行冥界旅行时的恐惧，他们在亡故英雄的洞穴里体验"坠入地狱"。讨论特洛福尼俄斯的许多方面都能让人联想到堕入地狱的情景。

36. Parth. *Amat*. 26. 参见 Euph. fr. 415，13（Lloyd-Jones-Parsons，*Supplementum Hellenisticum*，1983）.

37. Paus. 7.23.3.

38. Paus. 2.30.3，3.14.2，8.2.4，9.40.3. Hesych. s.v. Aphaia（identifies Artemis，Dictynna，and Aphaia）；Ant. Lib. 40；Diod. Sic. 5.76.3–4.

39. Sourvinou-Inwood 1987；Dowden 1989：70–96. 参见 Hoffmann 1992.

40. Sourvinou-Inwood 1987：138. 参见 Ball 1989.

41. Dowden 1989：177.

42. 参照哈利亚的故事，她被自己的儿子强暴后跳海自杀：Diod. Sic. 5.55.4–7. 其他类似的故事见 Ps.–Plut. *De Fluv*. 5，9，18，发狂的主角们跳河自杀。

43. 这也许可以解释帕萨尼亚斯的评论——那些沉入海底的女人都是纯洁的处女 καταδύονται δὲ ἐς θάλασσαν γένους τοῦ θήλεος αἱ καθαρῶς ἔτι παρθένοι：Paus. 10.19.2）. 这种信念似乎源于当时大量的求爱主题的爱情故事，而不是源于经受水中考验确定贞洁的严酷实践，pace Glotz 1904 and McHardy 2008.

44. 见 Dowden 1989：9–47.

45. 另可参阅：特洛伊的姑娘们结婚前去斯卡曼德洛斯河里洗澡，祈祷河水带走她们的童贞：Ps.-Aesch. *Epist*. 10.3–8；见 Gallini 1963：81；Dillon 2002：219.

46. Dowden 1989：71–96.

47. 关于海洋的荒芜性，详见第 1 章。关于希腊悲剧中的女人和大海，请参阅 Serghidou 1991.

48. Pind. *Nem.* 1.1; Str. 6.2.4; Pol. 12.4d; Verg. *Aen.* 3.694–696; Ov. *Met.* 5.573–641; *Am.* 3.6.29; Paus. 5.7.2.

49. Strab. 6.2.4; Paus. 5.7.1–5. 见第 1 章。关于“结婚礼物”象征永久婚姻，请参阅 Ferrari 2002：194.

50. 参见 Ov. *Met.* 13.750–878.

51. 我们注意到成功的恋人阿尔甫斯给阿瑞图萨带来了尘世的礼物：树叶、鲜花和神圣的尘土（Moschus fr. 3，line 3）。

52. Diod. Sic. 5.62–63. 参看 Suda s.v. Tenedios anthropos，在那里，赫弥忒亚和她的弟弟滕涅斯因为继母的嫉妒而被一同扔进一个箱子里。这似乎与伊诺和罗伊欧的神话雷同。

53. 根据 Hyg. *Poet. astr.* 2.25，阿波罗是帕耳忒诺斯之父。在罗伊欧的故事里，阿波罗与狄俄尼索斯的角色互补。参阅 Suárez de la Torre 2013.

54. 见 Larson 1995：110.

55. 斯塔费洛斯乃狄俄尼索斯之子：Apollod. 1.9；Diod. 5.62.1；Parth. 1；schol. Ap. Rhod. *Arg.* 3.997；schol. Lyc. *Al.* 570.

56. Sall. *fr. incerta.* 87（Dietsch）；Plin. *HN* 7.199.

57. Apollod. 1.8；Serv. ad Verg. *Aen.* 3.73；Hyg. *Fab.* 53；Call. *Hymn. Ap.* 36–40. Alternatively，in schol. Stat. *Theb.* 4.796，阿斯忒里亚被她的情人抛入大海。

58. Hyg. *Fab.* 53，140. In schol. Call. *Hymn. Ap.* 59 and Ar. *Av.* 870，勒托自己变成了一只鹌鹑。

59. Plin. *HN* 10.33；cf. Psalms 78：26–30；105：39–42；Numbers 11：31–33；Exodus 16：13.

60. 例如 Ar. *Pax*，789；Plut. *Alcib.* 10.

61. Ar. *Av*. 707; Pl. *Lys*. 211E; *Anth. Pal*. 12.44 (Glaucus); Dio. Chrys. 46.

62. 柏林帕加马博物馆，1791.

63. 根据 Apollodorus 1.52 的说法，宙斯为了惩罚阿尔库俄涅和刻宇克斯的狂妄，把他们变成了翠鸟，因为他们在一起非常快乐，甚至自比为宙斯和赫拉。

64. Ov. *Met*. 11.410–748; Hyg. *Fab*. 65; Ps.-Luc. *Halc*. 1–2; *Il*. 9.562–563 with schol; Apollod. 1.52; Serv. *Georg*. 1.399. 见 Thompson 1895: 28–32.

65. 关于神翠鸟，可参阅 Arist. *HA* 542b, 593b, 616a.

66. Hecataeus *FGrH* 1F30; Ov. *Met*. 11.270; Hyg. *Fab*. 65, 244; Apollod. 1.52.

67. Arat. *Phaen*. 262; Procl. ad Hes. *Op*. 381.

68. Schol. Arat. 254–255 p. 202.10. *De signis tempestatum* 6; Arat. *Phaen*. 1.266.

69. Alcm. fr. 26 *PMG*; Simon. fr. 3 *PMG*; Eur. *IT* 1090; Ar. *Ran*. 1309; Mosch. 3.40; Opp. *Hal*. 1.424. 参见 Ibycus fr. 8 (13). 玛耳佩萨被称为哈尔库俄涅(Halcyone)，以纪念她被阿波罗诱拐：*Il*. 9.562–564.

70. Ov. *Met*. 11.749–795; Serv. ad Verg. *Aen*. 4.254; 5.128.

71. 奥维德作品中赫斯佩里亚所遭受的追逐和被蛇咬的痛苦似乎是模仿了 Verg. *G*. 457–459 阿里斯泰斯对欧律狄刻的追求。

72. 另可参阅库克诺斯在失去爱人后跳进湖中变成了天鹅：Ant. Lib. 12 (quoting Nicander); Ov. *Met*. 7. 371–379. 其他也叫库克诺斯的神话人物往往被描述为暴烈又傲慢：波塞冬的儿子库克诺斯被阿喀琉斯所杀，波塞冬把他变成了(Pind. *Ol*. 2.147, Strab. 13.119; Paus. 10.14.1)；阿瑞斯的儿子库克诺斯被赫拉克勒斯所杀(*Scut*. 57; Pind. *Ol*. 10.15)；利古里亚国王库克诺斯是法厄同的朋友，法厄同为他的死哀悼，阿波罗把他变成一只悦耳的天鹅(Ov. *Met*. 2.367).

73. 见 Cursaru 2012.

74. Bonnechere 2003：299-304. 关于天鹅在葬礼上和末世的意义，参看 Pl. *Phd* 84e-85b，第 4 章有探讨。

75. 约公元前 760 年至公元前 750 年，雅典国家考古博物馆，804.

76. Hirschfeld 画师的阿提卡几何体双耳喷口杯，公元前 750 年至公元前 735 年，雅典国家考古博物馆，990.

77. 例如 *CVA*，巴尔的摩，1，约翰霍普金斯大学，41.133（一裸体女子在墓地献祭一只鸭子，而一长袍青年站在石碑旁边）；雅典，国家博物馆，1769，Beazley *ARV*², 1232.9（一女子和一拿鸟笼青年立在一石碑旁）；巴黎卢浮宫，MNB 1729，Beazley *ARV*²，1374.2（两个少年站在石碑前，一人拿琴，一人拿矛和鸟）；*CVA*，雷丁大学，1，23，plate 540，13.7A-B（一女子抱着鸟上了卡戎的渡船）. *CVA* 列出的 24 个公元前 5 世纪的白底细颈有柄长瓶上都画着葬礼的场景，鸟或鸭子献祭在坟前或被死者带到卡戎的船上，这样的瓶子毫无疑问还有很多。

78. 例如 *CVA* 29862，公元前 5 世纪雅典红绘白底细颈长瓶上的葬礼场面，女子提着花篮在坟前，有苍鹭相伴。

79. Antig. *Mir*. 122. 1；Arr. *Peripl*. *M*. *Eux*. 21.1-4. 这些鸟可能是剪水鹱：Thompson 1895：17-18.

80. Plin. *HN* 10.126-127. 关于狄俄墨得斯的鸟，可参阅 Thompson 1918. 参见 Fowler 1918：67.

81. Strab. 15.3.2（location of the tomb）；Paus. 10.31.6；Plin. *HN* 10.74；Ael. *NA* 5.1；Solin. 40；Ov. *Am*. 1.13.3-4；*Met*. 13.607；Quint. Smyrn. 2.645；Dion. *Av*. 1.8；Isid. 12.7；*Myth*. *Vat*. 1.139. 见 Thompson 1918.

82. Thompson 1918：93.

83. Hesych. s. v. ἀντίψυχοι. 参看 Dio Cassius 59.8. Thompson 1895：116 认定这些鸟是流苏鹬，一种类似于苍鹭的大海鸟，但在 1918 年撤回了这一说法，并

沿用 Fowler 1918 年的说法，将其命名为剪水鹱。关于替别人死的含义，参阅 Versnel 1980：170. 阿喀琉斯和门农之间的心理时滞画像中的灵魂和鸟，见 Burgess 2004。

84. 关于海边之墓的文学主题，参阅 Pearce 1983.

85. 该岛于阿喀琉斯而言是神圣的：Eur. *Andr.* 1262 with schol.；Scyl. 68. 14；Ptol. *Geog.* 3. 10. 9；Paus. 3. 19. 11；Procl. *Chr.* 200；St. Byz. *Ethn.* 152. 10；Tzetz. *Chil.* 11. 396. 该岛得名于栖息于岛上的成群的白色海鸟：Eur. *IT* 434–438；*Et. Gen.* s. v. Leukê；*Etym. Magn.* s. v. Leukê；Tzetz. ad Lyc. 186；schol. Pind. *Nem.* 4. 79a–b.

86. Helen，Ajax，Antilochus，and Patroclus：Paus. 3. 19. 11；Medea：Apollod. *Epit.* 5，5a；Iphigeneia：Ant. Lib. 27. 4；Eust. *Dion. Per.* 306. 19，541. 13；schol. Eur. *Andr.* 1262；Achilles：schol. Pind. *Nem.* 4. 79a–b.

87. Philostr. *Her.* 746. 10.

88. 关于鸟作为生者与死者之间的使者的讨论，可参阅 Vidal-Naquet 1993.

89. 见 Turner 2005.

90. Dowden 1989：180–181. 例如公元前 5 世纪的雅典红绘罗盘座，Jena，Friedrich-Schiller-Universitat，*CVA* 46958：追逐女子的青年，其他女子，其中一个正在给苍鹭喂食；公元前 5 世纪的雅典红绘提水罐，伦敦大英博物馆，83. 11–24. 26：家庭场景，一众女子，一人坐，一人持镜，雪花石膏悬吊，苍鹭；公元前 5 世纪晚期的雅典红绘杯，*CVA* 200992：情色场景，青年拥抱少女，旁有一鹤，有铭文：Επιδρομος καλος；阿普利亚红绘钟形陶壶，维罗纳市民博物馆，171：女子持镜坐，青年裸体抱鸭立。

91. Paus. 8. 22. 7–8. Dowden 1989：180–181.

92. Bevan 1989. 该项研究的发现大多是几何体的、古代的和古典时期的。

93. 例如 Bevan 指出，在奥林匹亚，献给宙斯 50 个鸟的雕像（包括 20 只水鸟)和 1600 匹马的雕像。在德尔斐，献给阿波罗 21 个水鸟雕像和 50 匹马的雕像。相比之下，在斯巴达，献给阿耳忒弥斯 150 个鸟像(包括 40 只水鸟)和 13 匹马像。在林都斯，雅典娜得到了 240 个鸟像，但只有不到 30 匹马像。

94. Thompson 1895：147-148.

95. Eusth. *Od.* 1 p. 65. 36；schol. *Od.* 4. 797；schol. Lyc. *Al.* 791（在后一个版本中，珀涅罗珀还是个女孩，不清楚为什么她的父母把她扔进海里）。Dowden 1989：181.

96. 参见 Alcman，fr. 50（Page）. According to Ant. Lib. *Met.* 15，琉喀忒亚的这只鸟是另一种海鸭，这两种海鸟的区别可参阅 Thompson 1895. In Ov. *Met.* 4. 550-562，伊诺的忒拜伙伴们跑到伊诺跳海的海岬，变成了石头和海鸟。海鸟的"喂养"意义见 Lambin 2006. 雅典娜也与剪水鹱有关，在墨伽拉附近被崇拜：Paus. 1. 5. 3；1. 41. 6；Lyc. 359；Hesych. s. v. *en d'aithyia*. 不过很遗憾，我们没有更多的资料研究这种崇拜及其意义。在其他场合，雅典娜以猫头鹰和秃鹫的形象出现(φήνη：Od. 3. 371-372)。

97. 参阅那不勒斯国家博物馆展出的卡普阿双耳瓶，编号 270（*LIMC* s. v. Ino 13）. 花瓶上的伊诺手持斧头猛追佛里克索斯，他正骑着金毛羊逃跑。According to Hdt. 7. 197，阿塔玛斯与伊诺合谋杀死了佛里克索斯。

98. Pind. fr. 49（Snell-Maehler）；Pherecydes *FGrH* 3F98；Soph. *Athamas*（according to schol. Ar. *Nub.* 257）；Hippias *FGrH* 6F11. 这个版本与菲德拉的故事相似。

99. Pherecydes in schol. Pind. *Pyth.* 4. 288；Pherecydes in Eratosth. *Catast.* 1. 19；Pherecydes in Hyg. *Astr.* 2. 20；schol. *Il.* 7. 86；Apollod. 1. 80；Menecrates of Tyre in Zen. 4. 38；Ov. *Fasti* 3. 851-876；Hyg. *Fab.* 2；Paus. 1. 44. 7，9. 34. 5-8；schol. Ar. *Nub.* 257. According to Ov. *Fasti* 6. 551-562，伊诺密谋把谷子烤焦，因为阿塔玛斯和其中一个仆人发生了关系。最后一个故事的不同版本出现在

Plut. *Quaest*. *Rom*. 267D, and Stephanus s. v. halos (Theon).

100. Bremmer 1983, updated in Bremmer 2008.

101. Paus. 9.34.8. 见 alsoschol. Ap. Rhod. 1.185, 2.1122. On Phrixus's coming-of-age, 见 Bonnechere 1994: 96-107.

102. Xenoph. in Arist. *Rh*. 1440b5: 伊利斯人问色诺芬尼，他们是否应该向琉喀忒亚献祭并唱挽歌。色诺芬尼回答说，如果他们认为她是女神，他们就不应该唱挽歌，但如果他们相信她是凡人，他们就不应该献祭。(参看 Plut. *Apophth*. *Lac*. 228e)。这场辩论突出了伊诺-琉喀忒亚从凡人到长生不死的双重特性。

103. Fontenrose 1948: 144 提出，*Od*. 4.363-446 里出现在墨涅拉俄斯面前的厄多忒亚就是伊诺-琉喀忒亚女神。但是，厄多忒亚是普洛透斯的女儿，而不是卡德摩斯的女儿，所以她本身是神，这一点和伊诺完全不同。

104.《奥德赛》里琉喀忒亚面纱的重要性可参阅 Kardulias 2001.

105. 正如奥德修斯在淮阿喀亚的着陆说明了他的得救是从海洋到陆地的过渡，伊诺通过变神而得救被描述为上岸。有人说她是在墨伽拉着陆的，还有人说是在 Corone: Paus. 4.34.4. 在墨伽拉，伊诺有一座英雄神社和一座庙宇，就坐落在海边的悬崖上，据说她就是在那里被冲上岸的: Paus. 1.42.8, 1.44.11; Plut. *Quaest*. *Conv*. 675e.

106. *Anth*. *Pal*. 7.285 (Glaucus of Nicopolis), 7.295 (Leonidas of Tarentum), 7.374 (Marcus Argentarius).

107. 例如 *IG* Ⅲ 368. 我们最早关于伊诺-琉喀忒亚崇拜的文献证明是一块沃洛斯博物馆编号为 E 543-404 的公元前3 世纪拉里萨的大理石石碑。参看 *LIMC* s. v. Ino, A1. 关于伊诺-琉喀忒亚崇拜还可参阅 Koch-Piettre 2005: 78; Krauskopf 1981; Will 1952: 167; Fontenrose 1948; Méautis 1930; Farnell 1916; *RE* s. v. Leucothea (Eitrem). 许多公元 1 世纪的铭文都证实了伊诺和琉喀忒亚的

身份：Bonnet 1986：65. Cult of Ino-Leucothea in Chaironea：Plut. *Quaest. Rom.* 267d。不要把伊诺-琉喀忒亚与爱琴海地区其他也叫琉喀忒亚的神相混淆。根据 Diod. Sic. 5.55.4–7 记载，罗得岛崇拜哈利亚-琉喀忒亚。根据 Hesych. s. v. *Leucotheai* 的说法，所有的海上女神都叫“琉喀忒亚”。In the *Etym. Magn.* s. v. Leucotheai，我们发现，莱斯沃斯岛的历史学家 Myrsilos 曾用琉喀忒亚来称呼所有的海中神女。铭文证据表明，爱琴海东部的许多城市[兰普萨科斯（Lampsakos）、希俄斯、提俄斯（Teos）、尼多斯（Knidos）以及小亚细亚的整个海岸]都有一个琉喀忒亚月，但无法知晓这是否与伊诺或者其他哪位神祇有关。参阅 Krauskopf 1981：144 and *RE* s. v. Leucothea，col. 2295–2296（Eitrem）。Pherai 有一个献给琉喀忒亚的石碑：*IG* IX 2，422（时间不详）。

108. *IG* Ⅲ 368，时间不详．Gelzer 称之为“古董”，但是 Eitrem in *RE* s. v. Leucothea，col. 2294 确认可以追溯至罗马时期。参看 Farnell 1916：38. 在罗马，伊诺和她的儿子墨利刻耳忒斯被认为是保佑水手安全回港的玛图塔娘娘（Mater Matuta）和波耳图努斯（Portunus）：Cic. *Tusc.* 1.12.28；*Nat. Deor.* 3.15.39；*Hyg. Fab.* 2。奥维德将伊诺视为一罗马女神，见 *Fasti*（*Fasti* 6.475–550 显示她在意大利被神化），参阅 Parker 1999.

109. Schol. Ap. Rhod. Arg. 1.917；schol. *Il.* 24.78；Krauskopf 1981：144. 在仪式中，新成年的人们将一条紫布面纱包裹在胸前。Méautis 1930：335–338 列出很多带着头巾的伊诺-琉喀忒亚头像的硬币。根据 Clem. Al. *Protr.* 4.57 的说法，头巾是识别琉喀忒亚的标志。

110. Eur. *Med.* 1282–1289；*Ino* fr. 398–427（Nauck^2）. See *LIMC* s. v. Ino，nos. D 10–11–12（Nercessian）：雅典藏品 A. Kyrou（约公元前 460 年）有 Hermonax 的洛克里斯红绘双耳瓶；一块碎碗片上的浮雕（公元前 2 世纪）；罗马朱利亚庄园博物馆编号为 2350 的伊特鲁里亚葡萄酒坛。有关伊诺和阿塔玛斯举着酒神的各种画面的分析，请参阅 Oakley 1982a. Apollod. 3.28；Plut. *Quaest.*

Rom. 267e; *Am. Prolis* 492d; Lucian, *Dial. Mar*. 9.1; Ov. *Fasti* 6.485–488; Hyg. *Fab*. 2. Hyg. *Fab*. 4 明确指出欧里庇得斯在他已失传的悲剧《伊诺》里讲过伊诺计杀忒弥斯托儿子的故事，但是 Nauck 对这个故事的真实性表示怀疑。参阅 Nauck-Snell 19642: 482.

111. Eur. *Med*. 1282–1289 with schol. 1284; Apollod. 1.84; 3.4.3; Ov. *Met*. 4.416–562; *Fasti* 6.485–500; Callistr. 14; Servius ad Verg. *Aen*. 5.241; Lact. ad Stat. *Theb*. 1.12; 7.421; *Etym. Magn*. s.v. *Athamantion*; schol. *Od*. 5.334; schol. Luc. *Dial. Mar*. 9.1; Arg. I, 3, 4 ad Pind. *Isthm*. (Drachmann); Eusth. ad *Il*. 7.86 p. 667; Hyg. *Fab*. 2, 4; Tztetz. ad Lyk. *Al*. 229; Vat. Myth. 2.79. 人们知道许多伊诺和墨利刻耳忒斯跳入大海的画面：见 *LIMC*, s.v. Ino.

112. Aesch. fr. 1–2 (Nauck^2); Apollod. 3.28; Nonnus *Dion*. 10.45–107; Ov. *Met*. 4.481–542; Tzetz. ad Lyc. *Al*. 229.

113. Ov. *Met*. 4.532–542; *Etym. Magn*. s.v. *Athamantion*; Pind. *Pyth*. 11.2; *Ol*. 2.28–30; Eur. *Med*. 1282–1289; Ov. *Fasti* 6.481–562; Sen. *Oed*. 444–448; Luc. *Dial. Mar*. 9; Callistr. *Imag*. 14; Tzetz. ad Lyc. *Al*. 229; Nonn. 9.243–10.137; Arg. A and D ad Pind. *Isthm*. (Drachmann). 海底的波塞冬爱着伊诺：Luc. *Dial. Mar*. 9; Ael. Arist. *Or*. 3.26.

114. 见 Larson 1995: 123–125.

115. 关于美狄亚的飞车可参阅 Elice 2004. 关于美狄亚的基本情况可参阅 Moreau 1994a. 根据 Paus. 2.3.5，格劳刻(Glauce)跳到泉水里治好了美狄亚下的毒。

116. Conon 33. Krauskopf 1981: 144 n. 29.

117. Méautis 1930: 335.

118. *SEG* 26, 1976/1977, no. 683: 这篇献给伊诺(公元 2 世纪下半期/3 世纪晚期)的文章提到她是酒神狄俄尼索斯的奶妈。

119. 关于伊诺是酒神女祭司原型的讨论，可参阅 Henrichs 1978：123–143.

120. Hyg. *Fab.* 2 and 4（Ino Euripidis）；Nonnus *Dion.* 9. 302–10. 137.

121. 在罗马时期，伊诺成为众所周知的第一个酒神女祭司迈那得斯。据说是她后代的一些忒拜妇女在希腊化时期在德尔斐神谕的同意下被带到马格尼西亚来庆祝酒神节大典。参阅 Burkert 1987：34. Kern，*Inschriften von Magnesia*，215a. 参看 Henrichs 1978：123–143 了解对铭文的分析。

122. 例如 Eur. *Bacch.* 298–299：μάντις δ' ὁδαίμων ὅδὲ τὸ γὰρ βακχεύσιμον καὶ τὸ μανιῶδες μαντικὴν πολλὴν ἔχει“但这位神是先知，因为他们在饮酒狂欢和疯狂中有许多预言的本领”（译自 Buckley 的英文）. Pl. *Phdr.* 244a–245a：*mantike*“占卜”和 *manike*“谵语”同词源．见 Chirassi-Colombo 1991；Dietrich 1992.

123. Krauskopf 1981：144 n. 27. 该城也有琉喀忒亚月：Kern，*Inschriften von Magnesia*，nr. 89.

124. Paus. 3. 23. 8. 如果献给女神的蛋糕沉到水里就代表好运。

125. Larson 1995：125.

126. 例如阿里斯托芬的剧《蛙》里狄俄尼索斯下了地狱，见 Daraki 1982.

127. Farnell 1916，Leucothea 37. 参看 Pharmakowsky 1907：126–127 有铭文的全文。

128. 根据 Paus. 3. 26. 1，在 Thalami 有一个伊诺的神谕所。然而，由于在遗址上发现了纪念帕西法厄（Pasiphae）的题词，Krauskopf 1981：145 认为伊诺不太可能在那里受到崇拜。Cic. *De Div.* 1. 43. 96，Plut. *Agis* 9，*Cleom.* 7 和 Ptol. 3. 16. 22 都认为那是帕西法厄的神谕所。

129. *Glaucus Pontius*，fr. 25a（Radt）；Ov. *Met.* 13. 944–955.

130. Apollod. 3. 28；Nonnus *Dion.* 9. 243–10. 137（Athamas）；Tzetz. ad Lyc. *Al.* 229；Arg. A and D ad Pind. *Isthm.*（Drachmann）；schol. ad Luc. *Dial. Mar.* 9，1.

131. *OGIS* 611 = *SEG* 7, 241; *IGRR* III 1075. 见 Bonnet 1986. Aliquot 2002 反对 Bonnet 观点，提出分词 ἀποθεωθέντος 意为“受到葬仪的荣誉”而非“被神化”。

132. Aesch. fr. 5 and 228 (Radt); Call. *Aitia* fr. 43. 177; Plut. *De E* 389a.

133. Ov. *Met.* 7. 252–293. 关于希腊神话中坩埚主题的完整讨论和资源目录，见 Halm-Tisserant 1993. 另外 Laurens 1984 没有讨论到伊诺神话。

134. Ov. *Met.* 4. 539–542. 参阅阿喀琉斯通过浸入冥河水获得神力。(Stat. *Achil.* 1. 269; Hyg. *Fab.* 107). 见 Méautis 1930.

135. *IG* 12, 94 (公元前 5 世纪); Aeschin. *Ctes.* 130 with scholia; Plut. *Phoc.* 28; Hesych. s. v. Rhotioi; *Etym. Magn.* s. v. Hiera Hodos. 见 Ginouvès 1962: 376.

136. 见 Versnel 1980: 151; Duchêne 1992.

137. 同样地，罗马时期的记载证明，当新祭司在厄琉西斯进行祭典时，他们会把自己的名字刻在石板上，然后扔到海里，以示摈弃旧身份，获得全新的祭司身份: *IG* II^2 3811; Ginouvès 1962: 379–380; Gallini 1963: 64–65. 这种通过浸入的方式改变名字和聚集到一个团体的做法常被拿来与基督教的洗礼仪式相比。参阅 Borzsák 1951.

138. 自发跳水促进了与神的关系，就像献祭尤其是献身一样。参阅 Versnel 1980; Bremmer 1983; and Koch-Piettre 2005.

139. Ginouvès 1962: 416–428.

140. 见 Sourvinou-Inwood 2003, esp. 40.

第六章

1. 慕尼黑国家博物馆，Inv. 2044.

2. 例如 Kossatz and Kossatz-Deissman 1992.

3. Descoeudres 2000.

4. 例如 *Hymn. Hom. Ap.*；公元前 5 世纪阿提卡大水罐，梵蒂冈，伊特鲁里亚博物馆，编号 16568（飞行的三脚架里的阿波罗与海豚：见第 4 章和图 15）.

5. 例如 *Il.* 13. 17–38；公元前 525 年至公元前 475 年的阿提卡黑绘细颈有柄长瓶，慕尼黑博物馆，编号 J361，*CVA* 390492（波塞冬骑着一匹有翼的马在海面上）. 见 Petrisor（Cursaru）2009：333–374.

6. 例如阿芙洛狄忒在海上诞生，Hes. *Theog* 190–202；“路德维希宝座浮雕”罗马，国家博物馆（Palazzo Alltemps）编号 85702.

7. Call. *Aitia* fr. 43，177；Plut. *De E* 389a. 该神话的起源和年代尚有争议。参阅 Henrichs 1993：26. 依据 Diod. Sic. 5. 75. 4，普西芬尼是酒神狄俄尼索斯的母亲，这就强调了他与死亡的联系。

8. Henrichs 1993：18.

9. Paus. 3. 24. 3.

10. 参见 *Dion.* 20. 143–21. 169.

11. Xenophanes in Arist. *Rh.* 1440b5.

12. Hdt. 1. 24–25；Plut. *Conv.* 161b–f. 见第 4 章。

13. 第勒尼安人是不是伊特鲁里亚人尚有争议：Hes. *Theog.* 1015–1016；Hecat. *FGrH* 1F18；Hdt. 1. 167，4. 145，6. 137–140；Thuc. 4. 109；Philoch. *FGrH* 328F100；Diod. Sic. 10. 19. 6；Theophr. *FGrH* 115F204. 见 Beatrice 2001：279.

14. 或者依据 Eur. *Cycl.* 10–26，赫拉安排第勒尼安海盗追捕狄俄尼索斯，希望把他卖做奴隶。西勒诺斯和森林之神去救他，却被吹离了航线，被波吕斐摩斯抓住做他的仆人。

15. 参看 Ovid*Met.* 3. 670：*sive hoc insania fecit sive timor*“不是疯狂就是恐惧使然”；Serv. ad Verg. *Aen.* 1. 67：*terrore se illi in fl uctus dedere praecipites*“他们惊恐万状，一头栽进海里。”

16. 见 Ehrhardt 1993. Descoeudres 2002：n. 40 收集整理的其他相关描述包括国家博物馆收藏的一块公元前 4 世纪他林敦随葬浮雕碎片（摄自 Kossatz 和

Kossatz-Deissman 1992：472 编号为 108，2 的盘子）、另一块公元前 4 世纪的他林敦随葬浮雕碎片（私人收藏）（摄自 Kossatz and Kossatz-Deissman 1992：472 编号为 108，3 的盘子）、斯基克达博物馆 *LIMC* 558 编号 238 的公元 3 世纪罗马石棺盖、突尼斯巴杜博物馆编号 2884 的马赛克以及公元 3 世纪突尼斯大肚酒罐（摄自 Heimberg 1976：256-265 图 3-6）。参阅 DeCou 1893；James 1975；Herter 1980；Stupperich 1984；Spivey and Rasmussen 1986；Kossatz and Kossatz-Deissman 1992；Descoeudres 2000；Csapo 2003.

17. Ehrhardt 1993：fig. 2.

18. 照 Seneca 记载，据说海神涅柔斯会制造这种幻觉，这在第勒尼安海盗的传统中是独一无二的。可参阅 James 1975：26.

19. Nonnus 在酒神节的不同文章中讲这个故事的方式也不同：31. 89-91，44. 240-249，47. 507-508，47. 629-632. 见 James 1975：28-29.

20. 例如 the story of Cyparisssus in Ov. *Met*. 10. 106-142. 见 Connors 1992.

21. Motte 1973；参见 Calame 1998；Bonnechere 2007.

22. Bonnechere 2007：20.

23. Cole 2003：198.

24. 关于泉水的意义可参阅 Bonnechere 2007：19.

25. Aug. C. *Jul*. 4. 16. 83（P. Lat. 44. 782）；Lact. *Div*. *Inst*. 3. 18. 18 p. 240（Brandt）；Jambl. *Protrep*. fr. 10b（Ross）. Augustine 提到了 Cicero 的 *Hortensius*，后者引用亚里士多德作为第勒尼安海盗行为的权威依据。在引用的段落里，哲学家们用海盗酷刑的形象来描述灵魂附着在肉体的状态。见 Brunschwig 1963；Beatrice 2001.

26. *CVA* 列举了 50 多种双耳浅口杯和 17 种双柄深酒杯，例如武尔奇出土的公元前 525 年至公元前 475 年雅典黑绘浅口杯，*CVA* 768. 杯子外面描绘了酒神狄俄尼索斯和萨堤尔，旁边都是骑着骡子的萨堤尔，背景点缀着常春藤枝叶，每个把手下都画着海豚。又如公元前 525 年至公元前 475 年雅典黑绘深酒杯 *CVA* 7059，巴塞尔古典艺术博物馆和路德维希博物馆：Z326. 杯身画着一群跳舞的女人中间一吹管年轻人，每个手柄下都画着海豚。

27. Descoeudres 2000, esp. 332. 卢浮宫的一把科林斯双柄浅酒杯上，一个狂欢的饮酒者递给海豚一只角状杯：巴黎卢浮宫，*MNC* 674. 卢浮宫另一只阿提卡浅酒杯上，萨堤尔与海豚一起狂欢：Beazley, ARV^2 635, no 34. 卢浮宫还有一只阿提卡黑绘双耳喷口杯上描绘的是宴饮的场面，周围都是海豚和海鸟，*CVA* France, 19, Louvre 12, plate 160, 580–570 BC. 见 Deonna 1922; Brommer 1942a; Zeuner 1963; Ridgway 1970; Isler 1977; Davies 1978; Piettre 1996; Csapo 2003; Pisano 2008.

28. 埃克塞基亚斯陶杯（图 17）. 见 Descoeudres 2000: 334; Rothwell 2007: 63–65. 这一场景也可以理解为狄俄尼索斯乘船到达希腊，许多希腊城市都会庆祝这个节日。关于这些节日的情况可以参阅 Burkert 1983 [1972]: 200–201; Bonnechere 1994: 202 and notes. 希腊化时期以降，海豚是酒神崇拜群体的常见成员。参阅 Lattimore 1976.

29. Isler 1985; Ambrosini 1999–2000; Ambrosini 2001.

30. Sifakis 1967; Rothwell 2007.

31. 更多例子还有：伊特鲁里亚一只黑绘提水罐（约公元前 500 年，以前收藏在托莱多美术馆，编号 82. 154），上面画着 6 人正在变身为海豚；切尔韦泰里（Cerverteri）一只桥式双耳壶（公元前 5 世纪末，*CVA* 卡皮托利尼博物馆 Musei Capitolini, 2, 1965, plate 33）据说出自巴黎画师之手，画着三个长着海豚尾巴的男子追逐四个女子。波士顿一双柄深酒杯（波士顿美术馆，编号 20, 18）上画着 6 个士兵骑着海豚朝风笛手而去，另一面有 6 个稍小的士兵骑着鸵鸟向风笛手和一个戴面罩的人而去，杯子上沿装饰着常春藤饰带。卢浮宫一只杯子上画有骑着海豚的 7 名重装士兵和一个风笛手，整个画面充满常春藤叶子。雅典凯拉米克斯博物馆(Kerameikos Museum，Brommer 1942a：fig. 5）一只细颈有柄长瓶上一边是骑着海豚的士兵，另一边是风笛手和常春藤饰带。Oltos 的一只凉酒罐上（Fig. 20，大都会艺术博物馆，编号 1989. 281. 69)画着 6 名重装士兵骑着海豚，每个骑手嘴前都有反写的铭文字样 ΕΠΙΔΕΛΦΙΝΟΣ。塔纳格拉的一只公元前 6 世纪末的小小陶俑雕像(Brommer 1942a：fig. 9）是一个海豚骑士造型。关于所有这些艺术品以及它们与戏剧表演的关系，请参阅 Rothwell 2007：36-80。伊特鲁里亚人的镜子上也有类似的海豚与宴会图。完整的参考文献可参阅 Descoeudres 2000：329，332 and n. 33 以及 Spivey and Rasmussen 1986.

32. Descoeudres 2000：332.

33. Isler 1977. 提契诺出土的爱奥尼亚无柄碗状大酒杯，私人藏品，公元前 530 年至公元前 510 年；伊特鲁里亚出土的阿提卡无柄碗状大酒杯，维也纳艺术历史博物馆，AS IV 3620，约公元前 500 年。

34. Oltos 凉酒罐，阿提卡，约公元前 520 年至公元前 510 年(图 20，大都会艺术博物馆，1989. 281. 69).

35. 酒杯上常常装饰有类似的大眼睛，例如意大利(奇维塔卡斯泰拉纳)的雅典黑绘酒杯(公元前 525 年至公元前 475 年，*CVA* 13057，罗马朱利亚庄园博物馆，编号 3561)，杯子外部绘有同心圆大眼睛，把手下有海豚。另外还有卡普阿的雅典黑绘酒杯(公元前 525 年至公元前 475 年，*CVA* 306935，卡普阿坎帕诺博物馆：193)，杯子的外观显示狄俄尼索斯坐在凳子上，萨堤尔坐在两只虹膜由同心圆组成的大眼睛之间，手柄下有海豚。

36. 三曲枝和盾牌上的其他旋转装置通常解释为有辟邪作用，参阅 Chase 1902。盾牌可能发挥类似的作用，与经常在饮酒器皿上发现的大眼睛一样。不过，旋转的视觉效果应该是多义性的，可能表示醉酒，也可能表示喧闹的放歌，还可能表示宴饮的场面，不一而足。参阅 Csapo 2003.

37. Isler 1977：32. 凉酒罐的确切用法仍然有争议，究竟是凉酒罐装雪或冰水然后喷口杯里装酒，还是相反呢？不过，考虑到常见的船只漂浮和海豚潜水的形象，我认同 Davies 1978：78 和 n. 42 的说法，即凉酒罐装水，喷口杯装酒。

38. 例如 Eur. *Hel.* 1454–1456：καλλιχόρων δελφίνων . 见 Lonsdale 1993：96–97；Csapo 2003.

39. ὁ δὲ τὸν μὲν ἱστὸν καὶ τὰς κώπας ἐποίησεν ὄφεις, τὸ δὲ σκάφος ἔπλησε κισσοῦ καὶ βοῆς αὐλῶν· ἐμμανεῖς γενόμενοι κατὰ τῆς θαλάττηςἔ φυγον καὶ ἐγένοντο δελφῖνες “他把桅杆和船桨变成了蛇，让常春藤爬满船身，笛声在船里飘荡；他们狂乱地逃向大海，变成了海豚。”

40. 关于竖笛的催眠效果，请参阅 Bonnechere 2003：150–151. 众所周知，海豚喜欢随着笛声跳舞，海豚的呼吸孔在希腊语中甚至被称为 aulos（竖笛），见 Davies 1978：75.

41. 狄俄尼索斯与躁狂症之关联可见于 *Il.* 6. 132：μαινομένοιο Διωνύσοιο “疯狂的狄俄尼索斯”。关于躁狂症可参阅 Connor 1988.

42. 另可参阅 Ov. *Met.* 3. 582–691。第 385 行说海盗跳舞：*chori ludunt speciem*，“他们像合唱团的舞者表演一样”。Luc. *De Salt.* 22 说，跳舞是狄俄尼索斯战胜第勒尼安人、美洲原住民和吕底亚人的法宝。另可参阅 *Anth. Pal.* 9. 82（Antipater of Thessalonica）.

43. Turner 2003 强调了酒神舞与死亡的关联，并讨论了来世酒神舞的例子。另可参阅 Lonsdale 1993.

44. Nonnus *Dion.* 47. 507–508，第勒尼安人的船被石化了，这一幕似乎让人想起淮阿喀亚人的船被石化的情景。参看 Philostr. *Imag.* 1. 19 说狄俄尼索斯的船看起来“像块石头”（πέτρᾳ μοι διείκασται）. 见 James 1975：28.

45. Oppian *Hal.* 1. 646–685 指出，海豚具有人的智慧和气质，因为在被狄俄尼索斯变成海豚以前它们都是人。该段文字的注释记录了一个不同的说法：这些海盗本来是葡萄酒商人，他们在葡萄酒里兑了水，就被狄俄尼索斯变成了鱼

(ἰχθύας)。

46. 参阅英雄身首异处的类似结果：与神联系紧密的俄耳甫斯身首异处，他的遗体被扔进海里，头却幸存下来继续发表预言：Verg. *G.* 4. 520；Ov. *Met.* 11. 50；Paus. 9. 30. 5；Stob. 4. 20. 47；Ps. -Eratosth. *Cat.* 24；Philostr. *VA* 4. 14. 与此相反，拒绝参加疯狂的酒神崇拜的彭透斯最终身首异处，无可救药地死在欧里庇得斯的《酒神的伴侣》里。

47. Henrichs 1993：17.

48. 见 Piettre 2005：86 n. 75.

49. Slater 1976；Davies 1978.

50. Paris，Louvre，G92. 更多例子见 Davies 1978.

51. 见 Davies 1978：80.

52. Davies 1978：81.

53. 阿提卡深酒杯，约公元前 500 年，他林敦，国家考古博物馆，7029.

54. 一系列细颈有柄长瓶上相似的绘画在 Ferrari 和 Ridgway 1981 看来都是表现了赫拉克勒斯去冥府抓捕刻耳柏洛斯的，但是 *LIMC* s. v. Herakles，no. 2623 却给出了不同的看法。

55. Jaccottet 1990.

56. 见 Jannot 2005：60–61；Krauskopf 2006.

57. 例如，武尔奇出土的埃克塞基亚斯的陶杯（图 17，慕尼黑国家博物馆 inv. 2044），还有托莱多的短柄提水罐（图 21，原为托莱多美术馆藏品，编号 82. 154）。切尔韦泰里出土的桥式双耳壶（公元前 5 世纪末，*CVA* 卡皮托利尼博物馆，2，1965，plate 33）据说是巴黎画师的作品，画着三个长着海豚尾巴的男子追逐四个女子。罗马朱利亚庄园博物馆的阿提卡双耳浅陶杯（图 22，公元前 570 年至公元前 560 年，罗马朱利亚庄园博物馆，编号 64608）画着海豚吹风笛，似乎是通过贸易来到伊特鲁里亚的。关于海豚作为宗教符号在坎皮佛莱格瑞地区的流行程度，可参阅 Pisano 2008。关于希腊人和伊特鲁里亚人对狄俄尼索斯看法的相似性，可参阅 Bonfante 1993.

58. Steingräber 1986：no. 77.

59. Steingräber 1986：no. 50.

60. 关于墓葬语境中海鸟象征灵魂前往来世的讨论，参阅 Turcan 1959；Vermeule 1979：7–11.

61. Descoeudres 2000.

62. 见 D'Agostino 1983.

63. Moretti 1966；Descoeudres 2000：327；Steingräber 2006：191（附参考书目）. Holloway 2003：376，384 指出，宴饮在希腊文化中并非一个葬礼主题，但在伊特鲁里亚的葬礼绘画中一直都有。

64. 同样的画图可参看塔尔奎尼亚的古墓 Tomba del Letto Funebre（约公元前 460 年，Steingräber 1986：no. 82）和 5898 号墓（带皇冠的墓）（塔尔奎尼亚，约公元前 510 年，Steingräber 1986：no. 167）.

65. 见 D'Agostino 1983：44；Ampolo 1993. 关于跳水作为一种死亡的姿势，参阅 Deonna 1953；Cerchiai 1987；Warland 1998；Holloway 2003.

66. Steingräber 1986：no. 30.

67. Steingräber 1986：no. 2.

68. Steingräber 1986：no. 36.

69. Buranelli 1987.

70. Steingräber 1986：no. 48.

71. Steingräber 1986：no. 118.

结 论

1. 例如 Gallini 1963：62. 参见 Starr 1950 and Raubitschek 1950，commenting on Lesky 1947.

2. Cumont 1942：143–176.

3. Seals: *Od.* 4.333–570; whales: 见 Papadopoulos and Ruscillo 2002; octopods: Plut. *Conv.* 163a–d.

4. Bacch. 17.102.

5. 见 Shepard 1940; Lattimore 1976; Aston 2011.

6. Cumont 1942; Sichtermann 1970; Wrede 1973.

7. Piettre 2002.

8. Descoeudres 2000.

9. Bonnechere 2003: 299–304; Burgess 2004.

10. Versnel 1980: 151.

11. Duchêne 1992.

12. 例如 schol. Aesch. 3.130: κατελθόντων τῶν μυστῶν ἐπὶ τὴν θάλασσαν ἐπὶ τὸ καθαρθῆναι"新人们为了净化而下海"。

13. 见 Ginouvès 1962: 416–428.

14. Papachatzis 1976; Cummer 1978; Günther 1988; Walter-Karydi 1991; Schumacher 1993; Sinn 2000; Mylonopoulos 2003.

15. Hubbell 1928; Teffeteller 2001.

16. Hdt. 1.24. Steures 1999; Gray 2001.

17. Hes. *Theog* 278–288.

18. 见 Kokkinou 2014: 62.

19. Vilatte 1988; Wright 1996.

20. Vian 1944.

21. Kokkinou 2014: 59–63.

22. Eur. *Med.* 3; Apollod. 1.110; Ap. Rhod. *Arg.* 1.526.

23. Brûlé 1996.

24. Ap. Rhod. *Arg.* 1.1310–1329.

参考文献

Ahl, F. M. 1982. "Amber, Avallon, and Apollo's Singing Swan." *AJPh* 103(4): 373-411.

Ahlberg-Cornell, G. 1984. *Herakles and the Sea-Monster in Attic Black-Figure Vase-Painting*. Stockholm: Svenska Institutet i Athen.

Alexandri, O. 1968. *Archaiologikon Deltion* 23(2): pl. 47.

Aliquot, J. 2002. "Leucothéa de Segeira." *Syria* 79: 231-48.

Allen, J. L. 1976. "Lands of Myth, Waters of Wonder: The Place of Imagination in the History of Geographical Exploration." In *Geographies of the Mind: Essays in Historical Geosophy*, ed. D. Lowenthal and M. Bowden, 41-61. New York: Oxford University Press.

Allen, T. W. 1924. *Homer, the Origins and the Transmission*. Oxford: Clarendon.

Alvar, J., and M. Romero Recio. 2005. "La vie religieuse en mer." *DHA* suppl. 1: 167-89.

Amandry, M. 1988. *Le monnayage des duovirs corinthiens*. *BCH* suppl. 15. Paris.

Ambrosini, L. 1999-2000. "Ceramica falisca a figure rosse: The Satyr and Dolphin Group (Pittore di Wurzburg 820) e lo schema iconografi co del Dolphin-Rider." *ArchClass* 51(n. s. 1): 245-76.

———. 2001. "The Satyr and Dolphin Group. An Addendum." *ArchClass* 52(n. s. 2): 223-27.

Ampolo, C. 1993. "Il tuff o e l'oltretomba: Una nota sulla Tomba del Tuff atore e

Plut. Mor. 563e." *PP* 48: 104–8.

Andreae, B. 1986. "Delphine als Glückssymbole." In *Zum Problem der Deutung frühmittelalterlicher Bildinhalte*, ed. H. Roth, 51–55. Sigmaringen: J. Thorbecke Verlag.

Antonaccio, C. M. 1995. *An Archaeology of Ancestors: Tomb Cult and Hero Cult in Early Greece*. Lanham, MD: Rowman & Littlefi eld.

Argoud, G. 1996. "L'Hélicon et la littérature grecque." In *La montagne des Muses*, ed. A. Hurst, 27–42. Geneva: Droz.

Arnott, G. W. 1977. "Swan Songs." *G&R* 24(2): 149–53.

Arnould, D. 1994. "L'eau chez Homère et dans la poésie archaique: épithètes et images." In *L'eau, la santé et la maladie dans le monde grec*, ed. R. Ginouvès et al., 15–24. Paris: De Boccard.

Aston, E. 2011. *Mixanthropoi: Animal-Human Hybrid Deities in Greek Religion*. Liège: Centre international d'étude de la religion grecque antique.

Athanassakis, A. 2002. "Proteus the Old Man of the Sea: Homeric Merman or Shaman?" In *La Mythologie et l'Odyssée: Hommage à Gabriel Germain*, ed. A. Hurst and F. Létoublon, 45–56. Geneva: Droz.

Bader, F. 1986. "An I. E. Myth of Immersion-Emergence." *Journal of Indo-European Studies* 14: 39–123.

Ball, A. J. 1989. "Capturing a Bride. Marriage Practices in Ancient Sparta." *Ancient History* 19: 75–81.

Barkhuizen, J. H. 1976. "Structural Analysis and the Problem of Unity in the Odes of Pindar." *Acta Classica* 19: 1–19.

Baslez, M.-F. 2003. "Voyager au-delà: La symbolique du voyage dans la pensée grecque." In *Voyageurs et Antiquité classique*, ed. H. Duchêne, 87–100. Dijon:

Editions universitaires de Dijon.

Beatrice, P. -F. 2001. "Le corps-cadavre et le supplice des pirates tyrrhéniens." In *Kepoi: De la religion à la philosophie: Mélanges off erts à André Motte*, ed. E. Delruelle and V. Pirenne-Delforge, 269–83. Liège: Centre international d'étude de la religion grecque antique.

Beaulieu, M. -C. 2004. "L'héroïsation du poète Hésiode en Grèce ancienne." *Kernos* 17: 103–17.

———. 2013. "The Myths of the Three Glauci." *Hermes* 141(2): 121–41.

Bérard, C. 1974. *Anodoi: Essai sur l' imagerie des passages chthoniens.* Rome: Institut Suisse de Rome.

Berlan Bajard, A. 1998. "Quelques aspects de l'imaginaire romain de l'Océan de César aux Flaviens." *REL* 76: 177–91.

Bevan, E. 1989. "Water-Birds and the Olympian Gods." *BSA* 84: 163–69.

Bierl, A. F. H. 2004. "'Turn on the Light!': Epiphany, the God-Like Hero Odysseus, and the Golden Lamp of Athena in Homer's 'Odyssey' (especially 19, 1–43)." *Illinois Classical Studies* 29: 43–61.

Bijovsky, G. 2005. "The Ambrosial Rocks and the Sacred Precinct of Melqart in Tyre." In *Actas del XIII Congreso Internacional de Numismatica, Madrid* 2003, ed. C. Alfaro, C. Marcos, and P. Otero, 829–34. Madrid: Ministerio de Cultura.

Bloch, R. 1985. "Quelques remarques sur Poséidon, Neptune et Nethuns." In *D'Héraclès à Poséidon: Mythologie et protohistoire*, ed. R. Bloch, 125–39. Geneva: Droz.

Bollack, J. 1958. "Styx et serments." *REG* 71: 1–35.

Bonfante, L. 1993. "Fufl uns Pacha: Th e Etruscan Dionysus." In *Masks of Diony-*

sus, ed. T. Carpenter and C. A. Faraone, 221–35. Ithaca, NY: Cornell University Press.

Bonnechere, P. 1994. *Le sacrifi ce humain en Grèce ancienne*. Liège: Presses universitaires de Liège.

———. 2003. *Trophonios de Lébadée: Cultes et mythes d'une cité béotienne au miroir de la mentalité antique*. Leiden: Brill.

———. 2007. "The Place of the Sacred Grove (alsos) in the Mantic Rituals of Greece." In *Dumbarton Oaks Colloquium on the History of Landscape Architecture*, vol. 26, ed. M. Conan, 17–41. Washington, DC: Dumbarton Oaks.

Bonnet, C. 1986. "Leculte de Leucothéa et de Mélicerte en Grèce, au Proche-Orient et en Italie." *SMSR* 51: 51–73.

Borzsák, I. 1951. "Aquis Submersus." *AAntHung* 1: 201–24.

Bourboulis, P. 1949. *Apollo Delphinios. Laographia*. Suppl. 5.

Bowra, C. M. 1963. "Arion and the Dolphin." *MH* 20: 164–81.

Braswell, B. K. 1988. *A Commentary on the Fourth Pythian Ode of Pindar*. Berlin: De Gruyter.

Breed, B. 1999. "Odysseus Back Home and Back from the Dead." In *Nine Essays on Homer*, ed. M. Carlisle and O. A. Levaniouk, 137–61. Lanham, MD: Rowman & Littlefi eld.

Brelich, A. 1955–57. "Les monosandales." *La Nouvelle Clio* 7–9: 469–84.

Bremmer, J. 1983. "Scapegoat Rituals in Ancient Greece." *HSCPh* 77: 299–320.

———. 1984. "The Role of the Temple in Greek Initiatory Ritual." In *Actes du VIIe congrès de la fédération internationale des associations d' études classiques*, ed. J. Harmatta, vol. 1, 121–24. Budapest: Akadémiai Kiadó.

———. 1999 [1994]. *Greek Religion*. Greece & Rome New Surveys in the Classics no. 24. Oxford: Oxford University Press.

———. 2008. *Greek Religion and Culture, the Bible and the Ancient Near East*. Leiden: Brill.

Briquel, D. 1985. Vieux de la mer et descendant des eaux indo-européen. In *D'Héracles à oséidon: Mythologie et protohistoire*, ed. R. Bloch, 141–58. Geneva: Droz.

Brommer, F. 1942a. "Delphinreiter. Vasenbilder früher Komödien." *AA*: 66–76.

———. 1942b. "Herakles und die Hesperiden auf Vasenbildern." *JDAI*: 105–23.

———. 1971. "Okeanos." *AA*: 29–30.

Broneer, O. 1959. "Excavations at Isthmia. Fourth Campaign, 1957–1958." *Hesperia* 28: 298–343.

Brown, C. 1992. "The Hyperboreans and Nemesis in Pindar's Tenth Pythian." *Phoenix* 46(2): 95–107.

Brûlé P. 1987. *La fille d'Athènes: La religion des filles à Athènes à l'époque classique*. Paris: Les Belles Lettres.

———. 1996. "Héraclès et Augé: à propos d'origines rituelles du mythe." In *IIe rencontre héracléenne: Héraclès, les femmes et le féminin*, ed. C. Bonnet and C. Jourdain-Annequin, 35–49. Turnhout: Brepols.

Brunschwig, J. 1963. "Aristote et les pirates tyrrhéniens (A propos des fragments 60 Rose du Protreptique)." *Revue Philosophique* 153: 171–90.

Brussich, G. F. 1976. "La danza dei delfi ni in Euripide, nello pseudo-Arione e in Livio Andronico." *QUCC* 21: 53–56.

Buck, R. J. 1979. *A History of Boeotia*. Edmonton: University of Alberta Press.

Bundy, E. L. 1962. *Studia Pindarica*. 2 vols. Berkeley: University of California Press.

Buranelli, F. 1987. "La tomba del Delfi no di Vulci." *BA* 72(42): 43–46.

Burgess, J. 1999. "Gilgamesh and Odysseus in the Otherworld." *EMC* 18(2): 171–210.

———. 2004. "Early Images of Achilles and Memnon?" *QUCC* 76(1): 33–51.

Burkert, W. 1972 [1962]. *Lore and Science in Ancient Pythagoreanism*. Trans. E. L. J. Minar. Cambridge, MA: Harvard University Press.

———. 1979. *Structure and History in Greek Mythology and Ritual*. Berkeley: University of California Press.

———. 1983 [1972]. *Homo Necans*. Trans. P. Bing. Berkeley: University of California Press.

———. 1987. *Ancient Mystery Cults*. Cambridge, MA: Harvard University Press.

———. 1998. *Kulte des Altertums: Biologische Grundlagen der Religion*. Munich: C. H. Beck.

Burnett, A. P. 1985. *The Art of Bacchylides*. Cambridge, MA: Harvard University Press.

Burton, R. W. B. 1962. *Pindar's Pythian Odes*. Oxford: Oxford University Press.

Buxton, R. G. A. 1980. "Blindness and Limits: Sophokles and the Logic of Myth." *JHS* 100: 22–37.

———. 1992. "Iphigénie au bord de la mer." *Pallas* 38: 209–15.

———. 2009. *Forms of Astonishment: Greek Myths of Metamorphosis*. Oxford: Oxford University Press.

———. 2013. *Myths and Tragedies in Their Ancient Greek Contexts*. Oxford: Oxford University Press.

Calame, C. 1996. *Thésée et l'imaginaire athénien*. Lausanne: Payot.

———. 1998. "Mort héroïque et culte à mystère dans l'*Oedipe à Colone* de Sophocle." In *Ansichten griechischer Rituale*, ed. F. Graf, 326–56. Stuttgart: B. G. Teubner.

———. 2003. *Myth and History in Ancient Greece: The Symbolic Creation of a Colony*. Princeton: Princeton University Press.

Callipolitis-Feytmans, D. 1974. *Les plats attiques à figures noires*. Paris: De Boccard.

Carne-Ross, D. S. 1975. "Three Preludes for Pindar." *Arion* 2(2): 160–93.

Cauderlier, P. 2000–2001. "Le Tartare brumeux, inverse de l'Olympe." *Figures* 26/28: 169–82.

Cerchiai, L. 1987. "Sulle tombe del Tuff atore e della caccia e pesca. Proposta di lettura iconologica." *DArch* 4(2): 113–23.

Chamoux, F. 1982. "Le poète Hésiode. Esquisse d'une biographie." In *Mélanges off erts en hommage à étienne Gareau*, 13 – 16. Ottawa: Editions de l'Universite d'Ottawa.

Chantraine, P. 1999 [1974]. *Dictionnaire étymologique de la langue grecque: Histoire des mots*. Paris: Klincksieck.

Chase, G. H. 1902. "The Shield Devices of the Greeks." *HSCPh* 13: 61–127.

Chazalon, L. 1995. "Héraclès, Cerbère et la porte des Enfers dans la céramique attique." In *Frontières terrestres, frontières célestes dans l'Antiquité*, ed. A. Rousselle, 165–87. Perpignan: Presses universitaires de Perpignan.

Chen, Y. S. 2013. *The Primeval Flood Catastrophe: Origins and Early Development in Mesopotamian Traditions*. Oxford: Oxford University Press.

Chirassi-Colombo, I. 1991. "Le Dionysos oraculaire." *Kernos* 4: 205–17.

Coldstream, J. N. 1976. "Hero-Cult in the Age of Homer." *JHS* 96: 8–17.

Cole, S. G. 2003. "Landscapes of Dionysus and Elysian Fields." In *Greek Mysteries: The Archaeology and Ritual of Ancient Greek Secret Cults*, ed. M. Cosmopoulos, 193–217. London: Routledge.

Connor, W. R. 1988. "Seized by the Nymphs: Nympholepsy and Symbolic Expression in Classical Greece." *ClAnt* 7: 155–83.

Connors, C. 1992. "Seeing Cypresses in Virgil." *CJ* 88(1): 1–17.

Constantinidou, S. 2010. "The Light Imagery of Divine Manifestation in Homer." In *Light and Darkness in Ancient Greek Myth and Religion*, ed. M. Christopoulos, E. Karakantza, and O. Levaniouk, 91 – 109. Lanham, MD: Rowman & Littlefi eld.

Cook, A. B. 1940. *Zeus: A Study in Ancient Religion.* Vol. 3. Cambridge: Cambridge University Press.

Corsano, M. 1992. *Glaukos: Miti greci di personaggi omonimi.* Rome: Ateneo.

Corvisier, J. -N. 2008. *Les Grecs et la mer.* Paris: Les Belles Lettres.

Cousin, C. 2012. *Le monde des morts: Espaces et paysages de l'Au-delà dans l' imaginaire grec d'Homère à la fi n du Ve siècle avant J. -C.* Paris: L'Harmattan.

Cruciani, C. 2000. "Il suicido di Saffo nell' abside della basilica sotterranea di Porta Maggiore." *Ostraka* 9(1): 165–73.

Csapo, E. G. 2003. "The Dolphins of Dionysus." In *Poetry, Theory, Praxis: The Social Life of Myth, Word and Image in Ancient Greece*, ed. E. G. Csapo and M. C. Miller, 69–98. Oxford: Oxbow.

Cummer, W. 1978. "The Sanctuary of Poseidon at Tainaron, Lakonia." *Ath. Mitt.* 93: 35–43.

Cummins, M. F. 1993. "Myth in Pindar and Bacchylides: Five Studies in Narrative Pattern and Convention." Ph. D. diss., University of Cincinnati.

Cumont, F. 1942. *Recherches sur le symbolisme funéraire des Romains.* Paris: P. Geuthner.

Cunliffe, B. 2001. *The Extraordinary Voyage of Pytheas the Greek.* New York: Walker & Com pany.

Cursaru, G. 2012. "Les sandales d'Hermès, 1. Les ΚΑΛΑ ΠΕΔΙΛΑ homériques d'Hermès." *Rivista di fi lologia e di istruzione clasica* 140: 20-61.

———. 2013. "Les πτερόεντα πέδιλα de Persée." *Gaia* 16: 95-112.

———. 2014. "Exposition et initiation: Enfantsmythiques soumis ὰ l'épreuve du coff re et abandonnés aux fl ots." In *La presenza dei bambini nelle religioni del mediterraneo antico*, ed. C. Terranova, 361-86. Rome: Aracne.

Curtis, C. D. 1920. "Sappho and the 'Leukadian Leap.'" *AJA* 24: 146-50.

D'Agostino, B. 1983. "L'immagine, la pitture e la tomba nell'Etruria arcaica." *Prospettiva* 32: 2-12.

D'Alessio, G. B. 2004. "Textual Fluctuations and Cosmic Streams: Ocean and Acheloios." *JHS* 124: 16-37.

Danek, G. 2008. "Heroic and Athletic Contest in Bacchylides 17." *Wiener Studien* 121: 71-83.

Daraki, M. 1982. "Oinops Pontos: La mer dionysiaque." *RHR* 199: 3-22.

Davies, M. 1992. "Heracles in Narrow Straits." *Prometheus* 18: 217-26.

———. 2004. "Heracles and Achelous." *Maia* 56: 249-58.

Davies, M. I. 1978. "Sailing, Rowing, and Sporting in One's Cup on the Wine-Dark Sea: Alade, Mystai!" In *Athens Comes of Age: From Solon to Salamis*, ed. W. A. P. Childs, 72-95. Princeton: Archaeological Institute of America.

DeCou, H. F. 1893. "The Frieze of the Choragic Monument of Lysicrates at Athens." *AJA* 8: 42-55.

Deforge, B. 1983. "Le destin de Glaucus ou l'immortalité par les plantes." In *Visages du destin dans les mythologies: Mélanges Jacqueline Duchemin*, ed. F. Jouan, 21–39. Paris: Les Belles Lettres.

Deonna, W. 1922. "L'oeuf, les dauphins et la naissance d'Aphrodite." *RHR* 85: 157–66.

———. 1953. *Le symbolisme de l'acrobatie antique*. Brussels: Latomus.

Descoeudres, J.-P. 2000. "Les dauphins de Dionysos." In *Homère chez Calvin, Mélanges Olivier Reverdin*, 325–34. Geneva: Droz.

Détienne, M. 1958. "Ulysse sur le stuc central de la basilique de la Porta Maggiore." *Latomus* 17(2): 270–286.

———. 1996 [1967]. *The Masters of Truth in Archaic Greece*. Trans. J. Lloyd. New York: Zone Books.

Dietrich, B. C. 1992. "Divine Madness and Conflict at Delphi." *Kernos* 5: 41–58.

Dietz, G. 1997. "Okeanos und Proteus, Poseidon und Skamander: Urstrom, Meer und Fluss bei Homer." *Symbolon* 13: 35–58.

Díez de Velasco, F. 2000. "Marge, axeet centre: Iconographie d'Héraclès, Atlas et l'arbre des Hespérides." In *Héros et héroïnes dans les mythes et les cultes grecs: Actes du Colloque organisé à l'Université de Valladolid du 26 au 29 mai* 1999, ed. V. Pirenne-Delforge and E. Suárez de la Torre, 197–216. Liège: Centre international d'étude de la religion grecque antique.

Diez, E. 1955. "Delphin." *RAC* 3: 667–82.

Dillon, J. E. M. 1989. "The Greek Hero Perseus: Myths of Maturation." Ph. D. diss., University of Oxford.

Dillon, M. 2002. *Girls and Women in Classical Greek Religion*. London: Routledge.

Dodd, D. B. 1999. "Heroes on the Edge: Youth, Status and Marginality in Fifth-

Century Greek Narrative." Ph. D. diss., University of Chicago.

Doerig, J. 1983. "La monture fabuleuse d'Okéanos." *MH* 40: 140–53.

Dolley, C. S. 1893. "The Thyrsos of Dionysos and the Palm Inflorescence of the Winged Figures of Assyrian Monuments." *Proceedings of the American Philosophical Society* 31: 109–16.

Dover, Sir K. 1997. *Aristophanes: Frogs*. Oxford: Clarendon Press.

Dowden, K. 1989. *Death and the Maiden*. London: Routledge.

———. 1999. "Fluctuating Meanings: 'Passage Rites' in Ritual, Myth, *Odyssey*, and the Greek Romance." In *Rites of Passage in Ancient Greece: Literature, Religion, Society*, ed. M. W. Padilla, 221 – 43. Lewisburg: Bucknell University Press.

Duchemin, J. 1955. *Pindar, poète et prophète*. Paris: Les Belles Lettres.

———. 1967. *Pindar Pythiques* (*III*, *IX*, *IV*, *V*). Paris: Presses universitaires de France.

Duchêne, H. 1992. "Initiation et élément marin en Grèce ancienne." In *L' initiation: Actes du colloque international de Montpellier*, 11 – 14 *avril* 1991, *II*: *L'acquisition d'un savoir ou d'unpouvoir, le lieu intiatique, parodies et perspectives*, ed. A. Moreau, 119–33. Montpellier: Université Paul-Valery.

Dumont, J. 1975. "Les dauphins d'Apollon." *QS* 1: 57–85.

Dundes, A., ed. 1988. *The Flood Myth*. Berkeley: University of California Press.

Edelstein, L. 1954. Review of Henri Grégoire, *Asklépios*, *Apollon Smintheus et Rudra*. *Gnomon* 24(3): 162–68.

Ehrhardt, W. 1993. "Der Fries des Lysikrates Monuments." *Antike Plastik* 22: 7–64, plates 1–19.

Ekroth, G. 2002. *The Sacrificial Rituals of Greek Hero-Cults in the Archaic to the Ear-*

ly Hellenistic Periods. Liège: Centre international d'étude de la religion grecque antique.

Elice, M. 2004. "I draghi alati di Medea." In *Mirabilia: Conceptions et representations de l'extraordinaire dans le monde antique*, ed. O. T. Bianchi, 15-34. Bern: Peter Lang.

Evans, R. 2005. "The Cruel Sea?" *Antichthon* 39: 105-19.

Farnell, L. R. 1916. "Ino-Leukothea." *JHS* 36: 36-44.

Fearn, D. 2007. *Bacchylides: Politics, Performance, Poetic Tradition*. Oxford: Oxford University Press.

Ferrari, G. 2002. *Figures of Speech: Men and Maidens in Ancient Greece*. Chicago: University of Chicago Press.

———. 2003. "What Kind of Rite of Passage Was the Ancient Greek Wedding?" In*Initiation in Ancient Greek Rituals and Narratives: New Critical Perspectives*, ed. D. B. Dodd and C. A. Faraone, 27-42. London: Routledge.

Ferrari, G., and B. S. Ridgway. 1981. "Herakles at the Ends of the Earth." *JHS* 101: 141-44.

Flory, S. 1978. "Arion's Leap: Brave Gestures in Herodotus." *AJPh* 99: 411-21.

Foley, H. 2001. *Female Acts in Greek Tragedy*. Princeton: Princeton University Press.

Fontenrose, J. 1948. "The Sorrows of Ino and Procne." *TAPhA* 79: 125-67.

Forbes Irving, P. M. C. 1992. *Metamorphosis in Greek Myths*. Oxford: Oxford University Press.

Foucher, M. L. 1975. "Sur l'iconographie du dieu Océan." *Caesarodunum* 10: 48-52.

Fowler, W. W. 1918. "Two Virgilian Bird-Notes." *CR* 32: 65-68.

Frazer, J. G. 1898. *Pausanias' Description of Greece*. London: Macmillan.

———. 1921. *Apollodorus: The Library*. London: Heinemann.

Friedel, O. 1878–79. "Die Sagevom Tode Hesiods nach ihren Quellen Untersucht." *Jahrbücher für Classische Philologie* 90: 235–78.

Fuhrer, T. 2004. "Deralte Mann aus dem Meer: Zur Karriere des Verwandlungskünstlers Proteus in der Philosophie." In *Geschichten und ihre Geschichte*, ed. T. Fuhrer, 11–36. Basel: Schwabe.

Galhac, S. 2006. "Ulysse aux mille métamorphoses?" In *Penser et représenter le corps dans l'Antiquité: Actes du colloque international de Rennes, 1 – 4 septembre* 2004, ed. F. Prost and J. Wilgaux, 13–30. Rennes: Presses universitaires de Rennes.

Gallini, C. 1963. "Katapontismos." *SMSR* 34: 61–90.

Gantz, T. N. 1970. *Poetic Unity in Pindar*. Princeton: Princeton University Press.

———. 1993. *Early Greek Myth: A Guide to Literary and Artistic Sources*. Baltimore: Johns Hopkins University Press.

Garland, R. 1985. *The Greek Way of Death*. Ithaca, NY: Cornell University Press.

Gatier, P.-L., and A.-M. Vérilhac. 1989. "Les colombes de Déméter à Philadelphie-Amman." *Syria* 66(1/4): 337–48.

Gebhard, E., and M. W. Dickie. 1999. "Melikertes-Palaimon, Hero of the Isthmian Games." In *Ancient Greek Hero Cult*, ed. R. Hägg, 159–65. Stockholm: Svenska Instituteti Athen.

Georgoudi, S. 1988. "La mer, la mort et le discours des épigrammes funéraires." *AION*(Archeol) 10: 53–61.

Gerber, D. 1989. "A Commentary on the Fourth Pythian Ode of Pindar by Bruce Karl Braswell." *CR* 39(2): 181–83.

Giangrande, G. 1974. "La danse des dauphins chez Arion et chez Anacréon." *RPh* 48(2): 308–9.

Ginouvès, R. 1962. *Balaneutikè: Recherches sur le bain dans l'antiquité grecque.* Paris: De Boccard.

Glotz, G. 1979 [1904]. *L'ordalie dans la Grèce primitive.* Paris: Arno Press.

Goyens-Slezakowa, C. 1990–91. "La mer et les îles, un lieu du mal et du malheur: Théatre et realia." *CGITA* 6: 81–126.

Graf, F. 1979. "Apollon Delphinios." *MH* 36: 2–22.

———. 1980. "Milch, Honig, und Wein. Zum Verständnis der Libation im griechischen Ritual." In *Perennitas: Studi in onore di Angelo Brelich*, 209–21. Rome: Edizioni dell' Ateneo.

———. 2003. "Initiation: A Concept with a Troubled History." In *Initiation in Ancient Greek Rituals and Narratives: New Critical Perspectives*, ed. D. B. Dodd and C. A. Faraone, 3–24. London: Routledge.

———. 2009. *Apollo.* London: Routledge.

Gray, V. 2001. "Herodotus' Literary and Historical Method: Arion's Story." *AJPh* 122: 11–28.

Greengard, C. 1980. *The Structure of Pindar's Epinician Odes.* Amsterdam: Hakkert.

Grégoire, H. 1949. *Asklèpios, Apollon Smintheus et Rudra.* Brussels: Théonoé.

Günther, K. 1988. "Der Poseidontempel auf Tainaron." *Antike Welt* 19(2): 58–60.

Haag-Wackernagel, D. 1998. *Die Taube: Vom heiligen Vogel der Liebesgoettin zur Strassentaube.* Basel: Schwabe.

Halm-Tisserant, M. 1993. *Cannibalisme et immortalité: L'enfant dans le chaudron en*

Grèce ancienne. Paris: Les Belles Lettres.

Hamilton, R. 1974. *Epinikion: General Form in the Odes of Pindar*. The Hague: Mouton.

———. 1985. *Selected Odes of Pindar*. Bryn Mawr Greek Commentaries. Bryn Mawr, PA: Bryn Mawr College.

Harley, J. B., and D. Woodward, eds. 1987. *The History of Cartography*. Vol. 1. Chicago: University of Chicago Press.

Harrell, S. 1991. "Apollo's Fraternal Threats: Language of Succession and Domination in the Homeric Hymn to Hermes." *GRBS* 32: 307–29.

Harrison, S. 2007. "The Primal Voyage and the Ocean of Epos: Two Aspects of Metapoetic Imagery in Catullus, Virgil and Horace." *Dictynna* 4. http://dictynna.revues.org/146.

Harwood, J. 2006. *To the Ends of the Earth*. Cincinnati: David & Charles.

Hawthorne, J. G. 1958. "The Myth of Palaemon." *TAPhA* 89: 92–98.

Heath, M. 1986. "The Origins of Modern Pindaric Criticism." *JHS* 106: 85–98.

Heimberg, U. 1976. "Oinophoren. Zur kaiserzeitlichen Reliefkeramik." *JDAI* 91: 251–90.

Henrichs, A. 1978. "Greek Maenadism from Olympias to Messalina." *HSCPh* 82: 121–60.

———. 1983. "The 'Sobriety' of Oedipus: Sophocles OC 100 Misunderstood." *HSCPh* 87: 87–100.

———. 1993. "'He Has a God in Him': Human and Divine in the Modern Perception of Dionysus." In *Masks of Dionysus*, ed. T. Carpenter and C. A. Faraone, 13–43. Ithaca, NY: Cornell University Press.

Herter, H. 1980. "Die Delphine desDionysos." *Archaiognosia* 1: 101–33.

Higham, T. F. 1960. "Nature-Note: Dolphin-Riders. Ancient Stories Vindicated." *G&R* 7: 82–86.

Hoffmann, G. 1992. *La jeune fi lle, le pouvoir et la mort dans l'Athènes classique.* Paris: De Boccard.

Holloway, R. R. 2003. "The Tomb of the Diver." *AJA* 110(3): 365–88.

Holt, P. 1992. "Heracles' Apotheosis in Lost Greek Literature and Art." *L'Antiquité Classique* 61: 38–59.

Hooker, J. T. 1989. "Arion and the Dolphin." *G&R* 36: 141–46.

Hošek, R. 1987. "Der Delphin als Trager von Menschen in der Christlichen Spatantike." *LF* 110: 111–13.

Houlle, T. 2010. *L'eau et la pensée grecque: Du mythe à la philosophie.* Paris: L'Harmattan.

House holder, F., and G. Nagy. 1972. "Greek." *Current Trends in Linguistics* 9: 735–816.

Hubaux, J. 1923. "Le plongeon rituel." *Musée Belge* 27: 5–81.

Hubbell, H. M. 1928. "Horse Sacrifi ce in Antiquity." *YCIS* 1: 181–92.

Hurst, A. 1996. "Lastèle de l'Hélicon." In *La montagne des Muses*, ed. A. Hurst and A. Schachter, 57–72. Geneva: Droz.

Imhoof-Blumer, F. W., and P. Gardner. 1964 [1885–87]. *Ancient Coins Illustrating Lost Masterpieces of Greek Art: A Numismatic Commentary on Pausanias.* Chicago: Argonaut.

Isler, H. P. 1970. *Acheloos: Eine Monographie.* Bern: Juris.

———. 1977. "Dinos ionico con delfi ni in una collectione ticinese." *NAC* 6: 15–33.

———. 1985. "Eros auf dem Delphin?" In *Lebendige Altertumswissenschaft*:

Festgabe zur Vollendung des 70. *Lebensjahres von Hermann Vetters*, ed. M. Kandler, 74–76, plates XII–XIII. Vienna: Holzhausens.

Jaccottet, A.-F. 1990. "Le lierre de la liberté." *ZPE* 80: 150–56.

Jacques, X. 1965. "Le dauphind'Hippone." *LEC* 33: 12–33.

James, A. W. 1975. "Dionysus and the Tyrrhenian Pirates." *Antichthon* 9: 17–34.

Jamot, P. 1890. "Stèle votive trouvée dans l'hiéron des Muses." *BCH* 14: 546–51.

Janakieva, S. 2005. "Noces prolongées dans l'Hadès: d'évadné aux veuves thraces." *RHR* 222(1): 5–23.

Janko, R. 1980. "Poseidon Hippios in Bacchylides 17." *CQ* 30: 257–59.

Jannot, J.-R. 2005. *Religion in Ancient Etruria*. Trans. J. Whitehead. Madison: University of Wisconsin Press.

Jeanmaire, H. 1951. *Dionysos: Histoire du culte de Bacchus*. Paris: Payot.

Jouan, F., and H. Van Looy, eds. 2008. *Euripide*, *Tome VIII*, *Fragments*. Paris: Budé.

Jourdain-Annequin, C. 1989. *Héraclès aux portes du soir*. Annales Littéraires de l'Université de Besançon 402. Paris: Les Belles-Lettres.

———. 1998. "Héraclès et le boeuf." In *Le bestiaire d'Héraclès: IIIe rencontre héracléenne*, ed. C. Bonnet, C. Jourdain-Annequin, and V. Pirenne-Delforge, 285–300. Liège: Centre internationale d'étude de la religion grecque antique.

Junker, K. 2002. "Symposiongeschirr oder Totengefässe?" *AK* 45: 3–26, plates 21–24.

Kahil, L. 1994. "Bains de statues et de divinités." In *L'eau*, *la santé et la maladie dans le monde grec*, ed. R. Ginouvès, 217–23. Paris: Ecole Française d'Athènes.

Karamanou, I. 2006. *Euripides Danae and Dictys: Introduction, Text, and Commentary*. Munich: K. G. Saur.

Kardulias, D. R. 2001. "Odysseus in Ino's Veil: Feminine Headdress and the Hero in 'Odyssey' 5." *TAPhA* 131: 23–51.

Kelly, A. 2007. "ΑΨΟΡΡΟΟΥ ΩΚΕΑΝΟΙΟ: A Babylonian Reminiscence?" *CQ* 57(1): 280–82.

Kerényi, K. 1965. "Der Sprung vom Leukasfelsen. Zum Wurdigung des unterirdischen Kultraumes von Porta Maggiore in Rom." *ARW* 24: 61–72.

Kingsley, P. 1995. *Ancient Philosophy, Mystery, and Magic: Empedocles and Pythagorean Tradition*. Oxford: Clarendon.

Kirkwood, G. 1982. *Selections from Pindar*. Chico, CA: Scholars Press.

Klement, K. 1898. *Arion: Mythologische Untersuchungen*. Vienna: A. Hölder.

Kline, N. R. 2001. *Maps of Medieval Thought: The Hereford Paradigm*. Woodbridge: Boydell.

Koch-Piettre, R. 2005. "Précipitations sacrifi cielles en Grèce ancienne." In *De la cuisine à l'autel: Les sacrifi ces en questions dans les sociétés de la Méditérannée ancienne*, ed. S. Georgoudi, 77–100. Turnhout: Brepols.

Koester, H. 1990. "Melikertes at Isthmia: A Roman Mystery Cult." In *Greeks, Romans, and Christians: Essays in Honor of Abraham J. Malherbe*, ed. D. L. Balch, E. M. Ferguson, and W. A. Meeks, 355–66. Minneapolis: Fortress Press.

Köhnken, A. 1971. *Die Funktion des Mythos bei Pindar*. Berlin: De Gruyter.

Kokkinou, A. 2014. "Of Horses, Earthquakes, and the Sea: Poseidon and His Worshippers in Ancient Greece." In *Poseidon and the Sea: Myth, Cult, and Daily Life*, ed. S. D. Pevnick, 51–64. London: D. Giles.

Korenjak, M. 2000. "Die Hesperiden als Okeanos-Enkelinnen: Eine unnötige Crux bei Apollonios Rhodios." *Hermes* 128: 240–42.

Kossatz, T., and A. Kossatz-Deissman. 1992. "Martin von Wagner, Dionysos und die Seerauber." In *Kotinos: Festschrift für Erika Simon*, ed. H. Froning, 469–78. Mainz: Philipp von Zabern.

Kraus, T. J. 2003. "Acherousia und Elysion: Anmerkungen im Hinblick auf deren Verwendung auch im christlichen Kontext." *Mnemosyne* 56(2): 145–63.

Krauskopf, I. 1981. "Leukothea nach den antiken Quellen." In *Akten des Kolloquiums zum Thema Die Göttin von Pyrgi: Archäologische, linguistische und religionsgeschichtliche Aspekte*, ed. F. Prayon and A. Neppi Modona, 137–51. Florence: Olschki.

———. 2006. "The Grave and Beyond in Etruscan Religion." In *The Religion of the Etruscans*, ed. N. Thomson de Grummond and E. Simon, 66–89. Austin: University of Texas Press.

Kugler, H. 2007. *Die Ebstorfer Weltkarte*. Berlin: Akademie Verlag.

Kurke, L. 1991. *The Traffic in Praise: Pindar and the Poetics of Social Economy*. Ithaca, NY: Cornell University Press.

Kyriazopoulos, A. 1993. "The Land of the Hyperboreans in Greek Religious Thinking." *Parnassos* 35: 395–98.

Lacroix, L. 1954. "Surquelques off randes ὰ l'Apollon de Delphes." *Revue belge de numismatique* 100: 11–23.

———. 1958. "Les 'blasons' des villes grecques." In *études d'archéologie classique*, 91–115, plates XXIII-XXV. Paris: De Boccard.

———. 1974. *études d'archéologie numismatique*. Paris: De Boccard.

Lambin, G. 2006. "Bynè, autre nom d'Ino-Leucothéa." *LEC* 74(2): 97–103.

Larson, J. 1995. *Greek Heroine Cults*. Madison: University of Wisconsin Press.

———. 2001. *Greek Nymphs: Myth, Cult, Lore*. Oxford: Oxford University Press.

Lattimore, S. 1976. *The Marine Thiasos in Greek Sculpture*. Los Angeles: Institute of Archaeology, University of California.

Laurens, A. F. 1984. "L'enfant entre l'épée et le chaudron: Contribution à une lecture iconographique." *DHA* 10: 203–52.

———. 1996. "Héraclès et Hébé dans la céramique grecque ou Les noces entre terre et ciel." In *IIe rencontre héracléenne: Héraclès, les femmes et le féminin*, ed. C. Jourdain-Annequin and C. Bonnet, 235–58. Turnhout: Brepols.

Le Boeuffle, A. 1983. *Hygin: L'Astronomie*. Paris: Les Belles Lettres.

Lesky, A. 1947. *Thalatta: Der Weg der Griechen zum Meer*. Vienna: Arno Press.

Létoublon, F. 2010. "To See or Not to See: Blind People and Blindness in Ancient Greek Myths." In *Light and Darkness in Ancient Greek Myth and Religion*, ed. M. Christopoulos, E. Karakantza, and O. Levaniouk, 167–80. Lanham, MD: Rowman & Littlefield.

Lifshitz, B. 1966. Le culte d'Apollon Delphinios à Olbia. *Hermes* 94: 236–238.

Lincoln, B. 2003. "The Initiatory Paradigm in Anthropology, Folklore, and History of Religions." In *Initiation in Ancient Greek Rituals and Narratives: New Critical Perspectives*, ed. D. B. Dodd and C. A. Faraone, 241–54. London: Routledge.

Lissarague, F. 1996. "Danaé, métamorphoses d'un mythe." In *Mythes grecs au figuré: De l'antiquité au baroque*, ed. S. Georgoudi and J.-P. Vernant, 105–33. Paris: Gallimard.

Lonsdale, S. H. 1993. *Dance and Ritual Play in Greek Religion*. Baltimore: Johns Hopkins University Press.

L'Orange, H. P. 1962. "Eros Psychophoros et sarcophages romains." *Acta ad archaeologiam et artium historiam pertinentia* 1: 41–47.

Lucas, J. M. 1993. "Le mythe de Danaé et Persée chez Sophocle." In *Sophocle, le texte, les personnages, Actes du colloque d'Aix-en Provence*, ed. A. Machin and L. Pernée, 35 – 48. Aix-en-Provence: Publications de l'Université de Provence.

Luce, S. B. 1922. "Heracles and the Old Man of the Sea." *AJA* 26: 174–92.

Lyons, Deborah. 2007. "Arion and DionysusMethymnaios: A Reading of Herodotus 1. 23–24." Paper, American Philological Association, San Diego, January 4–7.

Mackie, C. J. 2001. "The Earliest Jason: What's in a Name?" *G&R* 48(1): 1–17.

Maehler, H. 2004. *Bacchylides: A Selection*. Cambridge: Cambridge University Press.

Malkin, I. 1987. *Religion and Colonization in Ancient Greece*. Leiden: Brill.

Mangieri, A. F. 2010. "Legendary Women and Greek Womanhood: The Heroines Pyxis in the British Museum." *AJA* 114(3): 429–45.

Marchetti, P., and K. Kolokotsas. 1995. *Le nymphée de l'agora d'Argos*. Paris: De Boccard.

Marinatos, N. 1993. *Minoan Religion: Ritual, Image, and Symbol*. Columbia: University of South Carolina Press.

———. 2001. "The Cosmic Journey of Odysseus." *Numen* 48(4): 381–416.

———. 2010. "Light and Darkness and Archaic Greek Cosmography." In*Light and Darkness in Ancient Greek Myth and Religion*, ed. M. Christopoulos, E. Karakantza, and O. Levaniouk, 193–200. Lanham, MD: Rowman & Littlefi eld.

McDevitt, A. S. 1990. "Mythological Exempla in the Fourth Stasimon of Sophocles' Antigone." *Wiener Studien* 103: 31–48.

McGinn, B. 1994. "Ocean and Desert as Symbols of Mystical Absorption in the Christian Tradition." *JR* 74: 155–81.

McHardy, F. 2008. "The 'Trial by Water' in Greek Myth and Literature." *Leeds International Classical Studies* 7(1): 1-20.

McKay, K. J. 1959. "Hesiod's Rejuvenation." *CQ* 9: 1-5.

Méautis, G. 1930. "Sappho et Leukothéa." *REA* 32: 333-38.

Mehl, V. 2009. "Le temps venu de la maternité." In *La religion des femmes en Grèce ancienne: Mythes, cultes et société*, ed. L. Bodiou and V. Mehl, 193-206. Rennes: Presses universitaires de Rennes.

Meurant, A. 1998. *Les Paliques, dieux jumeaux siciliens.* Louvain-la-Neuve: Peeters.

Miller, C. L. 1966. "The Younger Pliny's Dolphin Story (Epistulae IX, 33): An Analy sis." *CW* 40: 6-8.

Monbrun, P. 2007. *Les voix d'Apollon: L'arc, la lyre et les oracles.* Rennes: Presses universitaries de Rennes.

Montgomery, H. C. 1966. "The Fabulous Dolphin." *CJ* 61: 311-14.

Moreau, A. 1994a. *Le mythe de Jason et Médée: Le va-nu-pied et la sorcière.* Paris: Les Belles Lettres.

———. 1994b. "Le voyageinitiatique d'Ulysse." *Uranie* 4: 25-66.

———. 1999. *Mythes grecs I. Origines.* Montpellier: Université Paul-Valéry.

Moretti, M. 1966. *Nuovi monumenti della pittura etrusca.* Milan: Lerici.

Morgan, L. 1988. *The Miniature Wall Paintings of Th era. A Study in Aegean Culture and Iconography.* Cambridge: Cambridge University Press.

Motte, A. 1973. *Prairies et jardins de la Grèce antique: De la religion à la philosophie.* Brussels: Palais des Académies.

Murgatroyd, P. 1995. "The Sea of Love." *CQ* 45(1): 9-25.

Mylonopoulos, J. 2003. *Peloponnesos Oiketerion Poseidonos: Heiligtümer und Kulte des Poseidon auf der Peloponnes.* Liège: Centre international d'étude de la religion grecque antique.

Nagy, G. 1982. "Hesiod." In *Ancient Writers*, ed. T. J. Luce, 43–74. New York: Scribner.

———. 1990. *Greek Mythology and Poetics*. Ithaca, NY: Cornell University Press.

Nauck, A. and Snell, B. 1964. *Tragicorum Graecorum Fragmenta*. Hildesheim: Olms.

Nesselrath, H.-G. 2005. "Where the Lord of the Sea Grants Passage to Sailors Through the Deep-Blue Mere No More: The Greeks and the Western Seas." *G&R* 52(2): 154–71.

Neumann, M. 2010. "Danae, Rapunzel undihre Schwestern: Zu Walter Burkerts Konzept der Mädchentragödie." In *Gewalt und Opfer: Im Dialog mit Walter Burkert*, ed. A. F. H. Bierl and W. Braungart, 317–41. Berlin: De Gruyter.

Ninck, M. 1921. *Die Bedeutung des Wassers im Kult und Leben der Alten*. Leipzig: Wissenschaftliche Buchgesellschaft.

Oakley, J. H. 1982a. "Athamas, Ino, Hermes, and the Infant Dionysus: A Hydria by Hermonax." *AK* 25: 44–47.

———. 1982b. "Danae and Perseus on Seriphos." *AJA* 86(1): 111–15.

———. 1988. "Perseus, the Graiai, and Aeschylus' Phorkides." *AJA* 92(3): 383–91.

Ogden, D. 1996. *Greek Bastardy in the Classical and Hellenistic Periods*. Oxford: Clarendon.

———. 2001. "The Ancient Greek Oracles of the Dead." *Acta Classica* 44: 167–95.

———. 2004. *Greek and Roman Necromancy*. Prince ton: Prince ton University Press.

———. 2008. *Perseus*. London: Routledge.

O'Nolan, K. 1960. "The Proteus Legend." *Hermes* 88(2): 129–38.

Osborne, R. 2002. Archaic Greek History. In *Brill's Companion to Herodotus*, ed. E. J. Bakker and I. De Jong, 497–520. Leiden: Brill.

Pache, C. O. 2004. *Baby and Child Heroes in Ancient Greece*. Urbana: University of Illinois Press.

Pailler, J.-M. 1976. "Raptos a diis homines dici. (Tite-Live XXXIX, 13): Les bacchanales et la possession par les Nymphes." In *L'Italie préromaine et la Rome républicaine, mélanges off erts à Jacques Heurgon*, 731 – 42. Paris: Ecole française de Rome.

Paladino, I. 1978. "Glaukos, o l'ineluttabilita' della morte." *Studi Storico Religiosi* 2 (2): 289–303.

Papachatzis, N. D. 1976. "Poseidon Tainarios." *AE*: 102–25.

Papadopoulos, J. K., and S. A. Paspalas. 1999. "Mendaian as Chalkidian Wine." *Hesperia* 68: 161–88.

Papadopoulos, J. K., and D. Ruscillo. 2002. "A Ketos in Early Athens: An Archaeology of Whales and Sea Monsters in the Greek World." *AJA* 106: 187–227.

Parker, H. C. 1999. "The Romanization ofIno (Fasti 6.475–550)." *Latomus* 58 (2): 336–47.

Parker, R. 1983. *Miasma: Pollution and Purification in Early Greek Religion*. Oxford: Clarendon.

———. 2011. *On Greek Religion*. Ithaca, NY: Cornell University Press.

Paulian, A. 1975. "Le thème littéraire de l'Océan." *Caesarodunum* 10: 53–58.

Pearce, T. E. V. 1983. "The Tomb by the Sea: The History of a Motif." *Latomus* 42: 110–15.

Pearcy, L. T. 1976. "The Structure of Bacchylides' Dithyrambs." *QUCC* 22: 91–98.

Peek, W. 1977. "Hesiod und der Helikon." *Philologus* 121: 173–75.

Pelon, O. 1976. *Tholoi, tumuli et cercles funéraires: Recherches sur les monuments funèbres de plan circulaire dans l'Égée de l'Âge du Bronze.* Paris: école française d'Athènes.

Perceau, S. 2014. "Brumes et brouillards dans l'épopée homérique: Esthétique et dramaturgie de l'ambivalence." In *La brume et le brouillard dans la science, la littérature et les arts*, ed. K. Becker and O. Leplatre, 147–70. Paris: Herman.

Perutelli, A. 2003. "Tante voci per Arione." *MD* 51: 9–63.

Petrisor (Cursaru), G. 2009. "Structures spatiales dans la pensée religieuse grecque de l'époque archaïque: La représentation de quelques espaces insondables: l'éther, l'air, l'abîme marin." Ph. D. diss., University of Montréal.

Pfisterer-Haas, S. 2002. "Mädchen und Frauen am Wasser: Brunnenhaus und Louterion als Orte der Frauengemeinschaft und der möglichen Begegnung mit einem Mann." *JDAI* 117: 1–80.

Pharmakowsky, B. 1907. "rchäologische Funde im Jahre 1906." *AA*: 126–53.

Piérart, M. 1998. "Panthéon et hellénisation dans la colonie romaine de Corinthe: La 'redécouverte' du culte de Palaimon à l'Isthme." *Kernos* 11: 85–109.

Piettre, R. 1996. "Le dauphin comme hybride dans l'univers dionysiaque." *Uranie* 6: 7–36.

———. 2002. "Platon et l'ame défi gurée." In *L'homme défiguré: L'imaginaire de la corruption et de la défiguration*, ed. P. Vaydat, 139–54. Lille: Université Charles de Gaulle.

———. 2005. "Précipitations sacrifi cielles en Grèce ancienne." In *De la cuisine à l'autel: Les sacrifi ces en questions dans les sociétés de la Méditérannée ancienne*, ed. S. Georgoudi, 77–100. Turnhout: Brepols.

Pisano, F. 2008. *Hic sunt delphini: La singolare propagazione del simbolo del delfi no nei campi flegrei in eta antica*. Naples: A. Pisano.

Pocock, L. G. 1962. "The Nature of Ocean in the Early Epic." *PACA* 5: 1-17.

Poliakoff , M. 1980. "Nectar, Springs, and the Sea." *ZPE* 39: 41-47.

Pötscher, W. 1998. "Γλαύκη, Γλαῦκος und die Bedeutung von γλαυκός." *RhM* 141(2): 97-111.

Pritchett, W. K. , and P. Pippin. 1956. "The AtticStelai, Part Ⅱ." *Hesperia* 25: 178-328.

Puech, A. 1951-52. *Pindare*. 4 vols. Paris: Les Belles Lettres.

Rabinovitch, M. 1947. *Der Delphin in Sage und Mythos der Griechen*. Basel: Hybernia-Verlag.

Radermacher, L. 1949. "Das Meer und die Toten." *AAWW* 86: 307-15.

Radt, S. 1974. Review of Die Funktion des Mythos bei Pindar: Interpretationen zu sechs Pindargedichten by Adolf Koehnken. *Gnomon* 46(2): 113-21.

Raubitschek, A. E. 1950. Review of Th alatta, der Weg der Griechen zum Meer by Albin Lesky. *AJA* 54(1): 92-93.

Redfi eld, J. 1982. "Notes on the Greek Wedding." *Arethusa* 15(1-2): 181-201.

———. 2003. "Initiations and Initiatory Experience." In *Initiation in Ancient Greek Rituals and Narratives: New Critical Perspectives*, ed. D. B. Dodd and C. A. Faraone, 255-59. London: Routledge.

Reho-Bumbalova, M. 1981. "Eros e delfi no su di una lekythos di Apollonia Pontica." *MNIR* 43(n. s. 8): 91-99.

Richardson, N. J. 1979 [1974]. *The Homeric Hymn to Demeter*. Oxford: Clarendon.

———. 1981. "The Contest of Homer and Hesiod and Alcidamas' Mouseion." *CQ* 31: 1-10.

Ridgway, B. S. 1970. "Dolphins and Dolphin-Riders." *Archaeology* 23: 86-95.

Rochette, B. 1998. "Héraclès à la croisée des chemins: Un τόπος dans la littérature gréco-latine." *LEC* 66(1-2): 105-13.

Roesch, P. 1982. *Études Béotiennes*. Paris: De Boccard.

Roguin, C.-F. de. 2005. "Les querelles d'Océanos et de Téthys: De l' 'Enûma elish' à la cosmogonie d'Empédocle." In *Κορυφαίῳ ἀνδρί: Mélanges offerts à André Hurst*, ed. A. Kolde, A. Lukinovich, and A.-L. Rey, 377-84. Geneva: Droz.

Roller, D. W. 2006. *Through the Pillars of Herakles: Greek Exploration of the Atlantic*. London: Routledge.

Romano, A. J. 2009. "The Invention of Marriage: Hermaphroditus andSalmacis at Halicarnassus and in Ovid." *CQ* 59(2): 543-61.

Romm, J. 1989. "Herodotus and Mythic Geography: The Case of the Hyperboreans." *TAPhA* 119: 97-113.

———. 1992. *The Edges of the Earth in Ancient Thought*. Princeton: Prince ton University Press.

Rose, P. W. 1974. "The Myth of Pindar's First Nemean: Sportsmen, Poetry, and Paideia." *Harvard Studies in Classical Philology* 78: 145-75.

Rothwell, K. 2007. *Nature, Culture and the Origins of Greek Comedy: A Study of Animal Choruses*. Cambridge: Cambridge University Press.

Rudhardt, J. 1971. *Le thème de l'eau primordiale dans la mythologie grecque*. Berne: Francke.

Ruiz de Elvira, A. 2002. "Danaecasta en Propercio." *Cuadernos de Filologia Clasica, Estudios Latinos*, 20(2): 391-398.

Rupp, D. 1979. "The Lost Classical Palaimonion Found?" *Hesperia* 48: 64-72, plate 18.

Sacks, R. 1989. *The Traditional Phrase in Homer: Two Studies in Form, Meaning and Interpretation*. Leiden: Brill.

Savoldi, E. 1996. "Ieros Ichtus: Sacralita e proibizione nell' epica greca arcaica." *ASNP* 1(ser. 4): 61-91.

Scarpi, P. 1988. "Il ritorno di Odysseus e la metafora del viaggio iniziatico." In *Mélanges Pierre Lévêque, I: Religion*, ed. M.-M. Mactoux and É. Geny, 245-59. Paris: Les Belles Lettres.

Schachter, A. 1986. *Cults of Boiotia*. London: University of London, Institute of Classical Studies.

Schamp, J. 1976. "Sous le signe d'Arion." *L'Antiquité Classique* 45: 95-120.

Schein, S. L. 1987. "Unity and Meaning in Pindar's Sixth Pythian Ode." *Metis* 2: 235-47.

Schiller, W. 1934. "Die Tiere beim Tode Hesiods." *Anthropos*: 812-14.

Schliemann, H. 1881. "Exploration of the Boiotian Orchomenus." *JHS* 2: 122-63.

Schmidt, D. A. 1990. "Bacchylides 17: Paean or Dithyramb?" *Hermes* 118(1): 18-31.

Schmidt, T. 2006. "Ὥσπερ πέλαγος ἀχανές: Les Pères, l'immensité de la mer et la tradition classique." In *Approches de la troisième sophistique: Hommages à Jacques Schamp*, ed. E. Amato, 539-45. Brussels: Latomus.

Schumacher, R. W. M. 1993. "Three Related Sanctuaries of Poseidon: Geraistos, Kalaureia, and Tainaron." In *Greek Sanctuaries: New Approaches*, ed. R. Marinatos and N. Hägg, 62-87. London: Routledge.

Scodel, R. 1980. "Hesiod Redivivus." *GRBS* 21: 301-20.

———. 1984. "The Irony of Fate inBacchylides 17." *Hermes* 112(2): 137-43.

Seaford, R. 1987. "The Tragic Wedding." *JHS* 107: 106-30.

Sébillote Cuchet, V. 2004. "La sexualité et le genre: Une histoire problématique pour les hellénistes: Détour par la 'virginité' des filles sacrifi ées pour la patrie." *Metis* n. s. 2: 137-61.

Seelinger, R. A. 1998. "The Dionysiac Context of the Cult of Melikertes/Palaemon at the Isthmian Sanctuary of Poseidon." *Maia* 50(2): 271–80.

Segal, C. 1965. "The Tragedy of the Hippolytus: The Waters of Ocean and the Untouched Meadow." *HSCPh* 52: 117–69.

———. 1979. "The Myth of Bacchylides 17: Heroic Quest and Heroic Identity." *Eranos* 77: 23–37.

———. 1986. *Pindar's Mythmaking: The Fourth Pythian Ode*. Princeton: Princeton University Press.

———. 1998. *Aglaia: The Poetry of Alcman, Sappho, Pindar, Bacchylides, and Corinna*. Lanham, MD: Rowman & Littlefield.

Serghidou, A. 1991. "La mer et les femmes dans l'imaginaire tragique." *Metis* 6: 63–88.

Shepard, K. 1940. *The Fish-Tailed Monster in Greek and Etruscan Art*. New York: privately printed.

Sichtermann, H. 1970. "Deutung und Interpretation der Meerwesensarkophage." *JDAI* 85: 224–38.

Sifakis, G. M. 1967. "Singing Dolphin-Riders." *BICS* 14: 36–37.

Sinn, U. 2000. "Strandgut am Kap Tainaron: Göttlicher Schutz für Randgruppen und Aussenseiter." In *Ideologie-Sport-Aussenseiter: Aktuelle Aspekte einer Beschäftigung mit der antiken Gesellschaft*, ed. C. Ulf, 231–41. Innsbruck: Institut für Sprachwissenschaft der Universität Innsbruck.

Sissa, G. 1990. *Greek Virginity*. Trans. A. Goldhammer. Cambridge, MA: Harvard University Press.

Slater, W. J. 1976. "Symposium at Sea." *HSCPh* 80: 161–70.

———. 1977. "Doubts about Pindaric Interpretation." *CJ* 72(3): 193–208.

———. 1983. "Lyric Narrative: Structure and Principle." *Classical Antiquity* 2(1):

117–32.

Sommerstein, A. H., ed. 2008. *Aeschylus: Fragments*. Cambridge, MA: Harvard University Press.

Somville, P. 1984. "Le dauphin dans la religion grecque." *RHR* 201: 3–24.

———. 2000. "Héro et Léandre: Un exemple d'héroïsation tardive." In *Héros et héroïnes dans les mythes et les cultes grecs: Actes du colloque organisé à l'Université de Valladolid du 26 au 29 mai 1999*, ed. V. Pirenne-Delforge and E. Suárez de la Torre, 241–46. Liège: Centre international d'étude de la religion grecque antique.

———. 2003. "Mer maternelle et mer marine." *Kernos* 16: 205–10.

Sorba, J. 2008. "La mer tragique et l'héritage homérique (I). Étude des lexèmes ἅλς/háls/,θάλασσα/thálassa/, πέλαγος/pélagos/et πόντος/póntos/dans les tragédies d'Eschyle." In *L'Antiquité en ses confins: Mélanges offerts à Benoît Gain*, ed. A. Canellis and M. Furno, 139–49. Grenoble: Université Stendhal-Grenoble.

Sourvinou-Inwood, C. 1987. "A Series of Erotic Pursuits: Images and Meanings." *JHS* 107: 131–53.

———. 1996. *"Reading" Greek Death: To the End of the Classical Period*. Oxford: Clarendon.

———. 2003. "Festival and Mysteries: Aspects of the Eleusinian Cult." In *Greek Mysteries: The Archaeology and Ritual of Ancient Greek Secret Cults*, ed. M. Cosmopoulos, 25–49. London: Routledge.

Spivey, N., and T. Rasmussen. 1986. "Dioniso e i pirati nel Toledo Museum of Art." *Prospettiva* 44: 2–8.

Starr, C. G. 1950. Review of Thalatta, der Weg der Griechen zum Meer by Albin Lesky. *CPh* 45(1): 53–55.

Steingräber, S. 1986. *Etruscan Painting: Catalogue Raisonné of Etruscan Wall*

Paintings. New York: Johnson.

———. 2006. *Abundance of Life: Etruscan Wall Painting*. Trans. R. Stockman. Los Angeles: Getty.

Steinhart, M. 1993. "Apollon auf dem Schwan: Eineneue Lekythos des Athenamalers." *AA*: 201–12.

Steures, D. C. 1999. "Arion's Misunderstood Votive Offering." In *Proceedings of the XVth International Congress of Classical Archaeology, Amsterdam, July* 12–17, 1998: *Classical Archaeology Towards the Third Millennium: Reflections and Perspectives*, ed. R. F. M. Docter and E. M. Moormann, 397–99. Amsterdam: Allard Pierson Museum.

Strong, E., and N. Joliffe. 1924. "The Stuccoes of the Underground Basilica Near the Porta Maggiore." *JHS* 44: 65–111.

Stupperich, R. 1984. "Cat. No. 87. Verwandlung der Piraten in Delphine." In *Griechische Vasen aus westfälische Sammlungen*, ed. B. Korzus and K. Staehler, 216–20. Münster: C. H. Beck.

Suárez de la Torre, E. 2013. "Apollo and Dionysos: Intersections." In *Redefining Dionysos*, ed. A. Bernabé, M. Herrero de Jáuregui, A. I. Jiménez San Cristóbal, and R. Martín Hernández, 58–81. Berlin: De Gruyter.

Sullivan, S. D. 1991. "The Wider Meaning of Psyche in Pindar and Bacchylides." *Studi italiani di filologia classica* 9: 163–83.

Tassignon, I. 2001. "Vingt mille lieues sous les mers avec Dionysos et Télébinu." In *Kepoi: Mélanges offerts à André Motte*, ed. E. Delruelle and V. Pirenne-Delforge, 101–12. Liège: Centre international d'étude de la religion grecque antique.

Teffeteller, A. 2001. "The Chariot Rite at Onchestos: Homeric Hymn to Apollo

229–238." *JHS* 121: 159–66.

Thévenaz, O. 2004. "Chants de cygnes et paroles de rhéteurs." In *Mirabilia: Conceptions et représentations de l'extraordinaire dans le monde antique*, ed. O. Bianchi and O. Thévenaz, 53–74. Bern: Peter Lang.

Thompson, D. A. 1895. *A Glossary of Greek Birds.* London: Oxford University Press.

———. 1918. "The Birds of Diomede." *CR* 32: 92–96.

Tölle-Kastenbein, R. 1992. "Okeanos als Inbegriff." In *Mousikos Aner: Festschrift für Max Wegner zum 90. Geburtstag*, ed. O. Brehm and S. Klie, 445–54. Bonn: R. Habelt.

Tracy, R. 1996. " Sailing Strange Seas of Thought: Imrama, Máel Duin to Muldoon." In *A Celtic Florilegium: Studies in Memory of Brendan Ó Hehir*, ed. K. Klas, E. E. Sweetser, and C. Thomas, 169–86. Lawrence, MA: Celtic Studies.

Treusch-Dieter, G. 1997. *Die heilige Hochzeit: Studien zur Totenbraut.* Pfaffenweiler: Centaurus-Verlag-Gesellschaft.

Turcan, R. 1959. "L'âme-oiseau et l'eschatologie orphique." *RHR* 155: 33–40.

Turner, M. 2003. "The Woman in White: Dionysus and the Dance of Death." *Mediterranean Archaeology* 16: 137–48.

———. 2005. "Aphrodite and Her Birds: The Iconology of Pagenstecher Lekythoi." *BICS* 48: 57–96.

Usener, H. 1899. *Die Sintflutsagen.* Bonn: F. Cohen.

Van Den Berge, L. 2007. "Mythical Chronology in the 'Odes' of Pindar: The Cases of Pythian 10 and Olympian 3." In *The Language of Literature: Linguistic Approaches to Classical Texts*, ed. A. Rutger and M. Buijs, 29–41.

Leiden: Brill.

Verbanck-Piérard. 1998. "Héros attiques au jour le jour: Les calendriers des dèmes." In *Les panthéons des cités des origines à la Périégèse de Pausanias*, ed. V. Pirenne-Delforge, 109–27. Liège: Centre international d'étude de la religion grecque antique.

Vermeule, E. 1979. *Aspects of Death in Early Greek Art and Poetry.* Berkeley: University of California Press.

Vernant, J.-P. 1991. *Mortals and Immortals: Collected Essays.* Princeton: Princeton University Press.

Versnel, H. S. 1980. "Self-Sacrifice, Compensation, and the Anonymous Gods." In *Le sacrifice dans l'Antiquité*, ed. J. Rudhart and O. Reverdin, 135–95. Vandoeuvres: Fondation Hardt.

Vian, F. 1944. "Les géants de la mer." *RA* 22: 97–117.

Vidal-Naquet, P. 1993. "Le chant du cygne d'Antigone. Àpropos des vers 883–884 de la tragédie de Sophocle." In *Sophocle, le texte, les personnages, Actes du colloque d'Aix-en Provence*, ed. A. Machin and L. Pernée, 285–97. Aix-en-Provence: Publications de l'Université de Provence.

Viera y Clavijo, J. de. 1991 [1772]. *Historia de Canarias.* Vol. 1. Canarias: Viceconsejería de Cultura y Deportes, Gobierno de Canarias.

Vignolo-Munson, R. 1986. "The Celebratory Purpose of Herodotus: The Story of Arion in Histories 1.23–24." *Ramus* 15(2): 93–104.

Vilatte, S. 1988. "Apollon-le-dauphin et Poseidon l'ébranleur: Structure familiale et souveraineté chez les Olympiens: À propos du sanctuaire de Delphes." In *Mélanges Pierre Levêque*, 1. *Religion*, ed. M.-M. Mactoux and É. Geny, 307–30. Paris: Les Belles Lettres.

Vogt, E. 1959. "Die Schrift vom Wettkampf Homers und Hesiods." *RhM* 102: 193–221.

Wachsmuth, D. 1967. "Pompimos o daimon: Untersuchungen zu den antiken Sakralhandlungen bei Seereisen." Ph. D. diss., Freie Universität Berlin.

Wagenvoort, H. 1971. "The Journey of the Souls of the Dead to the Isles of the Blessed." *Mnemosyne* 24(2): 113–61.

Wallace, P. 1985. "The Tomb of Hesiod and the Treasury of Minyas at Orkhomenos." In *Actes du troisième congrès international sur la Béotie antique/ Proceedings of the Third International Conference on Boiotian Antiquities*, ed. J. M. G. Fossey and H. Giroux, 165–79. Amsterdam: J. C. Gieben.

Walter-Karydi, E. 1991. "Poseidons Delphin. Der Poseidon Loeb und die Darstellungsweisen des Meergottes im Hellenismus." *JDAI* 106: 243–59.

Warland, D. 1998. "Tentative d'exégèse des fresques de la tombe 'du Plongeur' de Poseidonia." *Latomus* 57(2): 261–91.

Watkins, C. 1985. *The American Heritage Dictionary of Indo-European Roots.* Boston: Houghton Mifflin.

West, M. L. 1967. "The Contest of Homer and Hesiod." *CQ* 17: 433–50.

———. 1984. "A New Poem About Hesiod." *ZPE* 58: 33–36.

———. 1997. *The East Face of Helicon: West Asiatic Elements in Greek Poetry and Myth.* Oxford: Clarendon.

———. 2005. " 'Odyssey' and 'Argonautica.' " *Classical Quarterly* 55(1): 39–64.

Westrem, S. 2001. *The Hereford Map.* Turnhout: Brepols.

Wilk, S. R. 2000. *Medusa: Solving the Mystery of the Gorgon.* Oxford: Oxford University Press.

Will, É. 1952. "Autour des fragments d'Alcée récemment retrouvés: Trois notes à propos d'un culte de Lesbos." *RA* 39: 156–69.

———. 1955. *Korinthiaka: Recherches sur l'histoire et la civilisation de Corinthe des origines aux guerres médiques*. Paris: De Boccard.

Winiarczyk, M. 2000. "La mort et l'apothéose d'Héraclès." *Wiener Studien* 113: 13–29.

Wiseman, P. 1987. "Julius Caesar and the Hereford World Map." *History Today* 37: 53–57.

Wrede, H. 1973. "Lebenssymbole und Bildnisse zwischen Meerwesen." In *Festschrift für Gerhard Kleiner*, ed. H. Keller and J. Kleine, 30–36. Tübingen: Wasmuth.

Wright, C. 1996. "Myths of Poseidon: The Development of the Role of the God as Reflected in Myth." In *Religion in the Ancient World: New Themes and Approaches*, ed. M. Dillon, 533–47. Amsterdam: Hakkert.

Zeuner, F. E. 1963. "Dolphins on Coins of the Classical Period." *BICS* 10: 97–103, plates VIII–IX.

Zimmermann, B. 2000. "Eroi nel ditirambo." In *Héros et Héroïnes dans les mythes et les cultes grecs*, ed. V. Pirenne-Delforge and E. Suárez de la Torre, 15–20. Liège: Centre international d'étude de la religion grecque antique.

原书致谢词

感谢奥斯汀塔夫茨大学我的同事们，是他们帮我奠定了本研究的基础，尤其要感谢保拉·帕尔曼(Paula Perlman)、安德鲁·福克纳(Andrew Faulkner)、亚当·拉比诺维茨(Adam Rabinowitz)和托马斯·帕莱马(Thomas Palaima)。感谢塔夫茨大学典籍图书馆和佩里·卡斯塔涅达(Perry-Castañeda)图书馆的馆员们，尤其是谢拉·温切斯特(Shiela Winchester)。我要特别感谢蒙特利尔大学的皮埃尔·博纳谢尔(Pierre Bonnechere)，因为他的智慧、耐心和协助，本书的出版才得以顺利进行。感谢我的同事和朋友帮我试读每一章节并及时给我反馈和建议，他们是薇琪·沙利文(Vickie Sullivan)、扬尼斯·艾佛利耶尼斯(Ioannis Evrigenis)、布鲁斯·希契纳(Bruce Hitchner)、凯文·邓恩(Kevin Dunn)、乔纳森·伯吉斯(Jonathan Burgess)、安德鲁·福克纳、肯尼斯·罗思韦尔(Kenneth Rothwell)、加布里埃拉·库尔萨鲁(Gabriela Cursaru)以及安妮-弗朗索瓦丝·雅科特(Anne-Françoise Jaccottet)。感谢他们花时间向我提出中肯的建议和有洞见的批评意见。感谢我在塔夫茨大学所有的同事们给我的帮助，尤其是古典学系和Tisch图书馆的馆员们，特别要感谢Chris Strauber。最后请允许我向我的家人和朋友致以衷心的谢意，感谢他们一直以来对我的鼓励，特别是Christopher，没有他的鼓励和支持，我是不可能完成本书的。